大学物理实验教程

主　编　冷建材　李　健

副主编　钟世德　任晓荣　高兴国　张美娜

参　编　董宪峰　杨　菁　许玉龙　马　慧

　　　　胡　涛　张　静

電子工業出版社

Publishing House of Electronics Industry

北京 · BEIJING

内 容 简 介

本书在原有物理实验教材的基础上，结合近几年的教学成果及教学改革经验编写而成。

本书分为6章，共36个实验项目，由实验数据处理基础知识、力学实验、热学实验、光学实验、电磁学实验和近代物理实验组成，包括用于强化基础知识和基本实验技能的基础性实验、用于提高学生对实验方法和实验技能综合运用能力的综合性实验，以及用于培养学生创新能力的设计性实验。各院校可根据不同专业要求灵活地选择不同的实验项目，以满足分层教学的要求。

本书可作为理工类院校各专业的大学物理实验教材，也可作为实验工作者和其他科技工作者的参考资料。

图书在版编目(CIP)数据

大学物理实验教程 / 冷建材，李健主编. — 北京：电子工业出版社，2022.11
ISBN 978-7-121-43814-1

Ⅰ. ①大… Ⅱ. ①冷… ②李… Ⅲ. ①物理学-实验-高等学校-教材 Ⅳ. ①O4-33

中国版本图书馆CIP数据核字(2022)第190727号

责任编辑：杜 军　　　特约编辑：田学清
印　　刷：北京虎彩文化传播有限公司
装　　订：北京虎彩文化传播有限公司
出版发行：电子工业出版社
　　　　　北京市海淀区万寿路173信箱　　邮编：100036
开　　本：787×1092　1/16　印张：11.75　字数：293千字
版　　次：2022年11月第1版
印　　次：2025年1月第7次印刷
定　　价：45.00元

凡所购买电子工业出版社图书有缺损问题，请向购买书店调换。若书店售缺，请与本社发行部联系，联系及邮购电话：(010)88254888，88258888。

质量投诉请发邮件至zlts@phei.com.cn，盗版侵权举报请发邮件至dbqq@phei.com.cn。

本书咨询联系方式：dujun@phei.com.cn。

前言

“大学物理实验”是高校理工类专业必修的一门基础实验课程，也是学生进入大学后的第一门系统的实验课程。通过对《大学物理实验教程》的学习，学生在掌握物理实验基础知识、基本实验方法和基本实验技能的基础上，应具备一定的实验能力和创新能力。本书注重教学内容的系统性，在精选、改进、充实传统实验的同时，纳入了一批与生产实践或科技成果密切联系的、具有时代气息的、给学生留有较大扩展空间的实验项目。在传授基本实验的同时，本书注重培养学生的实践能力和创新精神，既贯彻教学要求，又注重个性发展，力争更好地适应人才培养的需要。

本书绪论中明确提出了“大学物理实验”课程的重要性和基本环节。第一章介绍了实验数据处理基础知识，包括测量误差、不确定度的概念，有效数字的运算和实验数据处理的常用方法等，这些知识贯穿于整个物理实验课程。第二章到第六章分别为力学实验、热学实验、光学实验、电磁学实验和近代物理实验 5 类共计 36 个实验项目，包括用于强化基础知识和基本实验技能的基础性实验、用于提高学生对实验方法和实验技能综合运用能力的综合性实验，以及用于培养学生创新能力的设计性实验。各院校可根据不同专业要求灵活地选择不同的实验项目，以满足分层教学的要求。

本书的绪论、第一章及实验十三、实验十四、实验十五由高兴国编写，实验一、实验二、实验三、实验七、实验八、实验九由李健编写，实验四、实验五、实验六由董宪峰编写，实验十、实验十一、实验十二由许玉龙编写，实验十六、实验十七由张静编写，实验十八、实验十九、实验二十由杨菁编写，实验二十一、实验二十二由马慧编写，实验二十三、实验二十四、实验二十五由胡涛编写，实验二十六至实验三十一由任晓荣编写，实验三十二至实验三十六由张美娜编写。全书由李健、任晓荣、冷建材和钟世德统稿。

本书的出版得到齐鲁工业大学（山东省科学院）教材指导委员会、教务处教材科和光电科学与技术学部的大力支持，并得到电子工业出版社的鼎力相助，在此表示衷心的感谢！

由于编者的知识和能力有限，书中难免存在不妥之处，恳请各位专家、老师和同学们提出宝贵意见，以便再版时加以改正。

编　者

2022 年 9 月

目 录

绪　论

一、物理实验的重要性

物理学是自然科学的基础学科之一，并处于自然学科的核心地位，物理实验是物理学的基础。诺贝尔物理学奖获得者丁肇中教授认为，没有实验证明的理论是没有用的，理论不能推翻实验，而实验可以推翻理论。这句话深刻地指出了物理实验的重要性。

物理实验课程覆盖面广，它包括力学实验、热学实验、电磁学实验、声学实验、光学实验、近代物理实验和现代物理技术实验，包含丰富的实验思想、方法和手段，同时能使学生获得综合性很强的基本实验技能训练。物理实验是科学实验的先驱，其实验思想、实验方法和实验手段等是各门学科实验研究的基础，绝大部分理工类专业课程都是以物理学为基础的。因此，物理实验课程是所有理工类院校不可或缺的公共基础课程，也是本科生接受系统实验方法和实验技能训练的起点。

物理实验是学生进行科学实验的基本训练。物理实验的任务是让学生掌握不同自然现象的基本研究方法，基本测量仪器的使用方法，实验结果的科学处理和归纳总结方法，以及撰写总结报告的基本要领。在系统的实验中培养学生的自学能力、思维判断能力、综合运用教材和资料的能力、理论联系实际的能力、科学实验能力、表达书写能力、实验设计能力，提高学生的科学素养。这些能力与素养不仅是学生研修后续课程学习所必需的，还是毕业生走上工作岗位所必备的。所以，物理实验课具有其他实践类课程不可替代的重要地位。

二、物理实验的基本环节

1. 实验前的预习

与理论课程不同，实验课程的特点是学生自己动手，独立完成实验任务，所以实验预习尤为重要。撰写预习报告不是盲目地抄写实验教材，而是为实验操作做准备。通过撰写预习报告，应弄清实验中使用的基本仪器的构造原理、操作规程、读数原理和方法及注意事项。实验预习要点如下。

(1) 能说出实验任务。

(2) 能简述实验原理。

(3) 知道实验仪器的功能及如何操作。

(4) 记录预习中遇到的问题。

(5) 撰写预习报告。

上课前，指导教师要检查学生的实验预习情况，评定实验预习成绩。

2. 实验操作

实验课重在实验操作过程，这个过程能使学生主动思考，提高学生分析和解决实际问题的能力。在实验操作过程中，学生尽量在教师的指导下独立地进行仪器的正确安装和调整，仔细观察实验现象，并记录原始实验数据。

实验课的特点是要到实验室里亲自动手做。特别是实验仪器的使用，只有当仪器放在你面前的时候，对照着仪器看教材上的仪器介绍和操作规程才能学会该仪器的使用方法。实验课最忌讳的是“盲目动手”，一是容易损坏仪器，二是可能危及自身安全。因此，要学好实验课，必须注重以下几个重要环节。

(1)认真听指导教师讲解实验的基本要求、实验原理、实验内容、实验操作的要领和实验的注意事项。

(2)动手实验前，对照仪器认真阅读教材上的仪器介绍，掌握仪器的正确操作方法。

(3)记录数据前，先观察实验现象，确认无任何异常后再开始记录实验数据，遇到问题及时请教指导教师，不得擅自改动实验数据。

(4)实验完成后，请指导教师确认数据，指导教师签字后，学生方可整理实验仪器离开实验室。

3. 实验报告

撰写实验报告的目的是科学地总结自己的实验工作，通过对实验课题、内容、方法的科学表述，阐明实验结论。撰写实验报告是将来撰写科技文章的基础训练。实验报告要求字迹工整，具有可读性和强逻辑性，实验结果分析切合实际。一份完整的实验报告应包括以下内容:实验名称、实验目的、实验仪器、实验原理、实验内容、数据记录与处理及分析与思考。原始实验数据应附在实验报告正文之后。

实验报告具体要求如下。

(1)实验原理应简明扼要、文理通顺，不要照抄教材，要注意实验原理部分的提炼，一般实验原理包括实验依据的原理公式、公式中各个物理量的含义、原理简述、原理图，电学实验要有相关电路图，光学实验要有相关光路图。

(2)实验内容应条理清晰并且按实际操作情况简明扼要地写出主要的实验操作步骤。

(3)数据记录应把记录的原始实验数据准确无误地转记到正文的数据表格中。

(4)数据处理应包含计算测量结果、计算不确定度、作图等。在此过程中，要按有效数字的运算规则计算数据，要有数据代入和计算过程，最后用不确定度正确表示实验结果(包括物理量的单位)。在需要作图表示实验结果时，要写清楚坐标轴名称、标明坐标轴的分度和单位。

(5)分析与思考应包括影响实验结果的主要因素分析、减小误差应采取的措施、对实验中观察到的现象的解释、改进实验的建议、心得体会、本实验的应用、思考题答案等。

物理实验虽然是在教师指导下学生独立进行的，但在实验中，学生不应是完全按照“操作指令”运转的“机器人”，而应该积极发挥自己的主观能动性去思考问题，进行观察分析，探讨最佳的实验方案，不断改进实验方法，发挥自己的聪明才智增强实验技能。

三、实验室规则

(1)课前应做好预习，写好预习报告，经指导教师检查同意后方可进行实验。

(2)在整个实验过程中要树立“安全第一”的观念，特别是在使用电源时，务必检查线路，确保无误后才能接通电源。

(3)实验中如遇到缺少器材或仪器异常等情况应立即向指导教师报告，不可擅自动用、调换仪器。

(4)爱护仪器设备，如有损坏、丢失等情况，应立即向指导教师报告。因违反操作规程而损坏仪器者，应按规定赔偿，并提交仪器损坏记录。

(5)做完实验后，原始实验数据要交给指导教师检查并签字。离开实验室前，应将仪器整理还原，桌面收拾整洁，凳子摆放整齐，保持实验室卫生。

相关阅读请扫二维码

第一章 实验数据处理基础知识

第一节 测量和测量误差

在日常生活、生产和科学研究中，人们经常需要对各种物理量进行测量，并需要找出物理量之间的定量关系。人们要想获取各种物理量的大小等相关信息，就要借助某些工具或仪器，按一定的方法，在一定的工作环境下，通过动手操作得出相应物理量的数值。由于在这个过程中获得的物理量的数值存在偏离真实值的问题，因此有必要引入测量和测量误差的概念。

一、测量的定义

所谓测量就是将待测的物理量与某种作为标准的同类量进行比较，得出它们之间的倍数关系，得到的结果就是测量值。例如，用一个长度为1m的米尺作为标准测量一张桌子的长度，经测量发现桌子长度是米尺长度的1.4倍，因此桌子的长度是1.4m。

二、测量的分类

测量可以简单地分成两类:直接测量和间接测量。

(1)直接测量是指使用测量工具或测量仪器直接测得或读出被测物理量数值的测量过程。例如，用天平测量质量、用温度计测量温度、用秒表测量时间、用电压表测量电压、用电流表测量电流等都是直接测量。

(2)有些物理量仅靠直接测量是不能得到测量值的，必须通过对几个物理量进行直接测量后，利用公式进行计算，才能够得到所需要的测量值。该测量过程即间接测量。例如，在用伏安法测电阻阻值的实验中我们先直接测量出了电压 U 和电流 I 再通过公式 $R=U/I$ 计算出电阻的阻值，这就是间接测量。其实在物理实验中，绝大部分测量都属于间接测量，而间接测量是以直接测量为基础的。

三、测量误差的概念

每个被测物理量在一定条件下都有一个客观存在值，即真值，记为 x_0。任何测量，由于测量仪器、测量方法、测量环境、测量者的观察能力等因素的影响都不可能做到绝对准确，这就不可避免地使测量值 x 与真值 x_0 存在一定的差异，这就是测量误差，记为 Δx。

$$\Delta x = x - x_0 \tag{1-1}$$

式中，Δx 称为测量的绝对误差，是带有单位的物理量。

绝对误差反映了误差本身的大小，但是无法用于比较哪个测量结果更准确。例如，有甲、乙两个同学分别测量了一张桌子的长度和一段公路的长度。假设上述桌子的真值 x_0 =

120cm，甲同学测量的绝对误差 $\Delta x = 1\text{cm}$，而乙同学测量的公路的真值 $x_0' = 3.5\text{km}$，测量的绝对误差 $\Delta x' = 1\text{m}$。那么，甲、乙两位同学谁的测量结果更准确？显然，这里不能直接比较绝对误差的大小。因此，有必要引入相对误差的概念，即绝对误差与真值的比值，记为 E，用百分数表示。

$$E = \frac{\Delta x}{x_0} \times 100\% \tag{1-2}$$

相对误差是一个无单位的数，测量结果的相对误差越小，表示测量结果越接近其真值，即测量越准确。由相对误差的定义我们很容易得出乙同学测量的相对误差更小，所以乙同学的测量结果更准确。

四、测量误差的分类

在实际测量中误差是不可避免的，误差的来源有很多，如仪器误差、环境误差、方法误差、观测误差等。根据误差的来源可以将其分为系统误差和随机误差两大类。

(1)系统误差是在同一条件下的重复测量中保持恒定或以可预知方式变化的测量误差。系统误差的来源有：①仪器误差，如天平两臂不相等，电表的示值不准、零点未调好等；②环境误差，如温度、压强偏离标准条件等；③方法误差，如伏安法测电阻的阻值时未考虑电表内阻的影响，称质量时未考虑空气浮力的影响等；④观测误差，如观测者习惯侧坐或斜坐读数，造成读数总是偏大或总是偏小等。

(2)随机误差是在重复测量中以不可预知方式变化的测量误差，这种测量误差的大小和正负是无法预测的。即使在相同条件下，对某一指定的物理量进行重复测量，每次得到的测量值也总是在一定范围内呈随机性、波动性的变化。随机误差的来源有很多，如温度、湿度和气压等环境条件的不稳定，分析人员操作的微小差异，以及仪器的不稳定因素等。

随机误差就某一次测量而言是不确定的，但是在多次测量中基本服从正态分布，如图 1-1 所示，因此可用多次测量取平均值的方法减小随机误差对测量结果的影响。

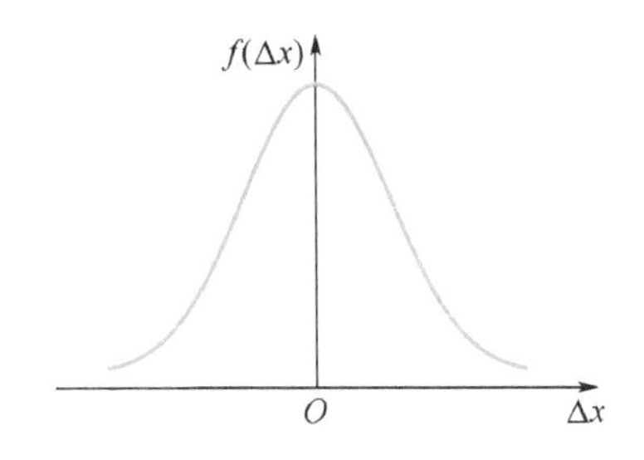

图 1-1　随机误差的正态分布示意图

另外，还有一类误差叫作粗大误差，是明显偏离测量值的误差。这类误差是由操作错误、读数错误、记录错误等原因造成的，在处理数据时应该剔除。

第二节　误差的估算

前面介绍了与测量和测量误差相关的概念，但在实际计算中由于真值 x_0 是不知道的，所以绝对误差 $\Delta x = x - x_0$ 无法计算。因此，本节介绍一些实验数据处理中常用的误差估算方法，涉及多次直接测量、单次直接测量及间接测量。经典误差理论是比较复杂的，在计算时需要判断是以系统误差为主还是以随机误差为主，但是有时候难以判断二者的主次关系，所以最新评定测量结果准确性的方法是用不确定度来评定的，这一方法在下一节进行介绍。本节假设在多次测量中系统误差可以忽略，主要是对随机误差进行估算，假设在单次测量中以系统误差为主。

一、多次测量的算数平均值

假设在相同条件下对某一物理量进行了 n 次测量，测量值分别为 x_1，x_2，x_3，…，x_n。如果剔除了系统误差影响，其算术平均值 $\overline{x}$ 就是其真值 x_0 的最佳估计值，即

$$\overline{x} = \frac{1}{n}\sum_{i=1}^{n} x_i \tag{1-3}$$

那么，任意一次测量值的误差可估算为

$$\Delta x_i = x_i - \overline{x} \tag{1-4}$$

式中，用 $\overline{x}$ 代替 x_0 估算出来的误差也叫偏差。

二、多次测量的算数平均偏差

在实验数据处理中，把每次偏差绝对值的平均值定义为算术平均偏差，用 $\overline{\Delta x}$ 表示。

$$\overline{\Delta x} = \frac{1}{n}\sum_{i=1}^{n} |x_i - \overline{x}| \tag{1-5}$$

式(1-5)右侧取的是绝对值，因此考虑了全体偏差的贡献。在实际测量中因为真值 x_0 无法测得，所以无法用式(1-1)来计算误差，通常用算术平均偏差来估算测量值的误差。$\overline{\Delta x}$ 越小表明测量值的精度越高。由于实验中通常要求尽可能地消除或减小系统误差，而所谓误差计算主要是估算随机误差，因此这里不再对与系统误差相关的精密度和精确度进行严格区分，可泛称为测量精度。

三、单次测量的误差估算

上述用算数平均偏差来估算误差的方法只适用于多次测量。如果是单次测量，那么误差应根据测量的实际情况和仪器误差进行估算。一般而言，可取仪器误差 $\Delta_{仪}$ 作为单次测量的误差估算值。对于一些分度测量工具，如游标卡尺、螺旋测微器等，$\Delta_{仪}$ 指的是仪器说明书中提供的“示值误差”；对于一些电工仪表，如电压表、电流表等，$\Delta_{仪}$ 指的是仪器说明书中提供的“基本误差的允许极限”。如果仪器没有说明书或者说明书中没有“示值误差”或“基本误差的允许极限”，那么对于一般分度仪器，若可以估读则用分度值的一半作为 $\Delta_{仪}$，若不可估读则用分度值作为 $\Delta_{仪}$。对于一般的数字仪表，可取末位的一个单位作为 $\Delta_{仪}$。表 1-1 列出了实验室常用仪器的仪器误差。

表 1-1　实验室常用仪器的仪器误差

仪器	毫米刻度尺	50 分度游标卡尺	螺旋测微器	分光计	读数显微镜
$\Delta_{仪}$	0.5mm	0.02mm	0.004mm	1′	0.005mm

四、间接测量的误差传递公式

设间接测量物理量 y 是几个独立的直接测量物理量 x_1，x_2，x_3，…，x_n 的函数，即

$$y = f(x_1, x_2, x_3, \cdots, x_n) \tag{1-6}$$

设 Δx_1，Δx_2，Δx_3，…，Δx_n 分别是 x_1，x_2，x_3，…，x_n 的误差，Δy 表示间接测量物理量 y 的误差。对式(1-6)取全微分得

$$\mathrm{d}y = \frac{\partial f}{\partial x_1}\mathrm{d}x_1 + \frac{\partial f}{\partial x_2}\mathrm{d}x_2 + \frac{\partial f}{\partial x_3}\mathrm{d}x_3 + \cdots + \frac{\partial f}{\partial x_n}\mathrm{d}x_n \tag{1-7}$$

用 Δx_1，Δx_2，Δx_3，…，Δx_n 和 Δy 替换式(1-7)中的 $\mathrm{d}x_1$，$\mathrm{d}x_2$，$\mathrm{d}x_3$，…，$\mathrm{d}x_n$ 和 $\mathrm{d}y$，可得

$$\Delta y = \left|\frac{\partial f}{\partial x_1}\Delta x_1\right| + \left|\frac{\partial f}{\partial x_2}\Delta x_2\right| + \left|\frac{\partial f}{\partial x_3}\Delta x_3\right| + \cdots + \left|\frac{\partial f}{\partial x_n}\Delta x_n\right| \tag{1-8}$$

式中右端各项是正、负不定的，为了保证计算得到的是间接测量物理量可能具有的最大误差，式中各项均取了其绝对值，这就是绝对误差传递公式。

相对误差公式为

$$E = \frac{\Delta y}{y} = \frac{1}{y}\sum_{i=1}^{n}\left|\frac{\partial f}{\partial x_i}\Delta x_i\right| \tag{1-9}$$

用误差来评定测量结果，最终表示为

$$\begin{cases} x = \bar{x} \pm \Delta x \\ E = \dfrac{\Delta x}{\bar{x}} \times 100\% \end{cases}$$

第三节 测量结果的不确定度

测量不确定度和测量误差是误差理论中的两个重要概念，它们都是评价测量结果质量高低的重要指标，都可作为测量结果的精度评定参数。但它们之间又有明显的区别，从定义上讲，测量误差是测量结果与真值之差，以真值 x_0 为中心；测量不确定度以被测物理量的最佳估计值 $\bar{x}$ 为中心。因此测量误差是一个理想的概念，一般不能准确得到，只能用上一节介绍的方法来估算，测量不确定度反映人们对被测物理量真值在某个取值范围的估计，可以准确计算。

当然，误差是不确定度的基础，研究测量不确定度需要先研究测量误差，只有对误差的性质、分布规律、相互联系及测量结果的误差传递关系等有了充分的认识和了解，才能更好地估计各不确定度分量，正确得到测量结果的不确定度。用测量不确定度代替测量误差表示测量结果，易于理解，便于评定，具有合理性和实用性。测量不确定度是对经典误差理论的补充、完善与发展，是现代误差理论的重要内容之一。

一、直接测量的不确定度评定

1. A 类不确定度

A 类不确定度 u_A 是用统计方法评定的不确定度分量，假设在相同条件下对某一物理量进行了 n 次测量，测量值分别为 x_1，x_2，x_3，…，x_n，其算术平均值为 $\bar{x}$，那么 u_A 的计算公式为

$$u_A(x) = \sqrt{\frac{\sum_{i=1}^{n}(x_i - \bar{x})^2}{n(n-1)}} \tag{1-10}$$

2. B 类不确定度

B 类不确定度 u_B 是用非统计方法评定的不确定度分量，其来源较多但主要来源是仪器误差 $\Delta_{仪}$，在物理实验中一般不考虑其他来源，其计算公式为

$$u_B(x) = \frac{\Delta_{仪}}{\sqrt{3}} \tag{1-11}$$

3. 合成不确定度

合成不确定度 $u(x)$ 是上述两类不确定度的平方和的根，即

$$u(x) = \sqrt{u_A(x)^2 + u_B(x)^2} \tag{1-12}$$

4. 相对不确定度

相对不确定度的计算公式为

$$E_r = \frac{u(x)}{\bar{x}} \times 100\% \tag{1-13}$$

二、间接测量的不确定度传递公式

间接测量物理量 y 是几个独立的直接测量物理量 $x_1, x_2, x_3, \cdots, x_n$ 的函数，详见式(1-6)。设 $u(x_1), u(x_2), u(x_3), \cdots, u(x_n)$ 分别是 $x_1, x_2, x_3, \cdots, x_n$ 的合成不确定度，$u(y)$ 表示间接测量物理量 y 的合成不确定度，间接测量的合成不确定度传递公式为

$$u(y) = \sqrt{\left(\frac{\partial f}{\partial x_1}\right)^2 u(x_1)^2 + \left(\frac{\partial f}{\partial x_2}\right)^2 u(x_2)^2 + \left(\frac{\partial f}{\partial x_3}\right)^2 u(x_3)^2 + \cdots + \left(\frac{\partial f}{\partial x_n}\right)^2 u(x_n)^2} \tag{1-14}$$

相对不确定度的传递公式为

$$E_r = \frac{u(y)}{\bar{y}} = \sqrt{\left[\frac{\partial(\ln f)}{\partial x_1}\right]^2 u(x_1)^2 + \left[\frac{\partial(\ln f)}{\partial x_2}\right]^2 u(x_2)^2 + \left[\frac{\partial(\ln f)}{\partial x_3}\right]^2 u(x_3)^2 + \cdots + \left[\frac{\partial(\ln f)}{\partial x_n}\right]^2 u(x_n)^2} \tag{1-15}$$

经验表明，若间接测量物理量的函数关系以加减运算为主，则利用式(1-14)先计算不确定度，再求相对不确定度，这样计算比较简单；若间接测量物理量的函数关系以乘除运算为主，则利用式(1-15)先计算相对不确定度，再求不确定度更方便。表 1-2 所示为常用不确定度传递公式，若可以套用其中的公式，则可以实现快速计算；若公式太复杂无法直接套用，则只能用式(1-14)和式(1-15)逐步计算。

表 1-2 常用不确定度传递公式

函数关系式	不确定度传递公式
$y = x_1 \pm x_2$	$u(y) = \sqrt{u(x_1)^2 + u(x_2)^2}$
$y = x_1 \times x_2$ 或 $y = \frac{x_1}{x_2}$	$\frac{u(y)}{\bar{y}} = \sqrt{\left[\frac{u(x_1)}{\bar{x}_1}\right]^2 + \left[\frac{u(x_2)}{\bar{x}_2}\right]^2}$

续表

函数关系式	不确定度传递公式
$y = x^n$	$\frac{u(y)}{\bar{y}} = n\frac{u(x)}{\bar{x}}$
$y = \sin x$	$u(y) = \lvert\cos\bar{x}\rvert u(x)$
$y = \ln x$	$u(y) = \frac{u(x)}{\bar{x}}$

三、测量结果的表示方法

用误差来评定测量结果，最终表示为

$$\begin{cases} x = \bar{x} \pm \Delta x \\ E = \dfrac{\Delta x}{\bar{x}} \times 100\% \end{cases}$$

用不确定度来评定测量结果，最终表示为

$$\begin{cases} x = \bar{x} \pm u(x) \\ E_r = \dfrac{u(x)}{\bar{x}} \times 100\% \end{cases}$$

第四节 有效数字的概念及其运算规则

一、有效数字的概念

一个物理量测量值的大小可以用一串数字来表示，一般来说，除最后一位数字是存疑数字外，其他数字皆为准确数字。存疑数字和准确数字都是有效数字的组成部分。例如，某一物体长度的测量值为0.038 553m，最后一位数字3是存疑数字，一般是由估读得到的。该测量值的有效数字位数是5。简单地说就是，从左边第一位不是0的数字算起一直数到末位(不包括小数点)数字的位数就是有效数字的位数(包括数字末尾的0)。

二、有效数字的运算规则

有效数字的位数不能单凭通过数学运算确定，要结合实际在一定程度上反映测量的准确度。也就是说，有效数字的位数受原始数据能达到的准确度、获取数据的技术水平、获取数据依据的理论等因素的限制。因此，用计算器得到的数值及最终的取舍需要遵循一定的规则。

(1) π、e、$\sqrt{3}$ 等无理数及运算过程的中间结果可以比测量值多保留1~2位小数。

(2)相对误差或相对不确定度用百分数表示，一般保留2位有效数字。

(3)非常大或非常小的数要用科学记数法来表示，写成 $a \times 10^{\pm n}$ 形式，其中，a 写成小数形式，且 $1 \leqslant |a| < 10$。例如，(0.000 345 ± 0.000 006)mA 的科学记数法表示为 $(3.45 \pm 0.06) \times 10^{-4}$mA。

(4)误差或者不确定度保留1位有效数字，多余的数字按照“观察下一位，非零即进”的规则进行取舍。例如，计算得到的不确定度为0.0031mm，保留1位有效数字为0.004mm。运算过程中可多保留一位有效数字。

(5)最终结果的算术平均值有效数字的末位应该与误差或者不确定度的有效数字末位对齐。假设经过计算不确定度为0.004mm，测量值的平均值为8.3547mm，根据上述“对齐”原则应该保留到小数点后第三位，多余的数字按照“四舍六入五凑偶”的规则进行取舍，所以最终结果为8.355mm。例如，计算得到的算术平均值为8.3545mm，保留4位有效数字为8.354mm，也就是把要舍去的“5”前面的一位数字凑成偶数，这里的“4”本来就是偶数，所以不进位；若保留3位有效数字，则为8.35mm；若保留2位有效数字则为8.4mm，这里把要舍去的“5”前面的“3”凑成偶数，需要进位。

例题 为了计算圆柱体的体积，某同学用游标卡尺多次测量圆柱体的高度h，结果分别为70.28mm、70.26mm、70.30mm、70.28mm、70.24mm、70.26mm。用螺旋测微器多次测量圆柱体的直径d，结果分别为20.831mm、20.830mm、20.832mm、20.833mm、20.828mm、20.827mm。求圆柱体的体积V并估算其不确定度$u(V)$。

解：(1)计算$\bar{h}$及其不确定度：

$$\bar{h} = (70.28 + 70.26 + 70.30 + 70.28 + 70.24 + 70.26)/6 = 70.27(\text{mm})$$

$$u_A(h) = \sqrt{\frac{0.01^2 + 0.01^2 + 0.03^2 + 0.01^2 + 0.03^2 + 0.01^2}{6(6-1)}} \approx 0.0086(\text{mm})$$

$$u_B(h) = \frac{0.02}{\sqrt{3}} \approx 0.012(\text{mm})$$

$$u(h) = \sqrt{0.0086^2 + 0.012^2} \approx 0.02(\text{mm})$$

$\therefore h = \bar{h} \pm u(h) = (70.27 \pm 0.02)(\text{mm})$

(2)计算$\bar{d}$及其不确定度：

$$\bar{d} = (20.831 + 20.830 + 20.832 + 20.833 + 20.828 + 20.827)/6 = 20.830(\text{mm})$$

$$u_A(d) = \sqrt{\frac{0.001^2 + 0^2 + 0.002^2 + 0.003^2 + 0.002^2 + 0.003^2}{6(6-1)}} \approx 0.00095(\text{mm})$$

$$u_B(d) = \frac{0.004}{\sqrt{3}} \approx 0.0023(\text{mm})$$

$$u(d) = \sqrt{0.0001^2 + 0.0023^2} \approx 0.003(\text{mm})$$

$\therefore d = \bar{d} \pm u(d) = (20.830 \pm 0.003)(\text{mm})$

(3)先计算V：

$$V = \frac{\pi \bar{d}^2 \bar{h}}{4} = \frac{3.14 \times 20.830^2 \times 70.27}{4} \approx 23934.158(\text{mm}^3)$$

然后利用不确定度传递公式计算V的不确定度。

先对$V = \frac{\pi d^2 h}{4}$取对数，然后计算偏导数：

$$\ln V = \ln\frac{\pi}{4} + 2\ln d + \ln h$$

$$\frac{\partial \ln V}{\partial d} = \frac{2}{d}, \frac{\partial \ln V}{\partial h} = \frac{1}{h}$$

把上面的式子带入式(1-15)得

$$E_r = \frac{u(V)}{V} = \sqrt{\left[\frac{\partial(\ln V)}{\partial d}\right]^2 u(d)^2 + \left[\frac{\partial(\ln V)}{\partial h}\right]^2 u(h)^2}$$

$$= \sqrt{\left(\frac{2}{d}\right)^2 u(d)^2 + \left(\frac{1}{h}\right)^2 u(h)^2}$$

$$= \sqrt{\left(\frac{2}{20.830}\right)^2 \times 0.002^2 + \left(\frac{1}{70.27}\right)^2 \times 0.02^2} \approx 0.034\%$$

$\therefore u(V) = V \times E_r = 23934.158 \times 0.034\% \approx 8.14(\text{mm}^3)$

$\therefore V = V \pm u(V) = (2.3934 \pm 0.0009) \times 10^4 (\text{mm}^3)$

结果表示为

$$V = V \pm u(V) = (2.3934 \pm 0.0009) \times 10^4 (\text{mm}^3)$$

$$E_r = 0.034\%$$

第五节 实验数据处理的常用方法

数据处理就是对实验数据进行记录、整理、计算、作图和分析的过程。物理实验中常用的数据处理方法有列表法、作图法和逐差法等。

一、列表法

列表法可以简单明了、形式紧凑地表示有关物理量间的对应关系，便于随时检查实验数据是否合理，有助于及时发现问题、减少和避免错误、找出有关物理量之间规律性的联系，进而求出经验公式等。

列表法的要点如下。

(1)要写出所列表格的名称，表格要简单明了，便于看出有关量之间的关系以处理数据。

(2)列表要标明符号代表的物理量的意义并写明物理量的单位。

(3)若测量数据之间有函数关系，应按自变量升序或降序排列。例如，表1-3列出了用伏安法测电阻阻值的实验数据。

表1-3 用伏安法测电阻阻值的实验数据

电压 U/V	1.00	2.00	3.00	4.00	5.00	6.00	7.00	8.00
电流 I/mA	5.1	10.1	15.2	20.1	25.2	30.0	35.1	40.2

二、作图法

作图法是一种用图线直观地表示一系列数据之间的关系或其变化情况的方法，用作图法得到的实验曲线可以用来研究物理量间的关系及其特性，验证物理定律，寻求经验公式，进行物理量的求值等。

作图法的步骤如下。

(1)选用合适的坐标纸。物理实验中最常用的坐标纸是毫米刻度的直角坐标纸，原则上以不损失实验数据的有效数字和能容纳所有实验点为选取坐标纸大小的最低限度。

(2)选取坐标轴及坐标原点。通常用横轴表示自变量，用纵轴表示因变量，要分别标明各轴代表的物理量和单位，并在坐标轴上等间距地标明其主要分度值。取坐标轴的分度时应该注意，尽量让图线比较对称地“占满”坐标纸。

(3)标出测量数据的坐标点。用“ + ”、“ × ”或“ * ”等符号在坐标纸上标明实验数据点。

(4)连接实验图线。画出平滑的曲线或直线，图线不强求通过所有实验点，但是要求图线两侧的实验点分布均衡，且与图线尽量接近，图 1-2 所示为电阻的伏安特性曲线。

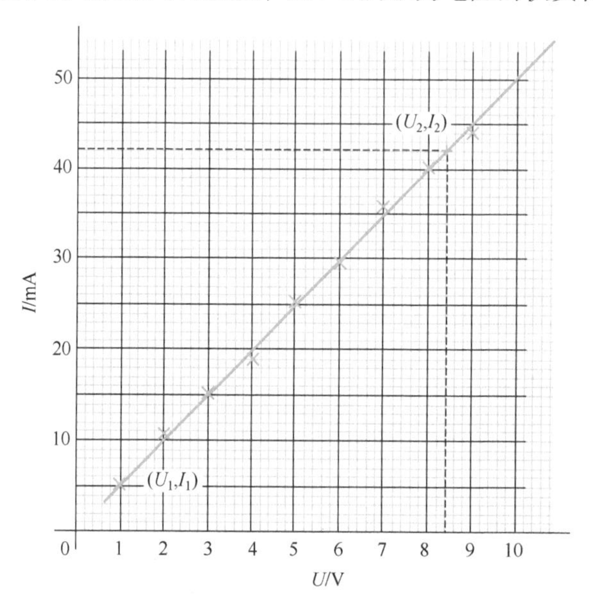

图 1-2 电阻的伏安特性曲线

(5)如果需要求解直线的斜率，需要先在图线上找两个距离较远的点，并且不能找标记过的实验数据点，如图 1-2 中虚线所示。然后在图上读出它们的坐标，假设为 (U_1, I_1) 和 (U_2, I_2)。用两点的坐标可以求出直线的斜率，$k = \frac{I_2 - I_1}{U_2 - U_1}$。

三、逐差法

当两个物理量之间满足线性关系，如 $y = kx + b$，且自变量 x 的变化是等间隔的时，可以采用逐差法进行实验数据的处理，具体做法是进行偶数次测量，假设进行了 8 次测量得到 8 个数据，将这 8 个数据分成两组，前 4 个数据为第一组，后 4 个数据为第二组。对应项先相减再取和，最后除以 4^2。下面以拉伸法测量金属丝的杨氏模量的实验为例进一步解释逐差法的计算步骤。

在实验中，望远镜里面标尺的读数和钢丝受到的砝码重力基本呈线性关系，每次测量增加一个 1kg 的砝码，最多加 8 个砝码，拉伸法测量金属丝的杨氏模量实验数据如表 1-4 所示。

表 1-4 拉伸法测量金属丝的杨氏模量实验数据

测量次数	1	2	3	4	5	6	7	8
砝码质量/kg	1.000	2.000	3.000	4.000	5.000	6.000	7.000	8.000
标尺读数 n_i/mm	-28.1	-15.5	-2.8	9.8	22.5	35.2	47.7	60.3

先将测量数据分成两组，即 n_1，n_2，n_3，n_4 和 n_5，n_6，n_7，n_8，然后将对应项先相减求出每增加一个砝码标尺读数变化量的平均值，即

$$\overline{\Delta n} = \frac{(n_5 - n_1) + (n_6 - n_2) + (n_7 - n_3) + (n_8 - n_4)}{4^2}$$

$$= \frac{50.6 + 50.7 + 50.5 + 50.5}{16} \approx 12.64(\text{mm})$$

注意：分母是 4^2，如果分母是 4，那么得到的就是每增加 4 个砝码标尺读数变化量的平均值。

不用逐差法，而是将相邻数据依次相减，则为

$$\overline{\Delta n} = \frac{(n_2 - n_1) + (n_3 - n_2) + (n_4 - n_3) + (n_5 - n_4) + (n_6 - n_5) + (n_7 - n_6) + (n_8 - n_7)}{7}$$

$$= \frac{n_8 - n_1}{7} \approx 12.63(\text{mm})$$

虽然结果相差无几，但是可以看出：逐差法把全部测量数据都用上了，等效于 4 次重复测量结果的平均值，数据更可靠；而后者仅仅用到了第一个数据和最后一个数据，相当于加上了 8 个砝码进行一次测量。显然，在这种情况下用逐差法处理的数据可信度更高。

习　题

1. 指出下列各物理量的测量值分别有几位有效数字。

(1) $l = 1.0010(\text{cm})$

(2) $t = 0.025(\text{h})$

(3) $I = 7.1 \times 10^{-2}(\text{A})$

(4) $\lambda = 589.3(\text{nm})$

(5) $g = 9.8012306(\text{N/kg})$

2. 根据有效数字的概念，改正下列错误，写出正确测量结果。

(1) $F = (3.45 \pm 0.1)(\text{N})$

(2) $m = (7.358 \pm 0.15)(\text{g})$

(3) $l = (1700 \pm 100)(\text{km})$

(4) $I = (3.745 \times 10^{-2} \pm 5.67 \times 10^{-4})(\Omega)$

(5) $R = (37564 \pm 40)(\Omega)$

3. 改正下列测量结果表达式，并写成科学记数法的形式。

(1) $U = (32515 \pm 10)(\text{N})$

(2) $I = (5.354 \times 10^4 \pm 0.035 \times 10^3)(\text{mA})$

(3) $v = (0.03458 \pm 0.000567)(\text{m} \cdot \text{s}^{-1})$

(4) $R = (52375.6 \pm 5 \times 10)(\Omega)$

(5) $l = (5292715 \times 10^{-18} \pm 4 \times 10^{-17})(\text{m})$

4. 根据测量不确定度和有效数字的概念，改正下列测量结果表达式。

(1) $d = (10.435 \pm 0.01)(\mathrm{cm})$

(2) $t = 8.50 \pm 0.45(\mathrm{s})$

(3) $R = 12345.6 \pm 4 \times 10(\Omega)$

(4) $I = 5.354 \times 10^4 \pm 0.045 \times 10^3(\mathrm{mA})$

(5) $l = 10.1 \pm 0.095(\mathrm{m})$

5. 用分度值为 0.01mm 的螺旋测微器，测得一钢球的直径为 20.011mm，20.012mm，20.013mm，20.010mm，20.014mm，螺旋测微器的零点读数 $D_0 = 0.012\mathrm{mm}$，求钢球的体积 $V \pm u(V)$。

第二章 力学实验

实验一 金属丝杨氏模量的测量

一、实验背景及应用

任何物体在外力作用下都会发生形变，当形变不超过该物体的弹性限度时，撤走外力后，物体的形变随之消失，这种形变称为弹性形变。托马斯·杨在材料力学方面最早提出了弹性模量的概念，并认为剪应力也是一种弹性形变。后来以他的名字将弹性模量命名为杨氏模量。杨氏模量是描述固体材料抵抗弹性形变能力的物理量，标志着固体材料的刚性。固体材料的杨氏模量越大说明在相同的外力作用下，压缩或者拉伸该材料时，材料的形变越小。测量杨氏模量的方法有很多，如拉伸法、弯曲法和振动法等。本实验用静态拉伸-光杠杆法测量金属丝的杨氏模量。

二、实验目的

1. 掌握用静态拉伸法测量金属丝的杨氏模量的原理和方法。
2. 掌握用光杠杆法测量微小长度变化量的原理和方法。
3. 学会用逐差法处理实验数据。

三、实验仪器

实验仪器有杨氏模量仪、螺旋测微器、游标卡尺和米尺。

杨氏模量仪的结构如图 2-1 所示。

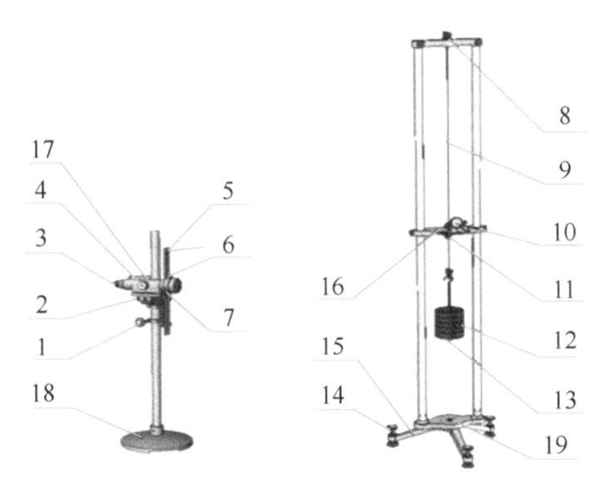

1—锁紧手轮；2—俯视手轮；3—目镜；4—物镜调焦手轮；5—照明标尺；6—准星；7—望远镜；8—钢丝夹头；9—钢丝；10—平面镜；11—圆柱体夹头；12—砝码；13—砝码盘；14—底座调平螺丝；15—三脚座；16—工作平台；17—激光器；18—电源开关；19—水准仪。

图 2-1 杨氏模量仪的结构

四、实验原理

1. 静态拉伸法测量杨氏模量

取一粗细均匀的金属丝，长度为 L，截面积为 S。将其上端固定，下端悬挂质量为 m 的砝码。金属丝在外力 F 的作用下发生形变，伸长量为 ΔL。比值 F/S 是单位截面积上的作用力，称为胁强(应力)，比值 $\Delta L/L$ 是金属丝的相对伸长量，称为胁变(应变)。根据胡克定律，在弹性限度内，胁强与胁变成正比，即

$$\frac{F}{S} = E\frac{\Delta L}{L}$$

所以有

$$E = \frac{F/S}{\Delta L/L} = \frac{FL}{S\Delta L} \tag{2-1}$$

式中，比例系数 E 就是该材料的杨氏弹性模量，简称杨氏模量，单位为 N/m^2。杨氏模量决定于材料本身的性质，是表征固体材料性质的一个重要物理量。杨氏模量越大，要使材料发生一定的形变所需的应力越大。

2. 光杠杆法测量微小长度原理

由于式(2-1)中的 F、L、S 都容易测出，只有微小伸长量 ΔL 不易准确测量，因此本实验用光杠杆法测量 ΔL。光杠杆装置如图 2-2(a)所示，其测量原理如图 2-2(b)所示。

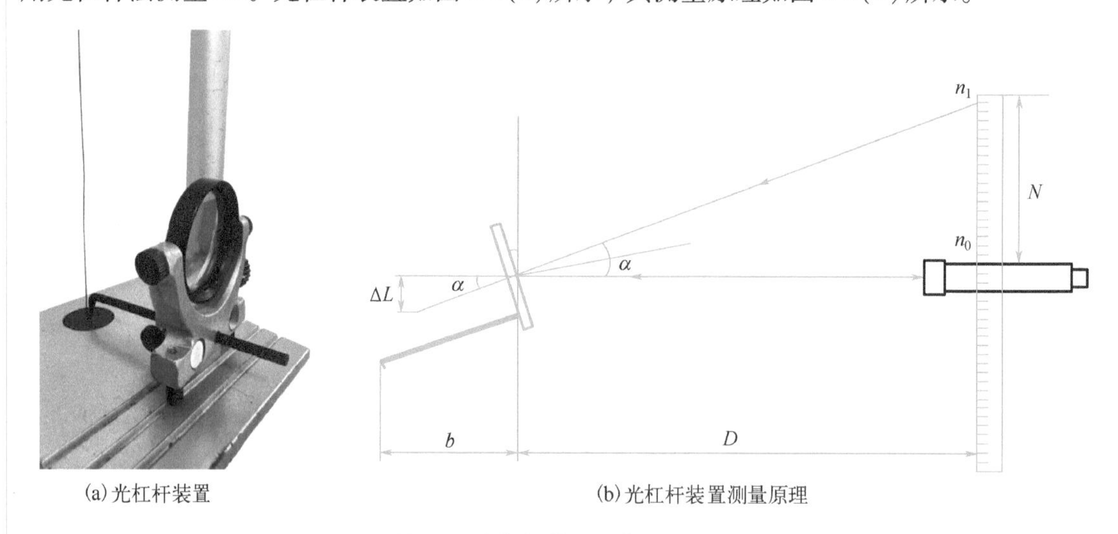

(a) 光杠杆装置　(b) 光杠杆装置测量原理

图 2-2　光杠杆装置及其测量原理

设开始时激光器发出的光通过平面镜反射后进入望远镜被观察到。这时读到的标尺刻度为 n_0，当金属丝伸长后，光杠杆(平面镜及其支架)的后脚随金属丝下落 ΔL，带动镜面转动一角度 α，根据反射定律可知，平面镜的反射光线转过的角度为 2α，此时读到的标尺刻度为 n_1。

设镜面到标尺距离为 D，光杠杆后脚至二前脚连线的垂直距离为 b，金属丝直径为 d，则有

$$\tan\alpha = \frac{\Delta L}{b} \quad \tan 2\alpha = \frac{n_1 - n_0}{D} = \frac{N}{D}$$

因为 $\Delta L \ll b$，α 角很小，故有

$$\alpha \approx \frac{\Delta L}{b} \quad 2\alpha \approx \frac{N}{D}$$

所以有

$$\Delta L = \frac{bN}{2D} \tag{2-2}$$

金属丝的截面面积为

$$S = \frac{1}{4}\pi d^2 \tag{2-3}$$

将式(2-2)和式(2-3)代入式(2-1)，得弹性模量的具体表达式为

$$E = \frac{FL}{S\Delta L} = \frac{8FLD}{\pi d^2 bN} \tag{2-4}$$

五、实验内容

1. 仪器调节

(1)调整底座调平螺丝，观察水准仪，使立柱处于垂直状态。

(2)检查夹金属丝的圆柱体夹头是否位于圆孔中央并且能够自由滑动。

(3)安装光杠杆并放于工作台上，将三脚座的二前脚放在工作台的任意横槽内，后脚放在圆柱体夹头上，尽量与金属丝接近但不要相碰，调节平面镜使其铅直。

(4)打开激光器及照明标尺的电源开关，调节望远镜及照明标尺的位置，沿镜筒的轴线方向观察平面镜，找到照明标尺并使激光的光斑落在平面镜的中心位置。

(5)调节目镜，使望远镜内分划板上的十字叉丝清晰，从望远镜内观察平面镜内照明标尺的像，调节物镜调焦手轮，使照明标尺成像清晰。记录此时的读数 n_0。

2. 实验数据测量

(1)依次增加砝码(每次 1kg)，直到加上 7 个砝码，从望远镜中观察照明标尺读数的变化量，而后逐渐减少砝码，重复测量，得到不同负荷下的照明标尺读数。依次记下砝码相应的照明标尺读数 n_1，n_2，n_3，…并填入表 2-1。

(3)用米尺测量金属丝长度 L，平面镜到照明标尺的距离 D，单次测量。

(4)将光杠杆放在一张纸上，压出 3 个足迹后，用游标卡尺测量后脚至二前脚连线的垂直距离 b，单次测量。

(5)用螺旋测微器分别测出金属丝上、中、下 3 个部位的直径 d，共测 10 次取平均值。

六、数据记录与处理

1. 数据记录

游标卡尺分度值 __________ mm，零点读数 __________ mm。

螺旋测微器分度值 __________ mm，零点读数 __________ mm。

金属丝长度 L = __________m，平面镜到照明标尺的距离 D = __________ m，光杠杆后脚至二前脚连线的垂直距离 b = __________m，并自拟表格记录 10 次测量的金属丝直径 d。

表 2-1 金属丝杨氏弹性模量测量数据记录表

序号	砝码/kg	照明标尺读数/cm		
		加力 n_i	减力 n'_i	平均读数 $\bar{n}_i$
0	0			
1	1			
2	2			
3	3			
4	4			
5	5			
6	6			
7	7			

2. 数据处理

(1)利用表 2-1 中的数据用逐差法处理照明标尺读数并填入表 2-2。

表 2-2 标尺读数计算表

每增加四个砝码照明标尺读数差 N_i /m		$\Delta N = \lvert N_i - \bar{N} \rvert$ /m	
$N_1 = \overline{n_4} - \overline{n_0}$		$\Delta N_1 = \lvert N_1 - \bar{N} \rvert$	
$N_2 = \overline{n_5} - \overline{n_1}$		$\Delta N_2 = \lvert N_2 - \bar{N} \rvert$	
$N_3 = \overline{n_6} - \overline{n_2}$		$\Delta N_3 = \lvert N_3 - \bar{N} \rvert$	
$N_4 = \overline{n_7} - \overline{n_3}$		$\Delta N_4 = \lvert N_4 - \bar{N} \rvert$	
$\bar{N}$		$u(N) = \sqrt{u_A(N)^2 + u_B(N)^2}$	

(2)测量量计算。

$L \pm u(L) =$ ________ m;

$D \pm u(D) =$ ________ m;

$b \pm u(b) =$ ________ m;

$\bar{d} \pm u(d) = \bar{d} \pm \sqrt{u_A(d)^2 + u_B(d)^2} =$ ________ m;

$\bar{N} \pm u(N) = \bar{N} \pm \sqrt{u_A(N)^2 + u_B(N)^2} =$ ________ m。

(3)计算杨氏模量及偏差。

$E = \dfrac{8FLD}{\pi \bar{d}^2 b\bar{N}} =$ ________ N/m^2 ;

$E_r = \dfrac{u(E)}{E} = \sqrt{\dfrac{u(F)^2}{F^2} + \dfrac{u(L)^2}{L^2} + \dfrac{u(D)^2}{D^2} + \dfrac{u(d)^2}{\bar{d}^2} + \dfrac{u(b)^2}{b^2} + \dfrac{u(N)^2}{\bar{N}^2}} \times 100\% =$ ________ % ;

$u(E) = E_r \cdot E = \dfrac{u(E)}{E} \cdot E =$ ________ N/m^2 ;

$E \pm u(E) =$ ________ N/m^2 。

七、分析与思考

1. 用光杠杆法测量微小长度变化量的原理是什么?有何优点?
2. 本实验必须满足的实验条件有哪些?

实验二 声速的测量

一、实验背景及应用

声音是一种机械振动在气态、液态和固态物质中传播的现象，由于振动方向与传播方向一致，故声波是纵波。振动频率为20Hz～20kHz的声波可以被人们听到，称为可闻声波；频率大于20kHz的声波称为超声波；频率小于20Hz的声波称为次声波。

目前声学的发展已经渗入国民经济、国防建设等领域，并形成了一些新的交叉学科，推动了许多边缘学科的发展。水声领域的各类型声呐，医学及工业中的超声成像，以及武器装备中的声波武器等都与声学的发展有着密不可分的关系。当前正在进行研究的课题有超声马达、声致发光、时空有限的波在界面上的反射和透射、厅堂音效混响、磁流体声波及声波在工程检测中的应用等。在液晶非线性动力学问题的基础研究中发现了指向波。

对于声波特性的测量(如频率、波速、波长、声压衰减和相位等)是声学应用技术中的一项重要内容，特别是声波波速(简称声速)的测量，在声波定位、探伤、测距等应用中具有重要的意义。

测量声速有两种方法：第一种方法是利用 $v = L/t$ 求出声速，式中，L 为声波传播的路程，t 为声波传播的时间，由于声速较快传播的时间极短，很难精确测量，该方法实验室操作性差。第二种方法是利用关系式 $v = \lambda f$，测出声波的振动频率 f 和波长 λ，进而求出声速。本实验中的共振干涉法和相位比较法采用的都是第二种方法。

超声波的频率为20kHz～500MHz，具有波长短、易于定向传播等优点。因此用超声波段进行声速测量比较方便。本实验通过超声波来测量空气中的声速。

二、实验目的

1. 了解超声波的产生、发射、传播和接收原理，了解压电陶瓷的声电转换功能。
2. 熟悉低频信号发生器、数字频率计和示波器的使用。
3. 掌握用共振干涉法、相位比较法测量超声波的传播速度。
4. 能熟练运用逐差法处理数据。

三、实验仪器

实验仪器有声速测定仪、示波器。

声速测定仪实物及其结构如图2-3所示。

四、实验原理

1. 声波在空气中的传播速度

由波动理论可知，波的频率 f、波速 v 和波长 λ 之间有以下关系：

$$v = f\lambda \tag{2-5}$$

因此，只要测量出声波的频率和波长，就可以求出声速。

本实验用低频信号发生器控制换能器，故信号发生器的输出频率就是声波的频率，而声波的波长可以用共振干涉法和相位比较法进行测量。

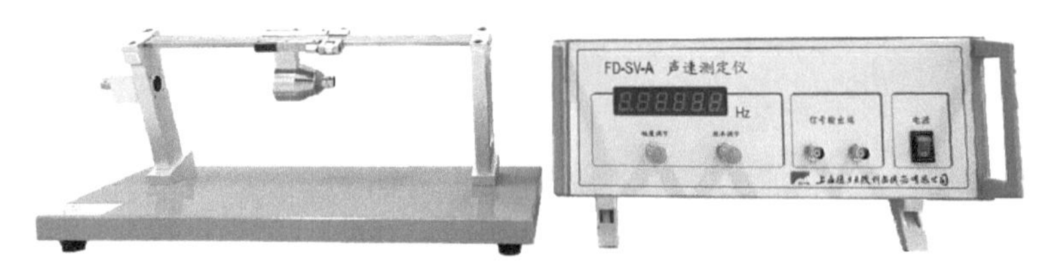

(a)声速测定仪实物图

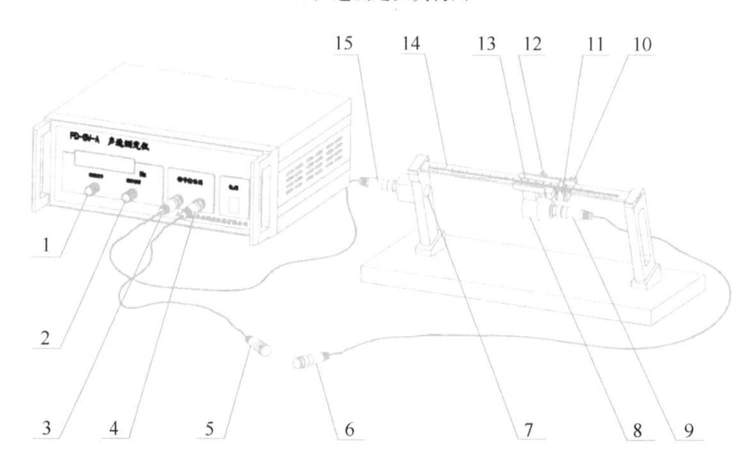

(b)声速测定仪结构图

1—幅度调节旋钮；2—频率调节旋钮；3，4—发射信号输出端口；5，6—连接示波器端口；
7—超声发射端；8—超声接收端；9—接收信号输出端；10，12—锁紧螺丝；11—微调螺母；
13—游标卡尺；14—主尺；15—发射信号输入端口。

图 2-3　声速测定仪实物及其结构

2. 声速的理论值计算方法

声波在理想气体中的传播过程可认为是绝热过程，传播速度为

$$v = \sqrt{\frac{\gamma RT}{M}} \tag{2-6}$$

式中，γ 是空气定压比热容和定容比热容之比$\left(\gamma = \frac{C_P}{C_V}\right)$，$R$ 是摩尔气体常数，M 是气体的摩尔质量，T 是热力学温度。由式(2-6)可以看出，温度是影响空气中的声速的主要因素，如果忽略空气中的水蒸气和其他杂质的影响，在 0℃($T_0 = 273.15\text{K}$)时的声速为

$$v_0 = \sqrt{\frac{\gamma RT_0}{M}} \approx 331.45\text{m/s} \tag{2-7}$$

在 t℃时的声速可以表示为

$$v_t = v_0 \sqrt{1 + \frac{t}{273.15}} \tag{2-8}$$

3. 压电陶瓷换能器

声速实验所采用的声波频率一般都在 20～60kHz，在此频率范围内，采用压电陶瓷换能器作为声波的发射器和接收器。

压电陶瓷换能器由压电陶瓷环片和质量不同的两种金属块组成，压电陶瓷片(如钛酸钡、

锆钛酸铅)由一种多晶结构的压电材料组成，在一定温度下经极化处理后，具有压电效应。在压电陶瓷环片上加上正弦交变电压，其就会按照正弦规律发生纵向伸缩(厚度按照正弦规律产生形变)向空中发射超声波。

发射器所需的电信号由声速仪信号源提供，信号源输出正弦波，正弦波的频率由信号源读出。接收器把接收到的超声波信号转换成电信号并送到示波器进行观察。

4. 共振干涉(驻波)法

图2-3(b)中的7和8为压电陶瓷换能器的超声发射端和超声接收端。发射端发出一定频率的平面声波，经接收端反射后回到发射端并再次反射，这样声波在两个换能器的端面之间来回反射并叠加，产生干涉现象，形成驻波。

设发射波的波函数为

$$Y_1 = A_1\cos\left(\omega t - \frac{2\pi}{\lambda}x\right) \tag{2-9}$$

反射波的波函数为

$$Y_2 = A_2\cos\left(\omega t + \frac{2\pi}{\lambda}x\right) \tag{2-10}$$

两者干涉形成的驻波的波函数为

$$Y = Y_1 + Y_2 = \left(2A\cos 2\pi\frac{x}{\lambda}\right)\cos\omega t \tag{2-11}$$

式中，$A_1 = A_2 = A$。

由式(2-11)可知，当 $\left|\cos\frac{2\pi}{\lambda}x\right| = 1$，即 $\frac{2\pi}{\lambda}x = k\pi$ 时，在 $x = k\frac{\lambda}{2}x$ $(k = 1, 2, 3, \cdots)$ 位置上，为驻波的波腹，声波的振幅最大。

当 $\left|\cos\frac{2\pi}{\lambda}x\right| = 0$，即 $\frac{2\pi}{\lambda}x = (2k-1)\frac{\pi}{2}$ 时，在 $x = (2k-1)\frac{\lambda}{4}$ $(k = 1, 2, 3, \cdots)$ 位置上，为驻波的波节，声波的振幅最小，这些点的振幅始终为零。

由上式可见，相邻波腹或相邻波节之间的距离都为 $\lambda/2$，在实验中，由于超声波在换能器中的传播速度比在空气中大很多，所以在接收器一端的端面处声波振幅近似为波节，但接收到的声压最大，经换能器转换成的电信号也最强。因为衍射及损耗，极大值的振幅在逐渐减小，所以声压与接收端位置的关系如图2-4所示。改变换能器之间的距离，当接收器移动到某个共振位置时，示波器上会出现最强的电信号，继续移动接收器，将再次出现最强的电信号。两次最强电信号之间的距离为 $\lambda/2$，通过游标卡尺可读出接收器的移动距离，即半波长。

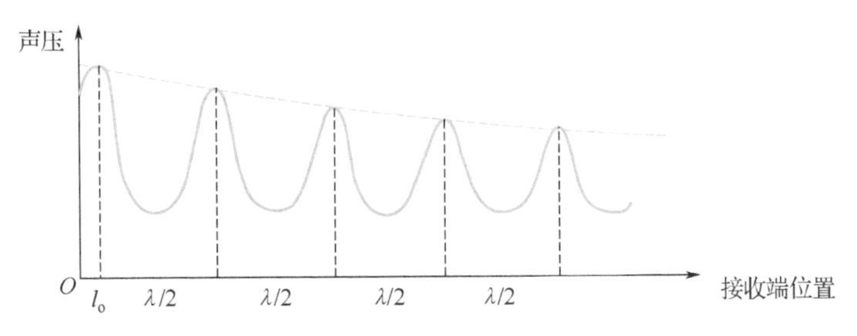

图2-4　声压与接收端位置的关系

频率f由声速测定仪信号源读出，利用声速与频率和波长之间的关系式(2-5)，可求出声速。

5. 相位比较法

当发射器与接收器之间距离为L时，在发射器发出的正弦信号与接收器接收到的正弦信号之间将有相位差$\varphi=2\pi L/\lambda=2n\pi+\Delta\varphi$。

若将发射器发出的正弦信号与接收器接收到的正弦信号分别接入示波器的X端口及Y端口，则相互垂直的同频率正弦波将发生干涉，其合成轨迹被称为李萨如图形。不同相位差对应的李萨如图形如图2-5所示。

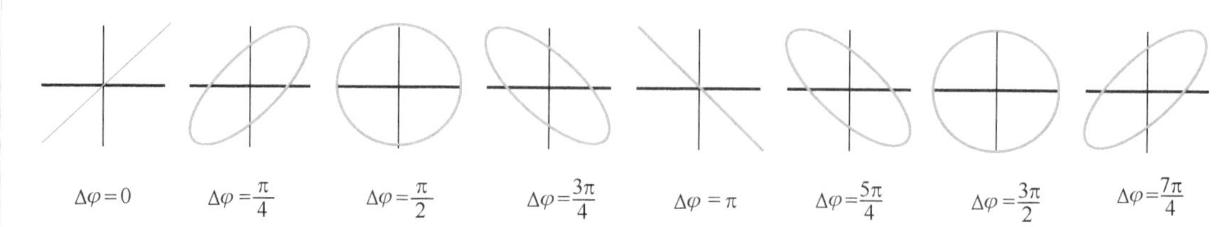

图2-5 不同相位差对应的李萨如图形

不同的相位差对应不同的李萨如图形，当接收器和发射器间的距离变化等于一个波长时，发射信号与接收信号之间的相位差正好是一个周期($\Delta\varphi=2\pi$)，就会出现相同的图形。先观测两次相同的图形出现的位置，即对应声波的波长λ，再根据声波的频率，即可求出声波的传播速度。

五、实验内容

1. 测定压电陶瓷换能器的最佳工作频率

参照图2-3连接信号线，图2-3(b)中5和6分别连接示波器的X端口和Y端口。正弦波的频率取40kHz，先调节两个换能器的距离为6~7cm，选择适当位置(至示波器显示屏上呈现出最大电压波形幅度时的位置)。再微调频率，使该信号为此位置的最大值。该频率为压电陶瓷换能器的最佳工作频率，记录数据。

2. 共振干涉法测量波长

首先将接收器放至游标卡尺刻度为10cm左右处，观察示波器，找到任意接收波形振幅的最大值(波腹)位置，然后移动接收器，这时波形的振幅会发生变化，记录振幅最大时的接收器位置L_i，最后向发射端移动接收器，当接收波形振幅再次达到最大时，记录此时的接收器位置L_{i+1}。

波长$\lambda=2|L_{i+1}-L_i|$，连续记录6次，填入表2-3，用逐差法处理数据，根据$v=\lambda f$求声速。

3. 相位比较法测量超声波波长

将接收器放至游标卡尺刻度为10cm左右处，将示波器调至信号耦合状态，观察示波器显示的李萨如图形，找出一特殊的位置，如$\Delta\varphi=0$，李萨如图形为一斜线，记录下此时接收器的位置L_i，再次改变换能器间的距离，当接收端换能器移动一个波长时，示波器显示屏会再次出现与上述特殊位置相同的李萨如图形，接收端的波形相位发生了2π的相移，记录此时接收器的位置L_{i+1}。

波长$\lambda=|L_{i+1}-L_i|$，连续记录6次，填入表2-4，用逐差法处理数据，根据$v=\lambda f$求出声速。

六、数据记录与处理

1. 数据记录

压电陶瓷换能器的最佳工作频率f = ________ kHz，室温t = ________℃。

表2-3 共振干涉法测量波长数据记录表

i	1	2	3	4	5	6
L_i/mm						

表2-4 相位比较法测量波长数据记录表

i	1	2	3	4	5	6
L_i/mm						

2. 数据处理

（1）计算压电陶瓷换能器的最佳工作频率：

$$\bar{f} = \underline{\qquad\qquad}\text{kHz}$$

（2）根据表2-3，计算用共振干涉法测量的超声波波长和声速：

$$\bar{\lambda}_{共振} = 2 \times \frac{1}{3^2}\sum_{i=1}^{3}(L_{i+3} - L_i) = \underline{\qquad\qquad}\text{m}$$

$$v_{共振} = \bar{\lambda} \cdot \bar{f} = \underline{\qquad\qquad}\ \text{m/s}$$

（3）根据表2-4，计算用相位比较法测量的超声波波长和声速：

$$\bar{\lambda}_{相位} = \frac{1}{3^2}\sum_{i=1}^{3}(L_{i+3} - L_i) = \underline{\qquad\qquad}\text{m}$$

$$v_{相位} = \bar{\lambda} \cdot \bar{f}\ \underline{\qquad\qquad}\ \text{m/s}$$

（4）计算百分误差。将两种实验方法测得的声速取平均值，并与公认值进行比较，算出百分误差[已知声速v在标准大气压下与空气温度t的关系为$v = (331.45 + 0.59t)$ m/s]。

（5）计算声速的不确定度。

提示：$u_A(\lambda) = \sqrt{\frac{\sum_{i=1}^{n}(\lambda_i - \bar{\lambda})^2}{n(n-1)}}$，$u_B(\lambda) = \frac{\Delta_{仪}}{\sqrt{3}}$，$u(\lambda) = \sqrt{u_A^2 + u_B^2}$，$u(f) = u_B(f) = \frac{\Delta_{仪}}{\sqrt{3}}$，$u(\bar{v}) = \bar{v} \cdot \sqrt{\left[\frac{u(\lambda)}{\lambda}\right]^2 + \left[\frac{u(f)}{f}\right]^2}$。

七、分析与思考

1. 本实验中用了哪几种方法测量声速？
2. 形成驻波的条件是什么？
3. 系统为什么要在共振状态下测量声速？

实验三　用霍尔开关测量弹簧的劲度系数

一、实验背景及应用

霍尔开关传感器是根据霍尔效应制作的一种磁敏传感器。霍尔效应是磁电效应的一种，这一效应是霍尔于 1879 年在研究金属的导电机构时发现的。后来发现半导体、导电流体等也有这种效应，而半导体的霍尔效应比金属强得多，利用这种效应制成的各种霍尔元件被广泛地应用于工业自动化技术、检测技术及信息处理等领域，如磁感应强度的测量，微小位移、周期和转速的测量，液位控制，流量控制，车辆行程计量，车辆气缸自动点火和自动门窗等。

二、实验目的

1. 验证胡克定律，并用伸长法测量弹簧的劲度系数。
2. 研究弹簧振子做简谐振动时振动周期与振子质量、弹簧劲度系数的关系。
3. 测量弹簧做简谐振动的振动周期，求出弹簧的劲度系数。
4. 了解并掌握霍尔开关传感器在测量周期或转速中的应用原理，掌握其使用方法。

三、实验仪器

实验仪器图如图 2-6 所示。该实验仪器主要由新型焦利氏秤、霍尔开关传感器、计数计时器组成。

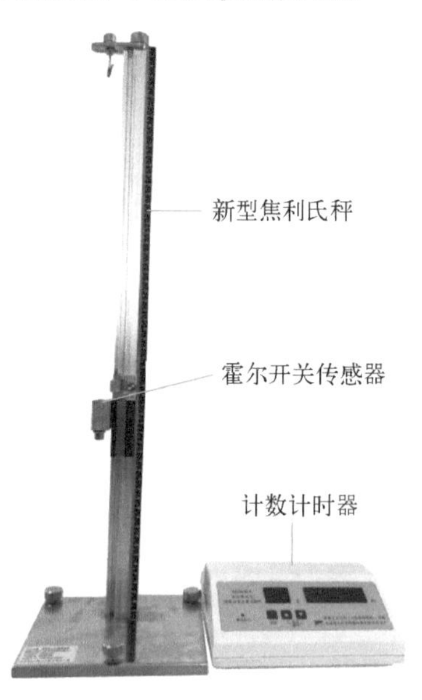

图 2-6　实验仪器图

四、实验原理

1. 伸长法测量弹簧的劲度系数

弹簧在外力作用下将产生形变（伸长或缩短），在弹性限度内，外力 F 与形变量 Δy 成正比，即

$$F = k\Delta y \tag{2-12}$$

这就是胡克定律。式中，k 为弹簧的劲度系数，它与弹簧的形状、材料有关。通过测量 F 和相应的 Δy，可由对应的离散点通过线性拟合推算出弹簧的劲度系数 k。

2. 简谐振动法测量弹簧的劲度系数

将质量为 M 的物体垂直悬挂于固定支架上的弹簧的自由端，构成一个弹簧振子，若物体在外力作用下（如用手向下拉或向上托）离开平衡位置少许，然后释放，则物体就会在平衡点附近做简谐振动，其周期为

$$T = 2\pi\sqrt{\frac{M}{k}} \tag{2-13}$$

考虑到实际情况，振子和弹簧本身都有质量，上式应修正为

$$T = 2\pi\sqrt{\frac{M + pM_0}{k}} \tag{2-14}$$

式中，p 的值近似为 1/3，M_0 为弹簧本身的质量，pM_0 为弹簧的有效质量，M 为振子的质量。通过测量弹簧振子的振动周期 T，可由式(2-14)计算出弹簧的劲度系数 k。

3. 霍尔开关(磁敏开关)

霍尔开关是一种高灵敏度的磁敏开关，其外型如图 2-7 所示，Vcc 端和 GND 端间加 5V 直流电压，Vcc 端接电源正极，GND 端接电源负极。当垂直于该传感器的磁感应强度大于某值 B_1 时，该传感器处于“导通”状态，这时 OUT 端和 GND 端之间输出电压极小，近似为零；当磁感强度小于某值 B_2($B_2 < B_1$)时，输出电压等于 Vcc、GND 端所加的电源电压。利用霍尔开关的这个特性，可以将霍尔开关的输出信号输入周期测定仪，测量物体振动的周期或物体移动的时间。

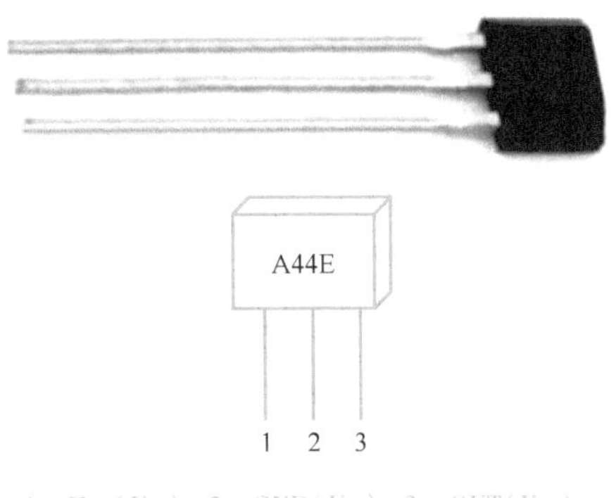

1—Vcc(V_+)；2—GND(V_-)；3—OUT(V_{out})。

图 2-7 霍耳开关的外型

五、实验内容

1. 伸长法测量弹簧的劲度系数

(1)调节底板的 3 个水平调节螺丝，使焦利氏秤立柱垂直。

(2)在主尺顶部的吊钩挂上弹簧和带指针的初始砝码组，下端通过吊钩勾住砝码托盘，这时弹簧已被拉伸了一段距离。

(3)先调整游标尺的高度使游标尺左侧的基准刻线大致对准指针，锁紧游标尺的锁紧螺丝，然后调节微调螺丝，使指针与镜子边框的刻线重合。当镜子边框上刻线、指针和像重合时，观察者方能通过主尺和游标尺读数。

(4)先在砝码托盘中依次放入 1 ~ 10 个砝码，再重复实验步骤(3)读出此时指针所在的位置值。通过主尺和游标尺读出每个砝码被放入后小指针的位置值(读数时注意消除视差)；从托盘中把这 10 个砝码逐个取下，记下对应的位置值(注意要把砝码数相同的数据记在同一行里)，数据填入表 2-5。

(5)根据对应砝码的质量 M_i 和对应的伸长值 Y_i，用作图法或逐差法，求弹簧的劲度系数 k。

2. 用简谐振动法测量弹簧的劲度系数

(1)取下弹簧的砝码托盘和带指针的初始砝码组，挂上 20g 铁砝码。铁砝码下吸有小磁铁(磁极需正确摆放，使霍尔开关传感器感应面对准 S 极，否则霍尔开关传感器不能导通)。连接带有传感器的探测器与计数计时器。计数计时器面板如图 2-8 所示。

(2)打开计数计时器的电源开关，预热 10 分钟，复位后，按“▲”键设定计时周期为“10”。

(3)使小磁铁与霍尔开关传感器感应面对准，调节霍尔开关探测器与小磁铁的间距，以便小磁铁在振动过程中使霍尔开关传感器导通，霍尔开关传感器与小磁铁的间距调到计时器的触发指示灯点亮即可。

(4)首先向下拉动砝码使小磁铁贴近霍尔开关传感器的感应面，这时可以看到触发指示灯由亮变灭，然后松开手，让砝码上下自由振动，霍尔开关开始计时，计时结束时，计数计时器显示的时间为 10 次简谐振动周期的总时间，记录该时间。

(5)用天平称量弹簧的质量 M_0 及砝码与磁块的质量和 M 并记录数据，填入表 2-5。

(6)重复步骤(3)和步骤(4)6 遍，记录数据并填入表 2-5，计算简谐振动周期的平均时间，代入式(2-14)，计算弹簧的劲度系数 k。

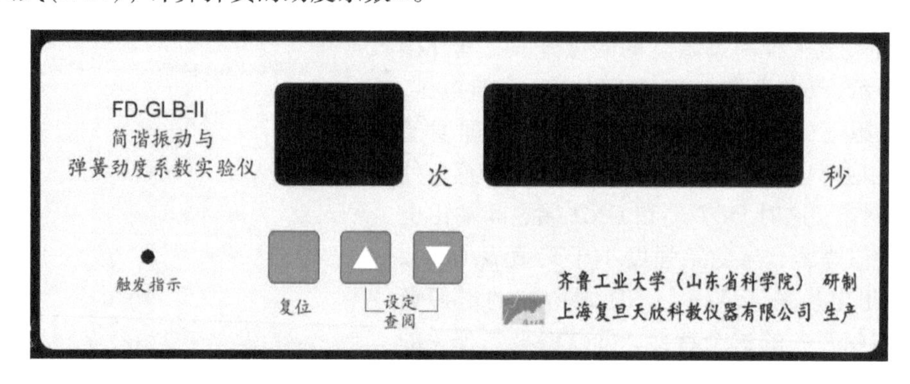

图 2-8 计数计时器面板

3. 结果比较

将伸长法和简谐振动法测得的弹簧劲度系数进行比较。

六、数据记录与处理

1. 数据记录

表 2-5 弹簧劲度系数的测量数据表

伸长法				简谐振动法	
M_i/g	Y_i(加砝码)/mm	Y_i(减砝码)/mm	$\overline{Y}_i$/mm		T/s
1					
2					
3					
4					
5				砝码质量 + 磁块质量 M = ______ g	
6					
7					
8					
9					$\overline{T}$ =
10					

表 2-5 中，T 是弹簧振动周期，M_i 是放入砝码的累计质量，Y_i(加砝码)是依次加入砝码后弹簧的位置值，Y_i(减砝码)是依次减少砝码后弹簧的位置值。

弹簧质量 M_0 = __________ g， 弹簧等效质量 $\frac{M_0}{3}$ = __________g。

2. 数据处理

方法 1：根据表 2-6 绘制曲线 $\overline{Y}_i$-M_i，求出曲线斜率 K'。

表 2-6　弹簧劲度系数的测量(伸长法)

M_i/g										
$\overline{Y}_i$/mm										

弹簧劲度系数 $k = \frac{1}{K'}, g =$ ＿＿＿＿ N/m, $g =$ ＿＿＿＿ m/s^2(当地)。

方法 2：简谐振动测量弹簧的劲度系数。

$M =$ ＿＿＿＿g，弹簧质量 $M_0 =$ ＿＿＿＿g。

由式 $T = 2\pi\sqrt{\frac{M + \frac{1}{3}M_0}{k}}$，可得 $k = \frac{4\pi^2\left(M + \frac{1}{3}M_0\right)}{T^2} =$ ＿＿＿＿ N/m。

求两种方法测量弹簧劲度系数的百分误差。

七、分析与思考

1. 试比较焦利氏秤与普通弹簧秤的异同。
2. 弹簧振子系统的周期与弹簧本身的质量有无关系？实验中是如何处理的？

实验四　刚体转动惯量的测量

一、实验背景及应用

转动惯量是刚体转动时惯性大小的量度，是表明刚体特性的一个物理量。刚体转动惯量除了与刚体质量大小有关，还与转轴的位置和质量分布(形状、大小和密度分布)有关。如果刚体形状简单且质量分布均匀，那么可以直接计算出它绕特定转轴转动的转动惯量。对于形状复杂，质量分布不均匀的刚体，难以直接计算出其转动惯量，通常采用实验方法来测量，如机械部件、电动机转子和枪炮的弹丸等。

一般情况下，使刚体以一定形式运动，通过表征这种运动特征的物理量与转动惯量的关系，测量转动惯量。本实验使刚体做扭摆运动，由摆动周期及其他参数的测量值计算出刚体的转动惯量。

二、实验目的

1. 用扭摆测试架测量几种不同形状刚体的转动惯量和弹簧的扭转常数，并与理论值进行比较。
2. 验证转动惯量平行轴定理。

三、实验仪器

实验仪器有转动惯量实验仪、电子天平、米尺、游标卡尺。

转动惯量实验仪包括扭摆测试架、通用计数器、待测刚体等，如图 2-9 所示。通用计数器面板示意图如图 2-10 所示。

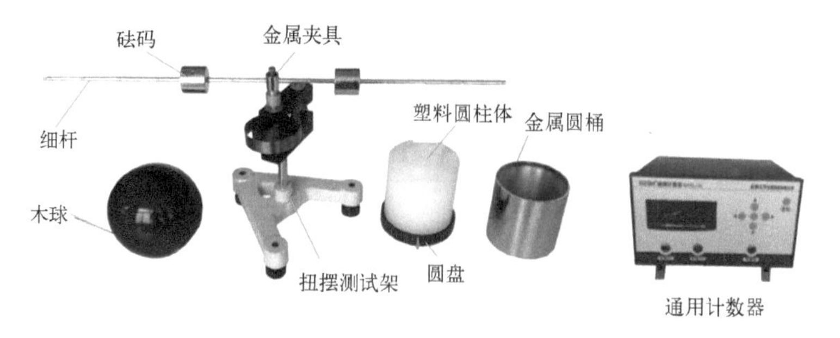

图 2-9 转动惯量实验仪

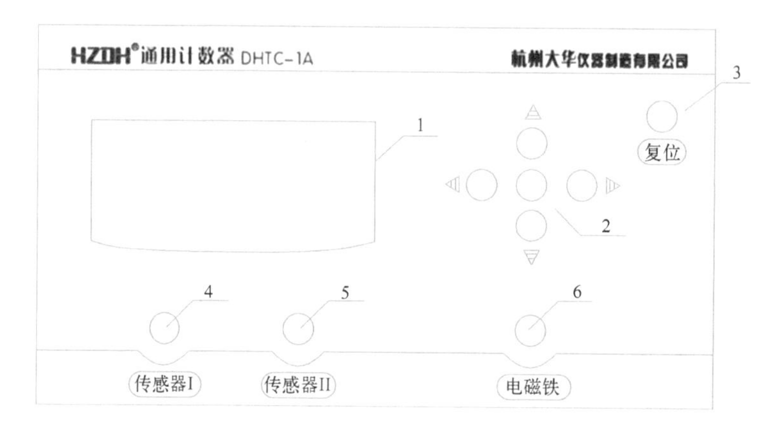

1—液晶显示器；2—功能键盘；3—系统复位键；4—传感器Ⅰ/光电门Ⅰ接口；
5—传感器Ⅱ/光电门Ⅱ接口；6—电磁铁输出接口。

图 2-10 通用计数器面板示意图

四、实验原理

扭摆测试架结构图如图 2-11 所示，在垂直轴 A 上装有一根薄片状的螺旋弹簧 C，以产生恢复力矩。在垂直轴 A 的上方可以装各种待测刚体。垂直轴 A 与底座 D 间装有轴承，以降低摩擦力。B 为水平仪(水准泡)，和平衡螺母 E 共同来调节系统平衡。

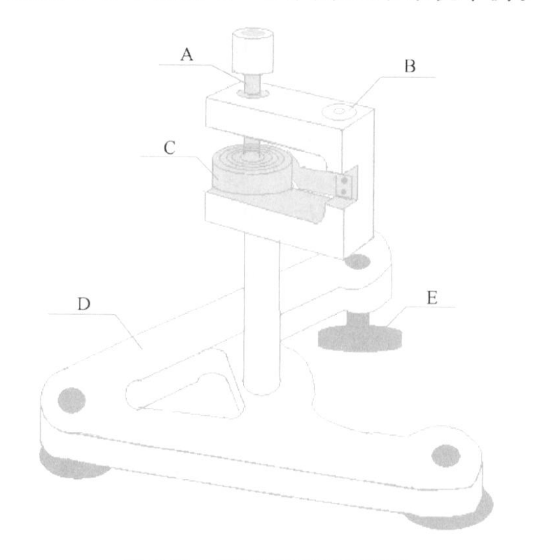

图 2-11 扭摆测试架结构图

将刚体在水平面内转过角度 θ 后，刚体在弹簧的恢复力矩作用下开始绕垂直轴做往返扭摆运动。根据胡克定律，弹簧受扭转而产生的恢复力矩 M 与所转过的角度 θ 成正比，即

$$M = -K\theta \tag{2-15}$$

式中，K 为弹簧的扭转常数。

根据转动定律有

$$M = -I\beta \tag{2-16}$$

式中，I 为物体绕转轴的转动惯量，β 为角加速度。由上式得

$$\beta = \frac{M}{I} \tag{2-17}$$

令 $\omega^2 = \dfrac{K}{I}$，忽略轴承的摩擦阻力矩，由式(2-15)、式(2-17)得

$$\beta = -\frac{K}{I}\theta = -\omega^2\theta$$

上述方程表示扭摆运动具有简谐振动的特性，角加速度与角位移成正比，且方向相反。此方程的解为

$$\theta = A\cos(\omega t + \varphi)$$

式中，A 为简谐振动的振幅，φ 为初相位角，ω 为角速度。此简谐振动的周期为

$$T = \frac{2\pi}{\omega} = 2\pi\sqrt{\frac{I}{K}} \tag{2-18}$$

由式(2-18)可知，只要实验测得刚体做扭摆运动的摆动周期，并知道 I 和 K 中任何一个量即可计算出另一个量。

本实验用一个几何形状规则的刚体，先根据它的质量和几何尺寸用公式直接计算得到它的转动惯量，再算出本仪器中弹簧的扭转常数 K。若要测量其他形状刚体的转动惯量，只需将待测刚体安放在扭摆测试架的夹具上，测量其摆动周期，由式(2-18)即可算出该物体的转动惯量。

理论分析证明，若质量为 m 的刚体绕质心轴转动时的转动惯量为 I_0，当转轴平行移动距离 x 时，此刚体对新轴线的转动惯量为 $I_0 + mx^2$。这称为转动惯量的平行轴定理。

五、实验内容

1. 测量扭摆的扭转常数(弹簧的扭转常数)

(1) 调节扭摆测试架的平衡螺母，使水平仪的气泡位于中心。

(2) 在扭摆测试架的垂直轴上装上转动惯量为 I_0 的金属载物圆盘，并调整光电传感器的位置使金属载物圆盘上的挡光杆处于其开口中央且能遮挡激光信号，并能自由通过光电门。测量 10 个摆动周期需要的时间 $10T_0$，将数据记录到表 2-7 中。

(3) 将一规则形状的塑料圆柱体放在金属载物圆盘上，塑料圆柱体的转动惯量为 I_1，总的转动惯量为 $I_0 + I_1$，质量 m_1 与外径 D_1 由实验室直接给出，可直接计算出塑料圆柱体的转动惯量 $I_1 = \dfrac{1}{8}m_1D_1^2$，测量 10 个摆动周期需要的时间 $10T_1$，将数据记录到表 2-7 中。

由式(2-18)可得

$$\frac{T_0}{T_1} = \frac{\sqrt{I_0}}{\sqrt{I_0 + I_1}} \quad \frac{I_0}{I_1} = \frac{T_0^2}{T_1^2 - T_0^2}$$

则弹簧的扭转常数为

$$K = 4\pi^2 \frac{I_1}{\overline{T}_1^2 - \overline{T}_0^2} \tag{2-19}$$

在 SI 中 K 的单位为 $kg \cdot m^2/s^2$（或 $N \cdot m$）。

2. 测量金属圆筒的转动惯量

（1）用数字式电子秤测量金属圆筒的质量 m_2，用游标卡尺分别测量空心金属圆筒的内外径 $D_{内}$ 和 $D_{外}$。

（2）取下塑料圆柱体，装上金属圆筒，测量 10 个摆动周期需要的时间 $10T_2$。将数据记录到表 2-8 中。

3. 测量木球的转动惯量

（1）用数字式电子秤测量木球质量 m_3，用游标卡尺测量木球直径 D_3。

（2）取下金属载物圆盘，装上木球，测量 10 个摆动周期需要的时间 $10T_3$。将数据记录到表 2-9 中。此时，实验测得的转动惯量应为木球和支座总的转动惯量。在计算木球的转动惯量时，应减去支座的转动惯量。$I_{支座}$ 由实验室直接给出，$I_{支座} = 0.152 \times 10^{-4} kg \cdot m^2$。

4. 测量金属细杆的转动惯量

（1）用数字式电子秤测量金属细杆质量 m_4，用米尺测量金属细杆的长度 L。

（2）取下木球，装上金属细杆，使金属细杆中央的凹槽对准夹具上的固定螺丝，并保持水平。测量 10 个摆动周期需要的时间 $10T_4$。将数据记录到表 2-10 中。此时，实验测得的转动惯量应为金属细杆和夹具的总转动惯量。在计算金属细杆的转动惯量时，应减去夹具的转动惯量。$I_{夹具}$ 由实验室直接给出，$I_{夹具} = 0.211 \times 10^{-4} kg \cdot m^2$。

5. 验证转动惯量平衡轴定理

（1）用数字式电子秤测出滑块的质量 m_5，用游标卡尺分别测量滑块的内径 $D_{内}$ 与外径 $D_{外}$ 及高度 d。将相关数据记录到表 2-11 中。

（2）将金属滑块对称放置在金属细杆两边的凹槽内，使滑块质心与转轴的距离 x 分别为 5.00cm，10.00cm，15.00cm，20.00cm，25.00cm，测量对应不同距离时的 5 个摆动周期需要的时间 $5T_5$。将数据记录到表 2-12 中。

（3）验证转动惯量平行轴定理。在计算转动惯量时，应减去夹具的转动惯量 $I_{夹具}$。

6. 注意事项

（1）弹簧的扭转常数 K 值不是固定常数，它与摆动角度略有关系，摆角在 70 – 90°左右基本相同，不要超过 90 度以免损坏弹簧，在实验中保持摆角基本一致。

（2）机座应保持水平状态，光电门与待测物体挡光棒不得接触，相对位置要合适。

（3）安装待测物体时，其支架必须全部套入扭摆主轴，并紧固。

（4）当摆动期间发生异响或者发现摆角明显减小，应立即实验并且检查螺钉是否松动。

六、数据记录与处理

表 2-7 弹簧扭转常数数据记录表

<table>
<tr><td colspan="3">塑料圆柱体质量 m_1(kg)</td><td colspan="3"></td></tr>
<tr><td colspan="3">塑料圆柱体直径 D_1(10^{-2}m)</td><td colspan="3"></td></tr>
<tr><td rowspan="4">圆盘摆动周期 T_0(s)</td><td>1</td><td></td><td rowspan="4">塑料圆柱体摆动周期 T_1(s)</td><td>1</td><td></td></tr>
<tr><td>2</td><td></td><td>2</td><td></td></tr>
<tr><td>3</td><td></td><td>3</td><td></td></tr>
<tr><td>平均</td><td></td><td>平均</td><td></td></tr>
<tr><td colspan="3">圆盘转动惯量(10^{-4}kg·m^2)</td><td colspan="3">$I_0 = \frac{K\overline{T}_0^{\ 2}}{4\pi^2}$</td></tr>
<tr><td colspan="3">塑料圆柱体转动惯量理论值(10^{-4}kg·m^2)</td><td colspan="3">$I_1 = \frac{1}{8}m_1 D_1^2$</td></tr>
<tr><td colspan="3">弹簧扭转常数(kg·m^2·s^{-2})</td><td colspan="3">$K = 4\pi^2 \frac{I_1}{\overline{T}_1^2 - \overline{T}_0^2}$</td></tr>
<tr><td colspan="3">塑料圆柱体转动惯量实验值</td><td colspan="3">$I_1' = \frac{K\overline{T}_1^2}{4\pi^2} - I_0$</td></tr>
<tr><td colspan="3">相对误差</td><td colspan="3">$E = \left\lvert \frac{I_1 - I_1'}{I_1} \right\rvert \times 100\%$</td></tr>
</table>

表 2-8 金属圆筒转动惯量数据记录表

<table>
<tr><td>金属圆筒质量 m_2(kg)</td><td colspan="2"></td></tr>
<tr><td>金属圆筒外径 $D_{外}$(10^{-2}m)</td><td colspan="2"></td></tr>
<tr><td>金属圆筒内径 $D_{内}$(10^{-2}m)</td><td colspan="2"></td></tr>
<tr><td rowspan="4">金属圆筒摆动周期 T_2(s)</td><td>1</td><td></td></tr>
<tr><td>2</td><td></td></tr>
<tr><td>3</td><td></td></tr>
<tr><td>平均</td><td></td></tr>
<tr><td>金属圆桶转动惯量理论值(10^{-4}kg·m^2)</td><td colspan="2">$I_2 = \frac{1}{8}m_2(\overline{D}_{外}^2 + \overline{D}_{内}^2)$</td></tr>
<tr><td>金属圆桶转动惯量实验值(10^{-4}kg·m^2)</td><td colspan="2">$I_2' = \frac{K\overline{T}_2^2}{4\pi^2} - I_0$</td></tr>
<tr><td>相对误差</td><td colspan="2">$E = \left\lvert \frac{I_2 - I_2'}{I_2} \right\rvert \times 100\%$</td></tr>
</table>

表 2-9　木球转动惯量数据记录表

木球质量 m_3(kg)		
木球的直径 D_3(10^{-2}m)		
木球摆动周期 T_3(s)	1	
	2	
	3	
	平均	
木球转动惯量理论值（10^{-4}kg·m^2）	$I'=\frac{1}{10}m_3D_3^2$	
木球转动惯量实验值(10^{-4}kg·m^2)	$I_3'=\frac{K}{4\pi^2}\bar{T}_3^2-I_{支座}$	
相对误差	$E=\left\|\frac{I_3-I_3'}{I_3}\right\|\times100\%$	

表 2-10　金属细杆转动惯量数据记录表

金属细杆质量 m_4(kg)		
金属细杆长度 L(10^{-2}m)		
木球摆动周期 T_4(s)	1	
	2	
	3	
	平均	
金属细杆转动惯量理论值（10^{-4}kg·m^2）	$I_4=\frac{1}{12}m_4L^2$	
金属细杆转动惯量实验值(10^{-4}kg·m^2)	$I_4'=\frac{K}{4\pi^2}\bar{T}_4^2-I_{夹具}$	
相对误差	$E=\left\|\frac{I_4-I_4'}{I_4}\right\|\times100\%$	

表 2-11　验证平行轴定理数据记录表(金属细杆上加对称滑块)

滑块质量 m_5(kg)	滑块外径 $D_{外}$(10^{-2}m)		滑块内径 $D_{内}$(10^{-2}m)		滑块高度 d(10^{-2}m)
滑块间距离 x(10^{-2}m)	5.00	10.00	15.00	20.00	25.00
摆动周期 T(s)					
平均(s)					

续表

两滑块绕质心轴的转动惯量理论值($10^{-4}kg \cdot m^2$)	$I_5 = 2m_5\left[\frac{(D_{外}^2 + D_{内}^2)}{16} + \frac{d^2}{12}\right]$
金属杆加对称滑块的转动惯量理论值($10^{-4}kg \cdot m^2$)	$I = I_4 + I_5 + 2mx^2$
金属杆加对称滑块的转动惯量实验值($10^{-4}kg \cdot m^2$)	$I' = = \frac{K}{4\pi^2}\bar{T}^2 - I_{夹具}$
相对误差	$E = \left\|\frac{I - I'}{I}\right\| \times 100\%$

七、分析与思考

1. 本实验对摆动角度有什么要求？如果没满足实验要求将带来什么误差？
2. 实验中导致误差的因素有哪些？

实验五　液体表面张力系数的测量

一、实验背景及应用

1751 年匈牙利物理学家锡格涅提出了表面张力的概念。液体的表面张力实质上是分子间相互作用力的宏观表现，由于液面上方气相层内的分子数很少，液体表面层内的每个分子受到向上的引力比向下的引力小，合力不为零，出现了一个指向液体内部的吸引力，即表面有收缩的趋势。

由于指向液体内部吸引力的作用，使液体的表面类似于一张弹性薄膜，这种力称为表面张力，它的方向沿着液体表面并指向液体内部。假设在液面上划一条长度为 L 的直线，由于表面张力的存在，直线两旁的液面以一定的拉力相互作用。表面层存在一拉力 F，方向与直线垂直，大小与直线的长度 L 成正比，即 $F = \alpha L$。其中 α 称为表面张力系数，它等于沿液面作用在分界线单位长度上的表面张力，单位为 N/m。它的大小与液体的性质及温度有关。

表面张力是液体的重要性质之一，在日常生活和工业生产中被广泛应用。表面张力能够解释涉及液体表面的许多日常生活中的现象，如毛细现象、泡沫形成、喷液成雾等；动植物体内液体的运动与平衡，土壤中水的运动，药物制备及调制技术等也与液体的表面现象有关；在工业生产中，如结晶、焊接、浮选技术，液体输送技术，电镀技术，铸造成型等方面都涉及对液体表面张力的应用。

测量液体表面张力系数的方法很多，如拉脱法、毛细管法、最大压泡法和滴重法等，其中拉脱法是测量液体表面张力系数最常用的方法之一。本实验我们采用拉脱法测量液体的表面张力系数。

二、实验目的

1. 用砝码对力敏传感器进行定标，计算该传感器的灵敏度，学习传感器的定标方法。
2. 观察拉脱法测量表面张力的过程，并用物理学概念进行分析，加深对物理规律的认识。
3. 测量纯水的表面张力系数。

三、实验仪器

实验仪器有液体表面张力系数测量实验仪、镊子、砝码、计算机和采集软件等，液体表面张力系数测量实验仪如图 2-12 所示。

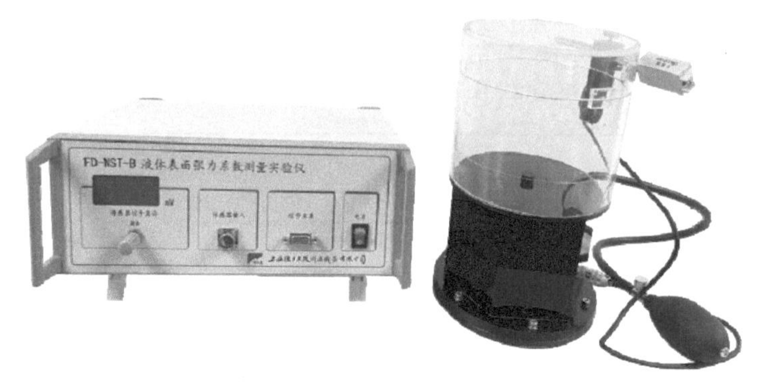

图 2-12 液体表面张力系数测量实验仪

四、实验原理

测量一个已知周长的金属圆环或金属片从待测液体表面脱离时所需要的力，以此求得该液体表面张力系数的方法称为拉脱法。

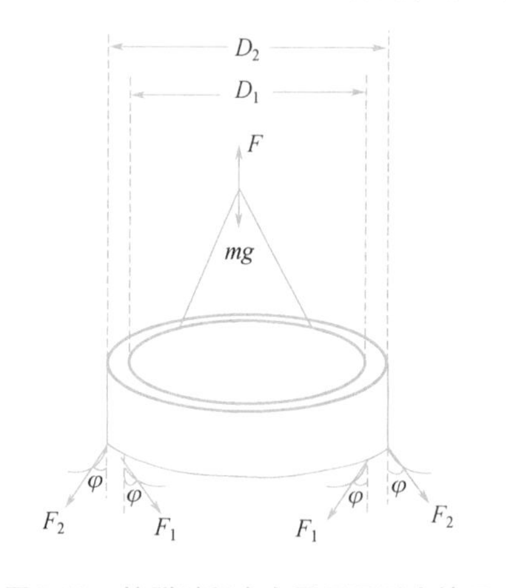

图 2-13 拉脱过程中金属吊环受力情况

将一干净的金属吊环浸入待测液体中，保持金属吊环高度不变，通过缓慢地使待测液体液面下降，金属吊环逐渐露出液面，从而在金属吊环和待测液体液面之间形成液体薄膜，产生沿着液面切线方向向下的表面张力，拉脱过程中金属吊环的受力情况如图 2-13 所示，角 φ 称为湿润角（或接触角）。当待测液体液面继续缓慢下降时，φ 逐渐变小而接近于零。

在液膜将要断裂的瞬间，这时金属吊环产生的内、外两个液膜的表面张力 F_1、F_2 均垂直向下，设此时金属吊环向上的拉力为 $F_{前}$，则有

$$F_{前} = (m + m_0)g + F_1 + F_2 \tag{2-20}$$

式中，m 为金属吊环的质量，m_0 为黏附在金属吊环上待测液体的质量。

因为表面张力的大小与接触面圆周边界长度成正比，所以有

$$F_1 + F_2 = \pi(D_1 + D_2)\alpha \tag{2-21}$$

式中，α 为表面张力系数，D_1、D_2 为金属吊环的内径、外径。

当金属吊环脱离液面后拉力为

$$F_{后} = (m + m_0)g \tag{2-22}$$

将式(2-21)、式(2-22)代入式(2-20)，得到待测液体的表面张力系数为

$$\alpha = \frac{F_{前} - F_{后}}{\pi(D_1 + D_2)} \tag{2-23}$$

在实验中通过力敏传感器将测量拉力 F 的大小转换为测量电压 U 的大小。输出电压 U

与拉力 F 成正比。

$$U = BF \tag{2-24}$$

式中，B 为力敏传感器的灵敏度，单位 V/N。

若 U_1、U_2 分别为液膜断裂前后数字电压表的读数，则根据式（2-23）和式（2-24），得

$$\alpha = \frac{U_1 - U_2}{B\pi(D_1 + D_2)} \tag{2-25}$$

五、实验内容

1. 测量金属吊环内外径

连接力敏传感器，并开机预热 15 ~ 20 分钟。用游标卡尺测量金属吊环内外径 D_1 和 D_2。

清洗玻璃器皿（盛装待测液体）和金属吊环，给实验圆筒加水（注意加水量不可过多，可以参考圆筒外壁的加水刻度线）。

2. 定标

将金属吊环挂在力敏传感器的钩上，将力敏传感器转至塑料容器外部，这样取放砝码比较方便。待金属吊环晃动较小时，对仪器进行调零。调零后用镊子安放砝码对力敏传感器进行定标，取放砝码时应尽量轻。力敏传感器上依次加上不同质量的砝码，测出对应的电压输出值，填入表 2-12。

3. 放置力敏传感器

先将纯水倒入玻璃器皿，再将盛有纯水的玻璃器皿小心地放入空的塑料容器，并一起放入实验圆筒内。取下金属吊环后将力敏传感器转至塑料容器内，再次轻轻挂上金属吊环，可以轻触金属吊环，让其晃动。

4. 记录 U_1、U_2

关闭橡皮球阀门，反复挤压橡皮球使装置内部液体液面上升，当金属吊环下沿充分浸入液体中时，松开橡皮球的阀门，这时液面缓慢下降，观察金属吊环浸入液体中及从液体中拉起时的过程和物理现象。应特别注意金属吊环即将拉断液柱前一瞬间数字电压表读数为 U_1，拉断后数字电压表读数为 U_2，将这两个数据记录下来并填入表 2-13。

若采用计算机采集数据，在液面开始下降时按开始采集按钮，可以通过软件实时采集力敏传感器输出电压值的变化过程，通过鼠标移动测量拉脱前瞬间的电压值及拉脱后的电压值，计算纯水的表面张力，并与手动测量的结果进行比较。

5. 注意事项

（1）实验前，金属吊环须用纯水冲洗干净，并用热风吹干。

（2）力敏传感器开机需预热 15 ~ 20 分钟。

（3）特别注意手指不要接触被测液体。

（4）力敏传感器使用时用力不要大于 0.098N，以免将其损坏。

（5）实验结束后须将金属吊环用清洁纸擦干并包好，放入干燥缸内。

（6）用橡皮球打气时速度不可过快，要使液面缓慢上升，否则液面容易接触金属吊环支撑面，支撑面沾上液体容易产生测量误差。

六、数据记录与处理

1. 力敏传感器定标

表 2-12 力敏传感器定标

砝码质量 m/g	0.50	1.00	1.50	2.00	2.50	3.00	3.50
电压 U/mV							

已知当地重力加速度 $g=9.799\mathrm{m/s^2}$。

做 $U-mg$ 曲线，求斜率即仪器的灵敏度 $B=$__________(mV/N)。

2. 水表面张力系数的测量

表 2-13 纯水的表面张力系数测量(水温______℃)

测量次数	U_1/mV	U_2/mV	ΔU/mV	$f/\times10^{-3}$ N	$\alpha/(\times10^{-3}\mathrm{N/m})$
1					
2					
3					
4					
5					
6					

游标卡尺测量圆环外径 $D_1=$__________(cm)； 内径 $D_2=$__________(cm)。

计算水的表面张力系数的平均值 $\bar{\alpha}=\dfrac{\overline{\Delta U}}{B\pi(D_1+D_2)}=$__________($\times10^{-3}$N/m)。

查表 2-14，在此温度下水的表面张力系数公认值 $\alpha_T=$__________($\times10^{-3}$N/m)。

测量相对误差 $E=\left|\dfrac{\bar{\alpha}-\alpha_T}{\alpha_T}\right|\times100\%=$__________%。

表 2-14 不同温度下水的表面张力系数公认值

T/℃	0	5	10	11	12	13	14	15	16
$\alpha/(\times10^{-3}\mathrm{N/m})$	75.64	74.92	74.22	74.07	73.93	73.78	73.64	73.49	73.34
T/℃	17	18	19	20	21	22	23	24	25
$\alpha/(\times10^{-3}\mathrm{N/m})$	73.19	73.05	72.90	72.75	72.59	72.44	72.28	72.13	71.97
T/℃	26	27	28	29	30	35	40	45	50
$\alpha/(\times10^{-3}\mathrm{N/m})$	71.82	71.66	71.50	71.35	71.18	70.38	69.56	68.74	67.92

七、分析与思考

1. 实验中，为什么测量拉脱瞬间的两个电压值 U_1 和 U_2？
2. 为什么 U_1 是拉脱瞬间值而不是最大值？

实验六 超声定位和形貌成像实验

一、实验背景及应用

超声学是声学的一个分支，主要研究超声波的产生方法、超声波探测技术、超声波在介质中的传播规律、超声波与物质的相互作用(包括在微观尺度的相互作用)及超声波的众多应用。超声的用途可分为两大类，一类是利用它的能量改变材料的某些状态，如超声波加湿、超声波清洗、超声波焊接、超声波手术刀、超声波马达等，为此需要产生比较大能量的超声波，这类用途的超声波通常称为功率超声波；另一类是利用它来采集信息，超声波测试分析包括对材料和工件进行检验和测量，由于检测的对象和目的不同，具体的技术和措施也不同，因此产生了名称各异的超声波检测项目，如超声波测厚、超声波测硬度、超声波测应力、超声波测金属材料的晶粒度及超声波探伤等。

二、实验目的

1. 了解超声波产生和发射机理。
2. 学会用 A 类超声实验仪测量水中的声速。
3. 学会用 A 类超声实验仪观察并比较同一种介质中无损和有损材料回波的情况。

三、实验仪器

实验仪器主要包括 A 类超声实验仪主机、数字示波器、有机玻璃水箱、金属反射板等。A 类超声实验仪如图 2-14 所示。

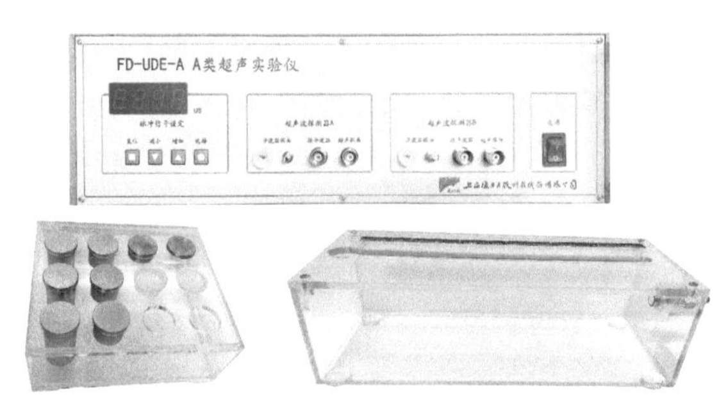

图 2-14　A 类超声实验仪

A 类超声实验仪主机面板示意图如图 2-15 所示。

图 2-16 所示为主机内部工作原理图，仪器可以双路输出(A 路和 B 路)脉冲信号，两路脉冲信号相同，实验时可任选一路完成实验。以 A 路脉冲信号为例解释仪器的工作原理。主机内由单片机控制同步脉冲信号与 A(或 B)路脉冲信号同步。在同步脉冲信号的上升沿，电路发出一个高压脉冲 A 至换能器，这是一个幅度呈指数形式减小的脉冲。A 路脉冲信号有两个用途：一是作为取样对象，在幅度尚未变化时被取样，处理后输入示波器形成始波；二是作为超声波振动的振动源，即当此脉冲幅度变化到一定程度时，压电晶体将产生谐振，激发出频率等于谐振频率的超声波(本仪器采用的压电晶体的谐振频率是 2. 5MHz)。

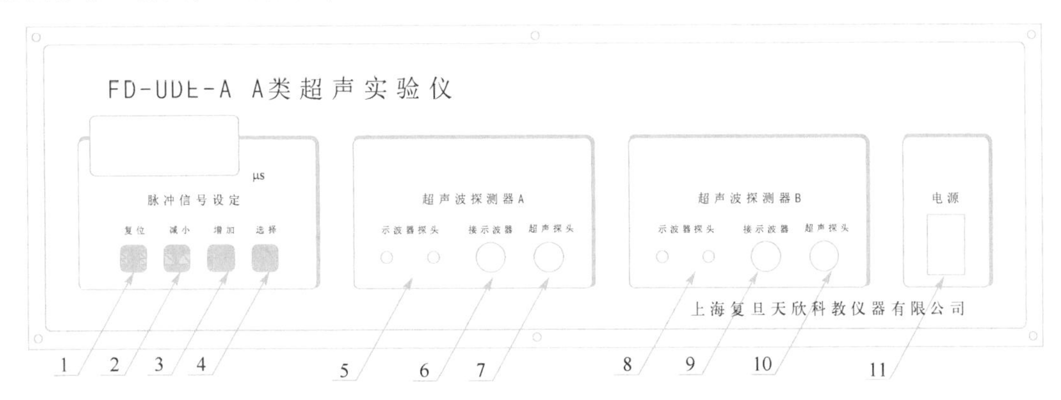

1—复位；2—减小；3—增加；4—选择；5—示波器探头(A 路)；6—接示波器(A 路)；7—超声探头(A 路)；8—示波器探头(B 路)；9—接示波器(B 路)；10—超声探头(B 路)；11—电源开关。

图 2-15　A 类超声实验仪主机面板示意图

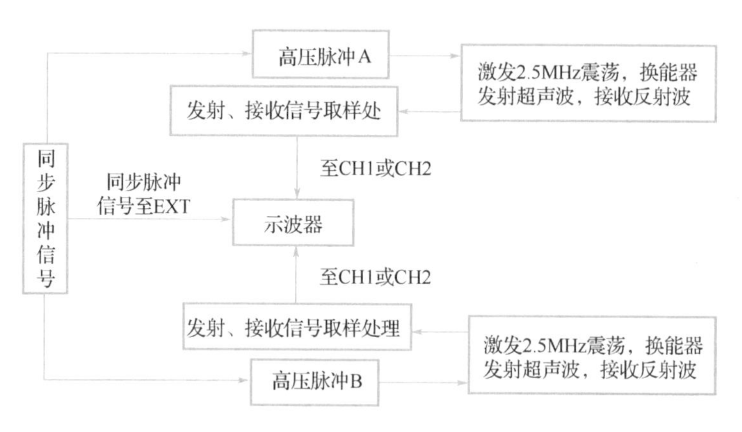

图 2-16 主机内部工作原理图

第一次反射回来的超声波被同一探头接收，此信号经处理后送入示波器形成第一回波。由于不同材料中超声波的衰减程度不同，不同界面超声波的反射率也不同，因此还可能形成第二回波等多次回波。示波器上观察到的回波波形图如图 2-17 所示。

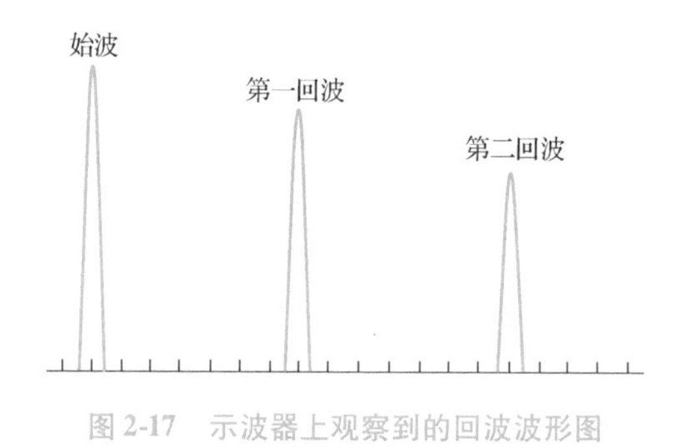

图 2-17 示波器上观察到的回波波形图

由仪器工作原理可知，始波产生的时刻并非超声波发出的时刻，超声波发出的时刻要延迟约 0.5μs，所以实验时应该取第一回波到第二回波的时间差作为测量结果，以减小实验误差。

四、实验原理

1. 超声波的产生与接收

超声波是指频率高于 20kHz 的声波，与电磁波不同，它是弹性机械波。无论材料的导电性、导磁性、导热性、导光性如何，只要是弹性材料，超声波都可以在此介质中传播，并且它的传播速度与材料的弹性有关，如果弹性材料发生变化，超声波的传播就会受到干扰，根据这个扰动，可了解材料的弹性或弹性变化的特征，从而可以利用超声波很好地检测材料特别是材料内部的信息。对其他辐射能量不能穿透的材料，超声波探测显示出了其实用性。

产生超声波的方法有很多种，如热学法、力学法、静电法、电磁法、磁致伸缩法、激光法及压电法等，但得到普遍应用的方法是压电法。某些晶体在受到沿一定方向的外力作用而变形时，其内部会产生极化现象，同时在它两个相对的表面上出现极性相反的电荷。当外力去掉后，它又会恢复到不带电的状态，这种现象称为正压电效应。此过程可以理解为晶体材料接收到超声波的压力将其转化为电信号，是接收超声波的过程。

当作用力的方向改变时，电荷的极性也随之改变。相反，当在晶体的极化方向上施加电场时，这些晶体也会发生变形，电场去掉后，晶体的变形随之消失，这种现象称为逆压电效应。该过程可以理解为晶体材料受到电流激发而振动，既是发送超声波的过程，又是电能转化为机械能的过程。

2. 超声波的反射

当超声波从一种介质进入另一种介质时，在介质的交界面上将发生反射。反射波的强度I_r与入射波的强度I_j之比决定于两种介质的阻抗差。

$$\frac{I_r}{I_j}=\left(\frac{E_1-E_2}{E_1+E_2}\right)^2 \tag{2-26}$$

式中，$E_1=\rho_1 C_1$，$E_2=\rho_2 C_2$分别表示第一种介质和第二种介质的声阻抗（ρ_1、ρ_2和C_1、C_2分别表示两种不同介质的密度和超声波在两种介质中的传播速度）。

根据式(2-26)可知，两种介质的阻抗差越大，超声波在其分界面上的反射越强烈。

如果两种介质的声阻抗相差很大，如当超声波从固体传至固气界面或从液体传至液气界面时，将产生全反射，因此可以认为超声波难以从固体或液体传至气体中。

3. 超声波测厚度及测量声速

利用超声波测量介质厚度或异物深度（探伤）时，通常将超声波所经介质界面的回波通过探头转变成相应的电脉冲信号并显示在示波器荧光屏上，根据两回波出现的时间间隔t及超声波在介质中传播的速度v，计算出对应的介质厚度x，超声波测量介质厚度原理图如图2-18所示。由于在前后两个回波对应的时间间隔t内，超声波经历入射和反射两个过程后才被探头接收，所以有

$$x=\frac{vt}{2} \tag{2-27}$$

同理，已知介质厚度x，在示波器荧光屏上读出与介质厚度对应的两个回波脉冲的间隔时间t，就可以算出超声波的速度v，即

$$v=\frac{2x}{t} \tag{2-28}$$

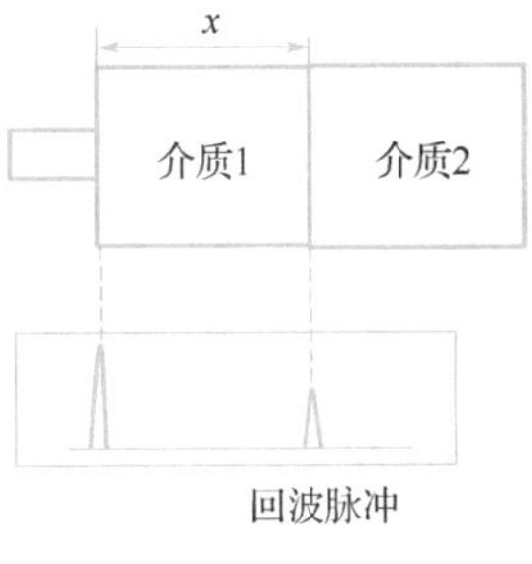

或利用x与t的线性关系求出声速v。医学上就利用超声波在人体内遇到不同密度的组织界面时，部分能量将被反射回来形成回波，根据回波脉冲出现的时间间隔得知不同组织间的距离。

x
介质1
介质2
回波脉冲

图2-18　超声波测量介质厚度原理图

五、实验内容

1. 准备工作

在有机玻璃水箱侧面装上超声波探头后注入清水，至超过探头位置1cm左右即可。探头另一端与仪器A路（或B路，以下同）的“超声探头”相接。“示波器探头”左边搭口与Q9线的输出端相连，右边搭口与Q9线的地端相连。这根Q9线的另一端与示波器的CH1或CH2相连。如果示波器的同步性能不稳，可以再拿一根Q9线将仪器接示波器的接口与示波器的EXT接口相连，以此同步信号作为示波器的外接扫描信号。

注意连接线的正确性，否则易发生危险。超声探头处有380V的高压，插线、拔线时注意安全！

2. 选择合适的工作状态

打开电源，按“选择”键选择合适的工作状态，a 为 A 路工作，b 为 B 路工作，c 为两路一起同步工作。“脉冲信号设定”面板中的“增加”按钮和“减少”按钮用于设定同步脉冲信号(外部扫描信号)的低电平持续时间，出厂设置已满足一般的实验要求，可以不动。

3. 测量水中声速

将金属挡板放在水箱不同位置处，在样品表面上涂上耦合剂(如甘油)，利用示波器测出第一回波到第二回波的时间间隔 t，每隔 5cm 放一次金属挡板测一次时间差，每个距离重复测量 3 次求平均值。将测量数据填入表 2-15。

注意在实验时有时会看到水箱壁反射引起的回波，应将其分辨出来并舍弃。

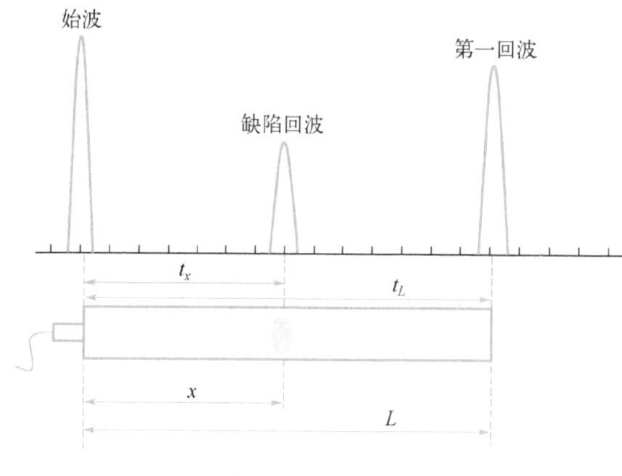

图 2-19 超声波定位分析及无损探伤原理图

4. 比较超声波在不同材料中的声速

测量样品架上不同材料、不同高度的样品中超声波传播的速度。

5. 观察比较材料中有损的位置情况

观察比较样品中形状有损材料与同形状无损材料的回波情况，掌握无损探伤的方法。超声波定位分析及无损探伤原理图如图 2-19 所示，测出始波到缺陷回波的时间间隔 t_x，始波到第一回波的时间间隔 t_L，样品的总长度 L，根据公式 $x = \frac{t_x}{t_L}L$ 算出缺陷位置。有两个不同形状的铝质样品可供实验。

六、数据记录与处理

1. 测量水中声速

表 2-15 水箱中样品第一反射面在不同位置时超声波在水中传播的时间(水温 t=16.0℃)

x/cm	t_1/μs	t_2/μs	t_3/μs	$\overline{t}$/μs	$v=\frac{2x}{\overline{t}}$/(cm/μs)	$\overline{v}$/(m/s)
0						
5						
10						
15						
20						
25						

水温在 16.0℃时超声波的声速约为 1464m/s，求相对误差。

七、分析与思考

1. A 类超声波和 B 类超声波有什么区别？分别是对什么信号的调制？
2. 超声波探测时为什么需要使用耦合剂？其作用是什么？

第三章 热学实验

实验七　不良导体导热系数的测定

一、实验背景及应用

热量的传递方式一般分为 3 种：热传导、热对流及热辐射。不同物体的导热性能各不相同，导热性能较好的物体称为热的良导体，导热性能较差的物体称为热的不良导体。一般来说，金属的导热系数比非金属大，固体的导热系数比液体大，气体的导热系数最小。

1822 年，法国科学家傅里叶(1768—1830)完成了著作《热的解析理论》，目前各种测定导热系数的方法都是建立在傅里叶热传导理论基础之上的。导热系数又称热导率，是表征物体热传导性质的物理量。它与材料的结构和杂质的含量有关，其测定方法大致上分为稳态法和动态法两大类。稳态法是先利用热源在待测样品内形成稳定的温度分布，再进行测定的方法。动态法待测样品中的温度分布是随时间变化的，如呈周期性变化等。本实验采用稳态法测定不良导体橡胶的导热系数。

二、实验目的

1. 学习用稳态法测定不良导体橡胶的导热系数。
2. 学习用物体散热速率求热传导速率的实验原理。
3. 学习温度传感器的使用方法。

三、实验仪器

主要仪器为不良导体导热系数测定仪，不良导体导热系数测定仪如图 3-1 所示。

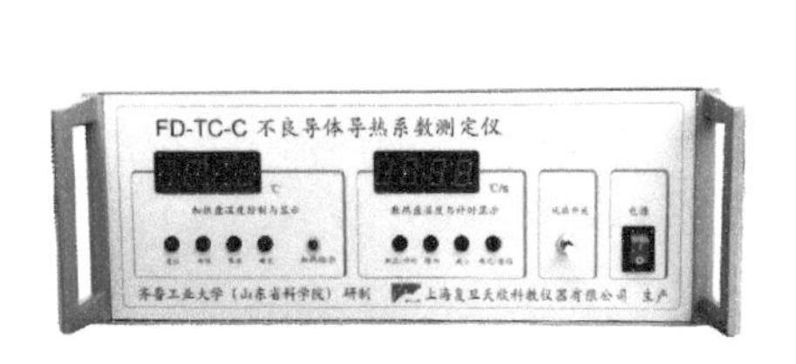

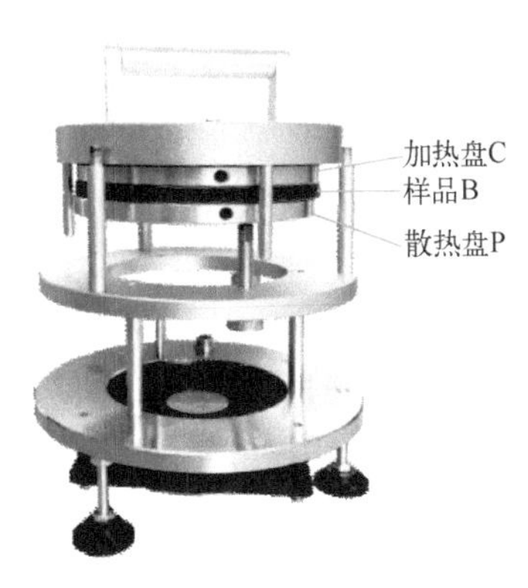

图 3-1　不良导体导热系数测定仪

四、实验原理

1. 热传导定律

实验中，样品被制成平板状，其上表面与一稳定的均匀发热体充分接触，下表面与一均匀散热体充分接触。由于平板状样品的侧面积比上、下平面的面积小很多，可以近似认为热量只沿着上下方向垂直传递，横向由侧面散去的热量能够忽略不计，即样品内只在垂直于样品平面的方向上有温度梯度，在同一平面内，各处的温度相同。

设稳态时，样品的上、下表面温度分别为 T_1、T_2，根据傅里叶传导方程，在时间 $\mathrm{d}t$ 内通过样品的热量 $\mathrm{d}Q$ 为

$$\frac{\mathrm{d}Q}{\mathrm{d}t}=\lambda\frac{T_1-T_2}{h_B}S \tag{3-1}$$

式中，λ 为样品的导热系数，其值等于相距单位长度的两平面的温度相差为一个单位时，在单位时间内通过单位面积所传递的热量，单位是W/(m·K)；h_B 为样品的厚度；S 为样品的平面面积。

2. 稳态法测传热速率

在图 3-1 中，图中样品 B(平板状不良导体)的半径为 R_B，厚度为 h_B，样品上表面与加热盘(位于样品上方的金属盘)的下表面接触，温度为 T_1，加热盘由单片机控制电加热器自适应控温，可以设定加热盘的目标温度，热量由加热盘通过样品上表面传入样品，再从样品下表面与散热盘(位于样品下方的金属盘)的上表面接触而传出，温度为 T_2，即样品中的热量通过下表面向散热盘散发。样品上、下表面温度可以认为是均匀分布的，在 h_B不大的情况下，可以忽略样品侧面散热的影响，则式(3-1)改写为

$$\frac{\mathrm{d}Q}{\mathrm{d}t}=\lambda\frac{T_1-T_2}{h_B}\pi R_B^2 \tag{3-2}$$

实验中，当加热速率、传热速率与散热速率相等时，系统达到动态平衡，称为稳态。此时散热盘的散热速率就是样品内的传热速率。这样，只要测出散热盘在稳定温度 T_2时的散热速率，就可以求出传热速率。而散热盘的散热速率与其冷却速率(温度变化率 $\frac{\mathrm{d}T}{\mathrm{d}t}$)有关，其表达式为

$$\left.\frac{\mathrm{d}Q}{\mathrm{d}t}\right|_{T_2}=-mC\left.\frac{\mathrm{d}T}{\mathrm{d}t}\right|_{T_2} \tag{3-3}$$

式中，m 为散热盘的质量，C 为散热盘的比热容，负号表示热量向低温方向传递。

值得注意的是，这样求出的 $\frac{\mathrm{d}Q}{\mathrm{d}t}$ 是散热盘的全部表面暴露于空气中的散热速率，其散热表面积为 $2\pi R_P^2+2\pi R_P h_P$(其中，R_P 与 h_P 分别为散热盘的半径与厚度)。然而，在观测样品稳态传热时，散热盘的上表面(面积为 πR_P^2)是被样品覆盖着的。考虑到物体的散热速率与它的表面积成正比，则稳态时散热盘散热速率的表达式应修正为

$$\frac{\mathrm{d}Q}{\mathrm{d}t}=mC\frac{\mathrm{d}T}{\mathrm{d}t}\cdot\frac{(\pi R_P^2+2\pi R_P h_P)}{(2\pi R_P^2+2\pi R_P h_P)} \tag{3-4}$$

将式(3-4)代入式(3-2)得

$$\lambda = mC\frac{\mathrm{d}T}{\mathrm{d}t}\cdot\frac{(R_P + 2h_P)}{(2R_P + 2h_P)}\cdot\frac{h_B}{(T_1 - T_2)}\cdot\frac{1}{\pi R_B^2} \tag{3-5}$$

式中，m 为散热盘的质量，C 为其比热容。

五、实验内容

1. 测量样品直径及厚度

用游标卡尺测量样品的直径及厚度 h_B 并填入表 3-1（半径 R_B 可由直径求得），各测量 6 次取平均值。样品的比热容：$C = 8.8\times10^2$ J/(kg · K)。

2. 安装调整实验装置

拧下 3 个固定螺母，将样品放在加热盘与散热盘中间，要求样品与加热盘、散热盘完全对准，调节散热盘底下的 3 个微调螺丝，使样品与加热盘、散热盘接触良好，但不宜过紧。注意，放置加热盘与散热盘的时候，正面的两个小孔要上下对齐。

3. 仪器连接

将两根传感器线的一端接入主机对应盘的插口，另外一端插入加热盘与散热盘的小孔，加热盘与散热盘的温度传感线插孔需要上下对齐，注意不要接错。

4. 设定加热盘温度

打开电源开关，开机后待加热盘温度表显示“b = = =”后，长按“升温”键，使温度上升至 75℃。完成后，按“确定”键，此时加热指示灯闪烁，开始加热，左、右显示屏分别显示加热盘与散热盘的温度。

5. 记录加热盘和散热盘的稳态温度

待加热盘和散热盘温度在 10 分钟内基本保持不变时，即可认为达到稳态，此时开始记录加热盘温度 T_1 与散热盘温度 T_2，每隔 2 分钟记一次并填入表 3-2。

6. 记录冷却速率

（1）按“复位”键停止加热，取走样品，使加热盘与散热盘直接接触。

（2）再次设定目标温度至 75℃，按“确定”键，待散热盘的温度上升到约高于 T_2 5℃后按“复位”键停止加热。

（3）移开加热盘，使散热盘在空气中冷却。用散热盘计时器读取散热过程中的温度变化。先按“测温/计时”键，切换到计时模式，此时显示“0000”，再长按“增加”键，设定计时时间为 450 秒，最后按“确定/查阅”键，仪器将开始自动记录每间隔 10 秒的散热盘温度。到达设定时间后，仪器将自动停止，此时显示器显示为最终设定时间“0450”。

（4）先按“确定/查阅”键，显示器显示为“0010”，再按“确定/查阅”键，显示为第十秒的温度数值。通过按“增加”与“确定/查阅”键记录每隔 30 秒散热盘的温度数值。最后取临近 T_2 的 10 组数据并填入表 3-3，利用逐差法计算冷却速率。

7. 计算不良导体的导热系数

根据测量得到的稳态时的温度值 T_1 和 T_2，以及温度 T_2 时的冷却速率，由式(3-5)计算不良导体的导热系数。实验完毕整理好实验器材，务必关闭电源。

六、数据记录与处理

1. 数据记录

表 3-1　样品直径与厚度记录表

测量次数		1	2	3	4	5	6
样品	直径/mm						
	厚度/mm						

表 3-2　稳态时加热盘和散热盘的温度记录表（每隔 2 分钟）

T_1/℃						
T_2/℃						

表 3-3　散热时在临近稳态时温度记录表（每隔 30 秒）

T/℃										

2. 数据处理

（1）计算导热率 λ。

$$\lambda = mC\left.\frac{\mathrm{d}T}{\mathrm{d}t}\right|_{T=T_2}\frac{(R_P+2h_P)}{(2R_P+2h_P)}\cdot\frac{h_B}{(T_1-T_2)}\cdot\frac{1}{\pi R_B^2}$$

（2）计算不确定度 $u(\lambda)$ 及 E_r。

提示：

$$u(\lambda)=\sqrt{\left(\frac{1}{h_B}\right)^2u_B^2(h_B)+\left(\frac{2}{R_B}\right)^2u_B^2(R_B)+\left(\frac{1}{T_1}\right)^2u_B^2(T_1)+\left(\frac{1}{T_2}\right)^2u_B^2(T_2)+\left(\frac{4}{h_P}\right)^2u_B^2(h_P)+\left(\frac{3}{R_P}\right)^2u_B^2(R_P)}$$

$$E_r=\frac{u(\lambda)}{\lambda}\times100\%$$

式中，实验中温度表读数的不确定度 $u_B(T_1)=u_B(T_2)=\frac{0.1}{\sqrt{3}}\mathrm{K}$，游标卡尺读数的不确定度 $u_B=\frac{0.02}{\sqrt{3}}\mathrm{mm}$。

七、分析与思考

实验中，如何提高加热盘和散热盘温度测量的准确性？

实验八　金属线膨胀系数的测量

一、实验背景及应用

物体体积因温度升高而增大的现象称为热膨胀。物体的热膨胀性质与其自身的结构、键型、键力、比热容、熔点等密切相关。因此，不同的物质成分或成分相同但结构不同的物体，具有不同的热膨胀性质，常用体积膨胀系数这一物理量来表征物体不同的热膨胀性质。固体材料只在一维方向上的热膨胀称为线膨胀，可以用线膨胀系数来描述不同固体材料的线膨胀特性。

物体的热膨胀系数反映了材料本身的属性，测量材料的线膨胀系数，不仅对新材料的研制有重要意义，还是选用材料的重要指标之一。在工程结构设计（如桥梁、铁路轨道、电缆工程等）、机械和仪表的制造、材料的加工和焊接等过程中，必须考虑所用材料的热膨胀特性。液体温度计、喷墨打印机等均利用了材料的热膨胀特性。

二、实验目的

1. 测量样品在一定温度区域内的平均线膨胀系数。
2. 了解控温和测温的基本知识。
3. 学会用最小二乘法处理实验数据。

三、实验仪器

实验仪器是线膨胀系数测试实验仪，它主要由恒温炉、恒温控制器、千分表、待测样品等组成，其装置图如图 3-2 所示，内部结构示意图如图 3-3 所示。

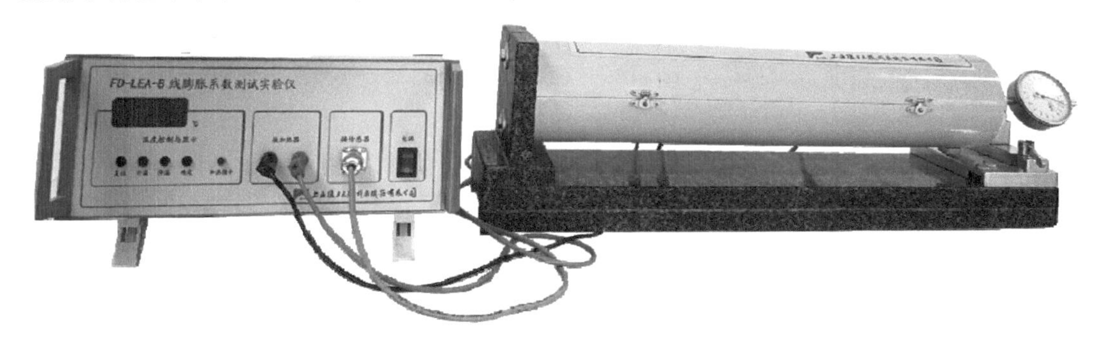

图 3-2 线膨胀系数测试实验仪装置图

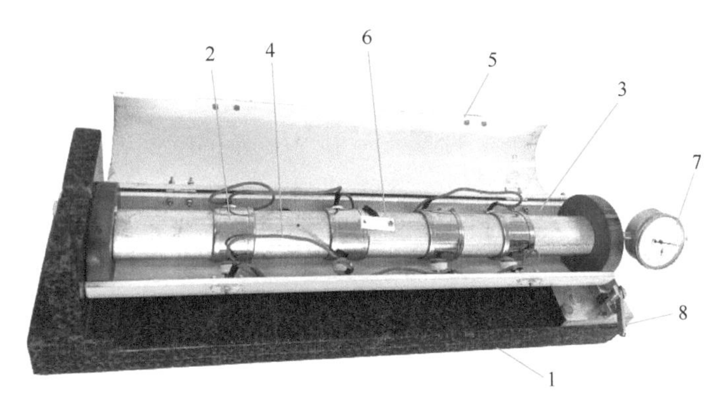

1—大理石托架；2—加热圈；3—导热均匀管；4—待测样品；5—隔热罩；6—温度传感器；7—千分表；8—扳手。

图 3-3 内部结构示意图

四、实验原理

线膨胀系数 α 的定义是在压强保持不变的条件下，温度升高 1℃ 引起的物体长度的相对变化。即

$$\alpha = \frac{1}{L_0}\left(\frac{\partial L}{\partial t}\right) \tag{3-6}$$

在温度升高时，固体由于原子的热运动加剧发生膨胀，设 L_0 为物体在初始温度 t_0 下的长度，则在某个温度 t_1 时物体的长度为

$$L_1 = L_0[1 + \alpha(t_1 - t_0)] \tag{3-7}$$

在温度变化不大时，α 是一个常数，可以将式(3-6)写为

$$\alpha = \frac{L_1 - L_0}{L_0(t_1 - t_0)} = \frac{\Delta L}{L_0}\frac{1}{\Delta t} \tag{3-8}$$

α 是一个很小的量，附表 B-8 列出了几种常见金属材料的 α 值。常见的金属的线膨胀系数为$(0.8 \sim 2.5) \times 10^{-5}/℃$。

当温度变化较大时，α 与 Δt 有关，可用 Δt 的多项式来描述：$\alpha = a + b\Delta t + c\Delta t^2 + \cdots$，其中 a，b，c 为常数。在实际测量中，由于 Δt 相对比较小，一般忽略二次方及以上项。所以我们采用式(3-8)作为该温度段的平均线膨胀系数 $\bar{\alpha}$，为了使 $\bar{\alpha}$ 的测量结果比较精确，实验中可以等间隔改变加热温度(如间隔为 10℃)，从而测量对应的一系列 L_i。

将式(3-8)改写为

$$\Delta L_i = \bar{\alpha} L_0(t_i - t_0) \quad i = 1,2,3,\cdots \tag{3-9}$$

将所得数据采用最小二乘法进行直线拟合处理，所得直线的斜率即一定温度范围内的平均线膨胀系数 $\bar{\alpha}$，即

$$\bar{\alpha} = \frac{\Delta L_i}{L_0 \cdot \Delta t} \tag{3-10}$$

五、实验内容

1. 连接仪器

接通电加热器与温控仪输入输出接口和温度传感器的航空插头，接通前确保被测样品[本实验为铝棒(Φ8mm×400mm)]已安装好。

2. 千分表调整及读数

稍用力压一下隔热棒与千分表测量头接触的部分，观察千分表指针是否转动。若转动，则表示接触良好，若不动或肉眼观察隔热棒与测量头之间有缝隙，则需微调测量头的螺丝使之与隔热棒接触良好。调整后千分表小指针应指在 0～0.2 之间。

千分表的量程为 1mm，分度值为 0.001mm。千分表的外圈表盘刻度为 200 小格，测量头每移动 0.001mm，大指针就偏转一格(表示 0.001mm)；当大指针转动一圈时，小指针随之偏转一格(示数为 0.2，表示 0.2mm)。大、小指针的总相对偏转量就是测量头的位移。

图 3-4 所示的千分表小指针偏转量为 0.2mm，大指针偏转量为 0.146mm，读数为 0.346mm。

3. 设定加热温度

接通电源，当显示屏出现“b = = =”时，长按“升温”键，使温度上升至目标温度 t。完成后，按“确定”键，此时加热指示灯闪烁，开始加热。

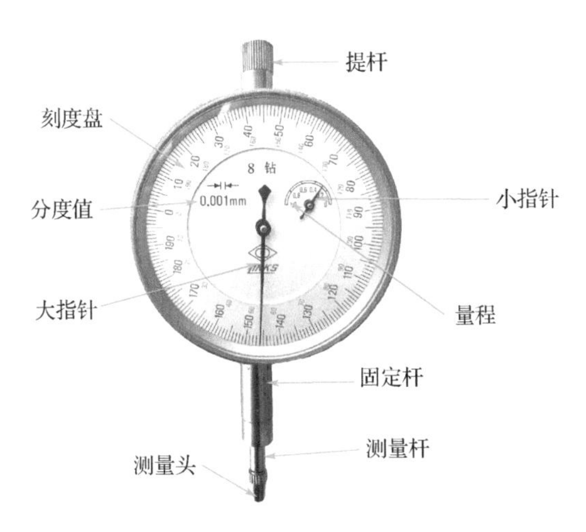

图 3-4　千分表示意图

4．记录待测样品在不同温度时的长度

当显示屏显示数字在 ±0.30℃ 波动时，我们可以认为达到稳定，即可记录 t 和 L_t。按"复位"键，重复步骤 3 和步骤 4，按表 3-4 中给出的温度进行设定并记录长度。

六、数据记录与处理

1．数据记录

表 3-4　铝棒样品的加热温度 t 及千分表读数 L_t（L_0 =0.4m）

次数	1	2	3	4	5	6	7
温度 t /℃	25	30	40	50	60	70	75
$L_t / \times 10^{-6}$m							
$L_0 t$							

2．数据处理

（1）在坐标纸上画出曲线 $L_t - L_0 t$，采用最小二乘法进行直线拟合处理，根据直线的斜率可得一定温度范围内的平均线膨胀系数 $\bar{\alpha}_{铝}$ = ＿＿＿＿＿＿（$\times 10^{-6}$/℃）。

（2）计算百分误差 E = ＿＿＿＿＿＿。

温度介于 20～100℃时，铝的线膨胀系数的参考值为 23.38×10^{-6}/℃。

七、分析与思考

1．该实验的误差来源主要有哪些？如何消除误差？

2．使用千分表读数时应注意哪些问题？

实验九　空气比热容比的测定

一、实验背景及应用

气体的定压比热容与定容比热容之比称为气体的比热容比（又称为气体的绝热指数），它是一个重要的热力学常数，对于气体的内能、气体分子内部运动规律的研究及热力工程技术的应用很重要。本实验用硅压力传感器测量空气的压强，用集成温度传感器测量空气的温度变化，进而得到空气的比热容比。

二、实验目的

1. 用绝热膨胀法测定空气的比热容比。
2. 观测热力学过程中的状态变化，掌握热力学基本规律。
3. 学会使用指针式压力表对硅压力传感器进行定标。
4. 学习硅压力传感器和集成温度传感器的使用方法。

三、实验仪器

实验仪器为空气比热容比测定仪，其实验装置图如图 3-5 所示。

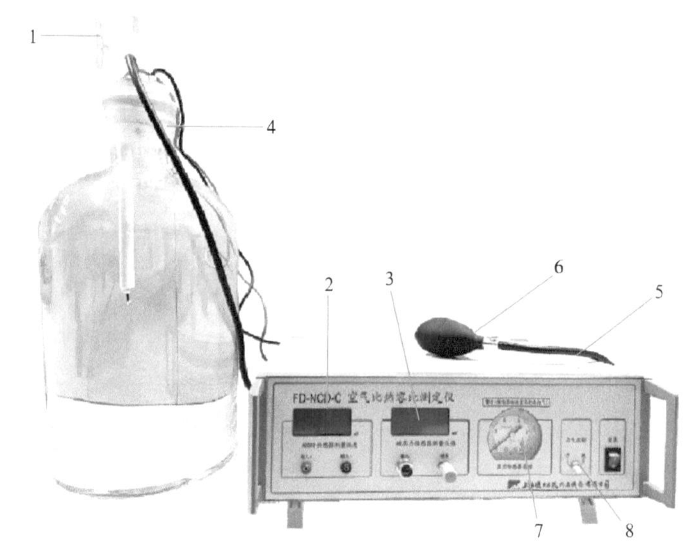

1—活塞 A；2—温度传感器电压表；3—硅压力传感器电压表；4—与贮气瓶相连皮管；5—与打气球相连皮管；6—打气球及活塞 B；7—气压表；8—打气控制开关。

图 3-5 空气比热容比测定实验装置图

四、实验原理

1. 状态变化过程

1mol 理想气体的定压比热容 C_P 和定容比热容 C_V 的关系由下式表示：

$$C_P - C_V = R \tag{3-11}$$

式中，R 为普适气体常数。

$$\gamma = \frac{C_P}{C_V} \tag{3-12}$$

式中，γ 为气体的比热容比。

实验装置如图 3-5 所示，以状态 I 贮气瓶中的空气作为研究对象，进行如下实验过程。

先打开活塞 A，贮气瓶与大气相通，瓶内充满与周围空气等温等压的气体，再关闭活塞 A。设外界的空气压强为 P_0，温度为 T_0。

用打气球向瓶内充入一定量的气体。此时作为研究对象的瓶内气体被压缩，压强增大，温度升高。充气过程结束后，瓶内气体最终达到稳定状态，即瓶内气体温度稳定，与外界的空气温度达到平衡，此时的气体处于状态Ⅰ(P_1, V_1, T_0)。

迅速打开活塞 A，使瓶内气体与大气相通，瓶内空气向外膨胀，当瓶内气体压强降至 P_0 时，立刻关闭活塞 A，由于放气过程较快，气体来不及与外界进行热交换，可以近似认为是一个绝热膨胀过程。此时，气体由状态Ⅰ(P_1, V_1, T_0)转变为状态Ⅱ(P_0, V_2, T_1)。其中，V_2 是贮气瓶体积。

由于瓶内气体温度 T_1 低于室温 T_0，所以瓶内气体慢慢从外界吸热，直至达到室温 T_0 为止，此时，瓶内体积仍然为 V_2，但是压强也随之增大为 P_2，此时气体状态变为 III(P_2, V_2, T_0)。状态 II 到状态 III 的过程可以认为是一个等容吸热过程。

2. 空气的比热容比

实验过程状态分析如图 3-6 所示。

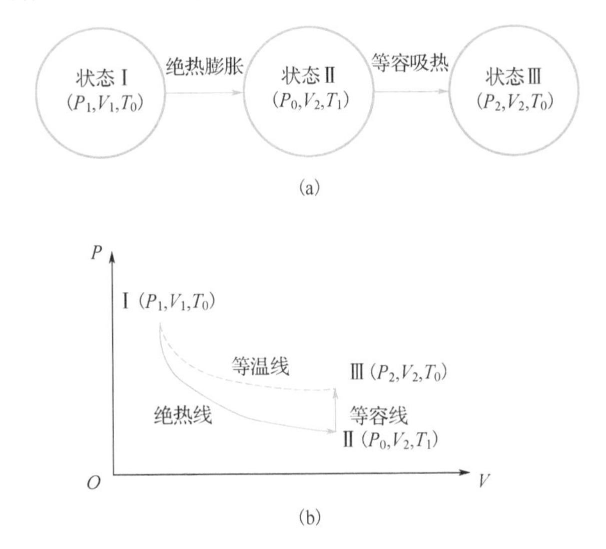

图 3-6 实验过程状态分析

状态 I→状态 II 是绝热过程，由绝热过程气体状态方程得

$$P_1 V_1^{\gamma} = P_0 V_2^{\gamma} \tag{3-13}$$

状态 I 和状态 III 的温度均为 T_0，由等温过程气体状态方程得

$$P_1 V_1 = P_2 V_2 \tag{3-14}$$

合并式(3-13)、式(3-14)，消去 V_1、V_2 得

$$\gamma = \frac{\ln P_1 - \ln P_0}{\ln P_1 - \ln P_2} = \frac{\ln P_1/P_0}{\ln P_1/P_2} \tag{3-15}$$

由式(3-15)可以看出，只要测得 P_0、P_1、P_2 就可以求得空气的比热容比 γ。

五、实验内容

1. 仪器准备

按图 3-5 组装好仪器，开启电源，预热 20 分钟。打开活塞 A，使用调零电位器，在气压表的指针指向一个大气压时，此时为大气压强 P_0，将硅压力传感器电压表示值调零，使 $U_0 = 0$。

2. 记录硅压力传感器电压并作图求灵敏度

关闭活塞A，打开打气控制开关，向瓶内缓缓压入空气，注意观测硅压力传感器电压表的示值不能超过200mV。仔细观测气压表指针，记录气压表指针分别指向2、3、4、5、6、7和8时硅压力传感器电压表的电压并填入表3-5，做电压 U 与压强 P 之间关系图，根据 $U = SP + U_0$ 求出硅压力传感器电压表灵敏度 S。

3. 记录瓶内气体初始状态的 U_{P_1} 和 U_{T_0}

打开活塞A，将贮气瓶中的气体排尽(此时如果硅压力传感器电压表示值不为零，那么需再次调零使 $U_0 = 0$)，在环境中静置一段时间，待温度稳定后，关闭活塞A。用打气球将空气缓缓地压入贮气瓶，充气结束后，关闭活塞B。当瓶内压强及温度稳定时，用硅压力传感器电压表和温度传感器电压表测量瓶内气体初始状态的 U_{P_1} 和 U_{T_0} 并填入表3-6。

4. 降温

突然打开活塞A，观察气压表，当贮气瓶内压强即将达到大气压强 P_0 时(此时放气声消失)，迅速关闭活塞A，这时瓶内空气温度下降。由于硅压力传感器电压表显示滞后，不要用它的示值为零作为判断瓶内压强为 P_0 的依据。

5. 记录瓶内气体的 U_{P_2} 和 U'_{T_0}

由于瓶内气体温度低于环境温度，所以要从外界吸收热量以达到热平衡。此时瓶内气体温度上升，压强增大，当瓶内压强稳定时，记录瓶内气体的 U_{P_2} 和 U'_{T_0} 并填入表3-6。

6. 计算空气比热容比的值

将上述所得数据换算后代入式(3-15)进行计算，求得空气比热容比 γ。

六、数据记录与处理

1. 气体压力传感器定标

表3-5 硅压力传感器电压与压强之间关系表

压强 P/kPa	2.00	3.00	4.00	5.00	6.00	7.00	8.00
电压 U/mV							

对表3-5中的数据进行线性拟合得 S = __________(mV/kPa)。

2. 空气比热容比测定

表3-6 空气比热容比测定数据表

P_0/kPa	U_{P_1}/mV	U_{T_0}/mV	U_{P_2}/mV	U'_{T_0}/mV	P_1/kPa	P_2/kPa	γ
101.3							

$P_1 = P_0 + U_{P_1}/S$，$P_2 = P_0 + U_{P_2}/S$，其中，P_0 的单位为kPa，U_{P_1} 和 U_{P_2} 单位为mV，U_{P_1}/S 和 U_{P_2}/S 的单位为kPa。

$$\gamma = \frac{\ln(P_1/P_0)}{\ln(P_1/P_2)} = \_\_\_\_\_\_\_\_\_\_ 。$$

$E =$ __________ 。

七、分析与思考

1. 当听到放气声结束时为什么要迅速关闭活塞 A?
1. 环境温度变化会对实验结果产生什么影响?

实验十 热机实验

一、实验背景及应用

1821 年，德国物理学家泽贝克发现，只要加热连接在一起的不同金属，就会产生电流，这一现象被称为泽贝克效应，这是热电偶的基本原理。1834 年，法国物理学家佩尔捷发现了泽贝克效应的逆效应(佩尔捷效应)，根据电流的流向，连接在一起的金属会吸热或放热。这种热电转换器被称为佩尔捷元件。本实验所用的热机效率综合实验仪是以佩尔捷元件为核心构建的。

佩尔捷元件是由 P 型半导体和 N 型半导体构成的，其内部结构如图 3-7 所示。当 P-N 对的两端存在温度差时，N 型半导体中的电子由热端向冷端扩散，使 N 型半导体的冷端带负电而热端带正电，同时 P 型半导体中的空穴由热端向冷端扩散，使 P 型半导体的冷端带正电而热端带负电。若通过金属片将 P 型半导体和 N 型半导体的热端连接起来形成 P-N 对，则在 P 型半导体和 N 型半导体的冷端输出直流电压，将多个 P-N 对串联起来就可以得到较大的输出电压，从而实现“温差发电”，如图 3-8 所示，这个输出电压可以对外接电阻等负载做功。当给佩尔捷元件通直流电流时，根据电流方向的不同，将在一端吸热，在另一端放热，冷端的热量被传送到热端，导致冷端温度降低，热端温度升高，从而实现冷端的“制冷”，如图 3-9 所示，这种将能量由低温处传送到高温处的装置通常被称为热泵。

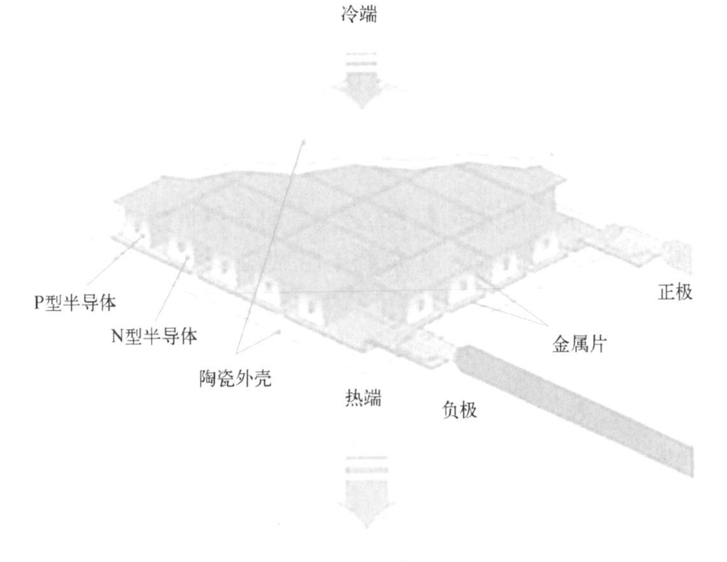

图 3-7 佩尔捷元件内部结构

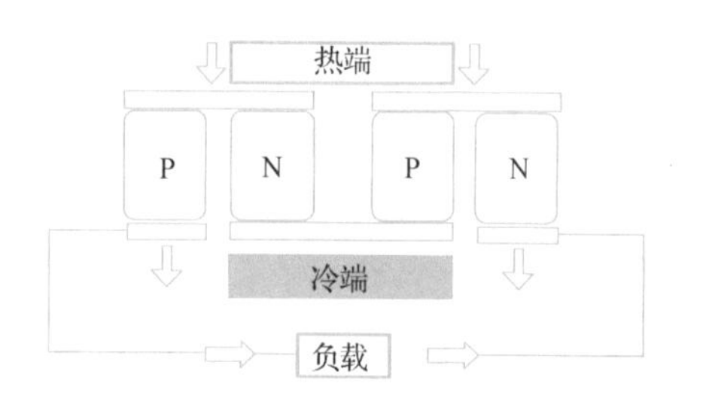

图 3-8　发电过程

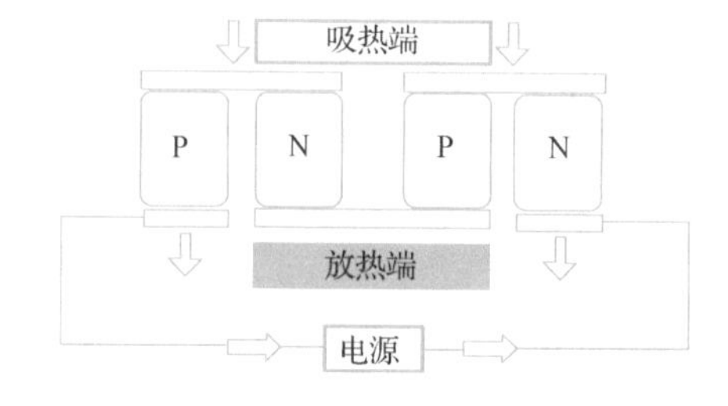

图 3-9　制冷过程

佩尔捷元件虽然效率低，但可靠性高，不需要循环流体或移动部件。典型的应用有卫星电源、远程无人气象站等。

二、实验目的

1. 测量热机的实际效率和卡诺效率。
2. 确定热机的内阻。

三、实验仪器

热机实验的实验仪器如图 3-10 所示，包括热机效率综合实验仪、热机效率综合实验仪电源和连接用的导线。

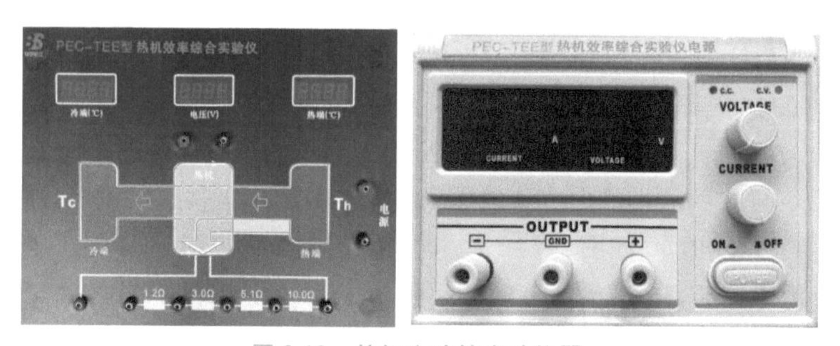

图 3-10　热机实验的实验仪器

四、实验原理

热机效率综合实验仪可以作为热机或热泵使用，可以测出热机的实际效率和热泵的实际制冷系数。

1. 热机

热机通常被定义为将内能转化为机械能的装置。对于热机效率综合实验仪来说，热机是利用热端和冷端的温差产生电压驱动一个负载电阻做功，最终产生的热量被负载电阻消耗（焦耳热）的仪器。

热机的原理图如图 3-11 所示，根据能量守恒定律（热力学第一定律）得

$$Q_H = W + Q_C \tag{3-16}$$

式中，Q_H为热机的热输入；W 为热机对外所做的功；Q_C为热机向冷端的排热量。式(3-16)表明热机的热输入等于热机对外所做的功加上热机向冷端的排热量。

2. 实际效率

热机的效率定义为

$$e = \frac{W}{Q_{\mathrm{H}}} \tag{3-17}$$

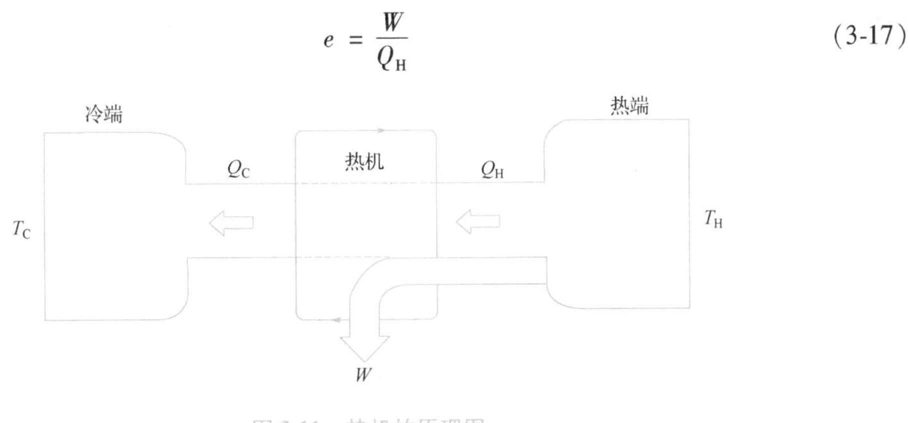

图 3-11 热机的原理图

如果把所有的热输入转换成热机对外做的功，那么热机的效率就为 1。实际上它的效率总是小于 1。

用热机效率综合实验仪测量热机的效率，实际上测量的是功率而不是能量。$P_{\mathrm{H}} = \dfrac{\mathrm{d}Q_{\mathrm{H}}}{\mathrm{d}t}$，式(3-16)两边同时对时间求导变成 $P_{\mathrm{H}} = P_{\mathrm{W}} + P_{\mathrm{C}}$，因此效率也可以表示为

$$e = \frac{P_{\mathrm{W}}}{P_{\mathrm{H}}} \tag{3-18}$$

3. 卡诺效率

卡诺指出，热机的最大效率仅与冷热端的温度差有关，与热机的型号无关，即

$$e_{\mathrm{Carnot}} = \frac{T_{\mathrm{H}} - T_{\mathrm{C}}}{T_{\mathrm{H}}} \tag{3-19}$$

开氏温度下，效率能够达到 100% 的只是运作在 T_{H} 和绝对零度之间的热机。如果没有由于摩擦、热传导、热辐射及装置内部电阻的焦耳热引起的能量损失，那么卡诺效率是在给定的两个温度下热机能达到的最高效率。

4. 调整效率

利用热机效率综合实验仪，考虑损失的能量，对功率 P_{W} 和 P_{H} 进行修正，调整的最终效率接近卡诺效率。

5. 热泵(制冷机)

热泵是热机的逆向运行。热泵在工作时，将热量从冷端抽到热端，就像一个冰箱将热量从冷藏室抽到温室，或像冬天里将热量从寒冷的户外抽到温暖的室内。

热泵的原理图如图 3-12 所示。

与图 3-11 相比，图 3-12 中的热量箭头是逆向的，满足能量守恒 $Q_{\mathrm{C}} + W = Q_{\mathrm{H}}$ 或功率守恒 $P_{\mathrm{C}} + P_{\mathrm{W}} = P_{\mathrm{H}}$。

6. 实际制冷系数

制冷系数是从冷端抽出的热量与消耗的功率之比，即

$$\kappa = \mathrm{COP} = \frac{Q_{\mathrm{C}}}{W} \tag{3-20}$$

类似于热机效率，但热机效率总是小于 1，制冷系数总是大于 1 的。

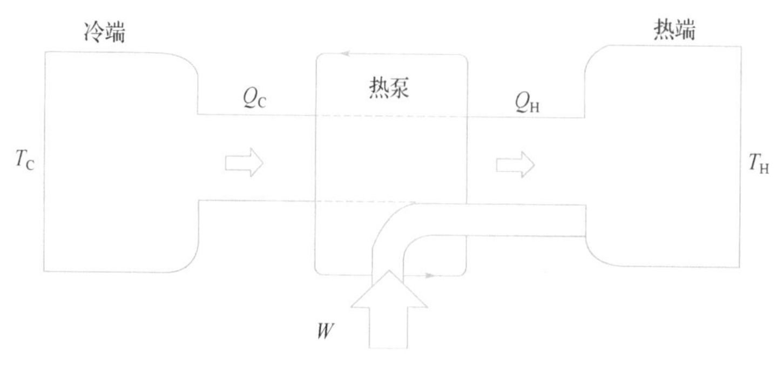

图 3-12 热泵的原理图

7. 最大制冷系数

热泵的最大制冷系数只取决于温度，即

$$\kappa_{max} = \frac{T_C}{T_H - T_C} \tag{3-21}$$

这里的温度是指开尔文温度。

8. 调整制冷系数

如果所有的损失都是由摩擦、热传导、热辐射、焦耳热导致的，那么实际的制冷系数是可以调整的，调整后的实际制冷系数接近最大制冷系数。

9. 实验测量量

1）直接测量量

（1）温度：冷、热端的温度直接显示在仪器面板上。

（2）热端的功率（P_H）：热端通过电流通过电阻保持在一个恒定的温度，由于加热器电阻随温度变化，因此必须测量输入电流 I_H 和输入电压 U_H，以获得输入功率（热端功率），$P_H = I_H U_H$。

（3）负载电阻消耗的功率（P_W）：负载电阻消耗的功率通过测量负载电阻两端的电压 U_W 求得

$$P_W = \frac{U_W^2}{R} \tag{3-22}$$

因为负载电阻的阻值随温度变化不明显，所以可以用式(3-22)来求出负载电阻的功率。

当热机效率综合实验仪作为一个热泵而不是一个热机来操作时，不能使用负载电阻。外加电源可显示输入电流和电压，输入功率可用公式 $P_W = I_W U_W$ 计算得出。

2）间接测量量

（1）热机的内阻：将负载电阻接入热机效率综合实验仪（按图 3-13 连接），在有负载电阻的情况下，其等效电路如图 3-14 所示，根据基尔霍夫定律有

$$U_S - Ir - IR = 0$$

式中，U_S为开路电压，通过如图 3-15 所示的连接方式来进行测量；r 为热机内阻；R 为负载电阻；I 为负载电流。在带有负载的情况下，有 $U_S - \left(\frac{U_W}{R}\right)r - U_W = 0$，式中，$U_W$为负载两端的电压。可以得出热机的内阻为

$$r = \left(\frac{U_S - U_W}{U_W}\right)R \tag{3-23}$$

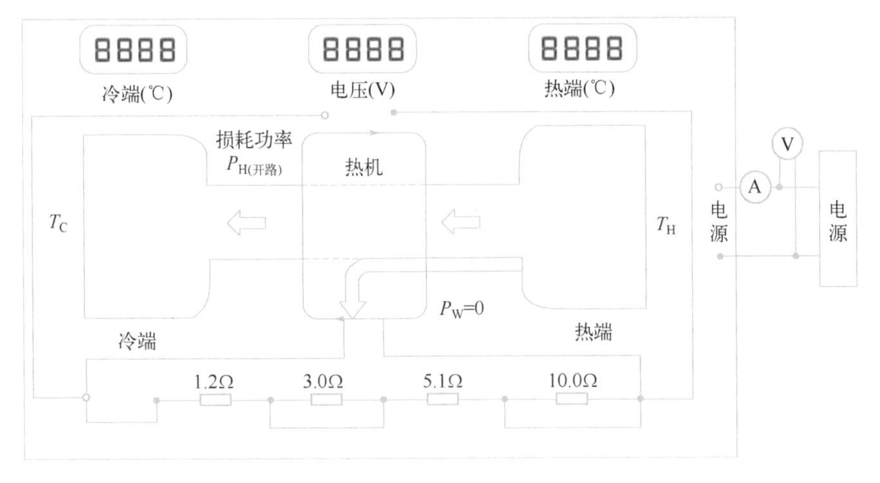

图 3-13　有外加负载的热机

(2)热传导和热辐射：热端的热量一部分被热机利用做功，另一部分从热端辐射掉或通过热机传到冷端。假设热辐射与热传导在工作与不工作时相同，即在没有负载，热端保持相同温度的条件下，通过加热电阻输入热端的热量等于从高温热源中辐射和传导的热量，即 Q_H(开路)。

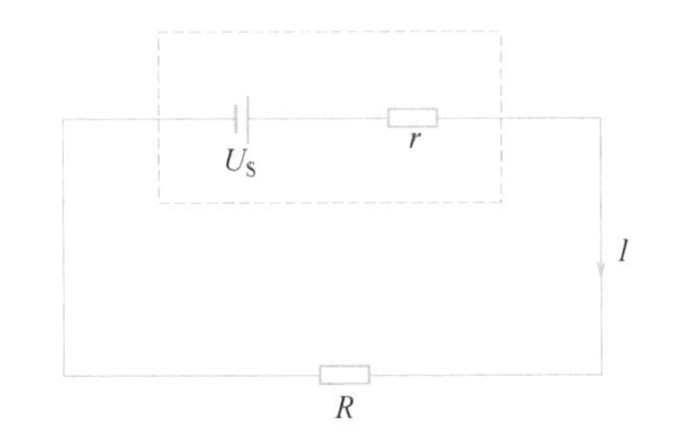

图 3-14　测量内阻的等效电路

(3)从冷端被抽走的热量：当热机效率综合实验仪作为一个热泵工作时，从冷端被抽走的热量 Q_C 等于传递到热端的热量 Q_H 减去所做的功 W(见图 3-12)。注意当热泵工作时，如果热端的温度保持不变，根据能量守恒定律，传递到热端的热量等于热传导和热辐射的热量。可以通过测量无负载时的热端输入功率求得此温差下的散热(见图 3-15)。

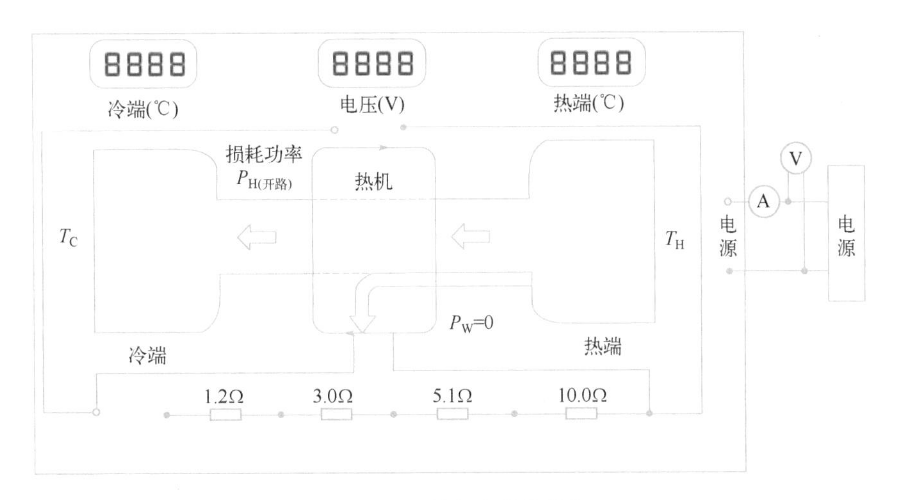

图 3-15　无外加负载的热机

五、实验内容

1. 测量热机的效率和卡诺效率

用导线插接，将负载电阻设为6.3Ω。

(1)将热机效率综合实验仪电源上的电压调节旋钮向左(逆时针)旋至最小；电流调节旋钮向右(顺时针)旋至最大。

(2)将热机效率综合实验仪电源输出接口与热机效率综合实验仪上右端的“电源”插孔相接(注意极性，电源正极插入上方孔，负极插入下方孔)。

(3)先打开热机效率综合实验仪的开关，再打开热机效率综合实验仪电源的开关，向右(顺时针)缓慢调节电源的电压调节旋钮，将电压 U_H 调至4.00V。

(4)等待冷端与热端平衡(5分钟)，分别记录热端的绝对温度 T_H 和冷端的绝对温度 T_C 并填入表3-7。

(5)从热机效率综合实验仪电源上读出 U_H 和 I_H，从仪器面板中间的电压窗口读出负载电阻两端的电压 U_W 并填入表3-7。

(6)重复步骤(3)、步骤(4)、步骤(5)，电源电压从4.00V调至14.00V，每次增加2.00V，记录6组数据并填入表3-7。

2. 测量热机的内阻

(1)按照无负载(开路)的情况连接电路。

(2)将热机效率综合实验仪电源接入热机效率综合实验仪供电，电压保持14.00V不变。

(3)等待热平衡(5分钟)，从仪器面板中间的电压窗口读取开路电压 U_S。

(4)保持输入电压不变，连接1.2Ω的电阻作为负载，等待热平衡(5分钟)。

(5)从仪器面板中间的电压窗口读取负载电阻两端的电压 U_W 并填入表3-8。

(6)调节负载电阻的阻值为4.2Ω、6.3Ω、8.1Ω、9.3Ω、19.3Ω，重复步骤(4)和步骤(5)，分别记录热平衡状态下负载电阻两端的电压 U_W 并填入表3-8。

注意：电源的正负极性请勿接反，接线检查无误后再通电，实验结束请先关闭热机效率综合实验仪电源，再关闭热机效率综合实验仪的电源。

六、数据记录与处理

1. 数据记录

表3-7 热机数据

R/Ω	U_H/V	I_H/A	U_W/V	T_H/K	T_C/K	$\Delta T/K$
6.3						
6.3						
6.3						
6.3						
6.3						
6.3						

表 3-8 内阻数据

R/Ω	U_W/V	U_S/V	r/Ω
1.2			
4.2			
6.3			
8.1			
9.3			
19.3			

2. 数据处理

计算热机效率值如表 3-9 所示。

表 3-9 计算热机效率值

U_H/V	$P_H = I_H U_H /W$	$P_W = \frac{U_W^2}{R} /W$	$e = \frac{P_W}{P_H}$	$e_{Carnot} = \frac{T_H - T_C}{T_H}$

七、分析与思考

为比较实际效率与卡诺效率，采用作图法做出曲线 $e-\Delta T$ 与曲线 $e_{Carnot}-\Delta T$，并比较。注意：我们在此假定 T_C 为定值或近似不变。

1. 卡诺效率是热机在给定温差下工作时的最大效率，图上的实际效率是否低于卡诺效率？
2. 温差增大时，卡诺效率与实际效率是增大还是减小？

实验十一 热膨胀实验

一、实验背景及应用

固体的线膨胀是指固体受热时在某一方向上的伸长。这种特性是在工程结构设计、机械和仪表制造、材料加工中都要考虑的重要因素。在相同条件下，不同固体材料的线膨胀程度不同。各种材料膨胀特性用线膨胀系数来描述。线膨胀系数是选用材料的一项重要指标，实际应用中经常要测量材料的线膨胀系数。对于金属材料，温度变化引起的长度变化比较小，一般采用光杠杆法、光的衍射法、光的干涉法等进行精确测量。本实验利用光的干涉法测量金属棒的线膨胀系数。

二、实验目的

1. 观察物体线膨胀现象，学会测量金属的线膨胀系数。
2. 掌握用迈克耳孙干涉仪测量物体长度微小变化的方法。

三、实验仪器

热膨胀实验装置如图 3-16 所示。此外，还需要游标卡尺、铜棒、铝棒。

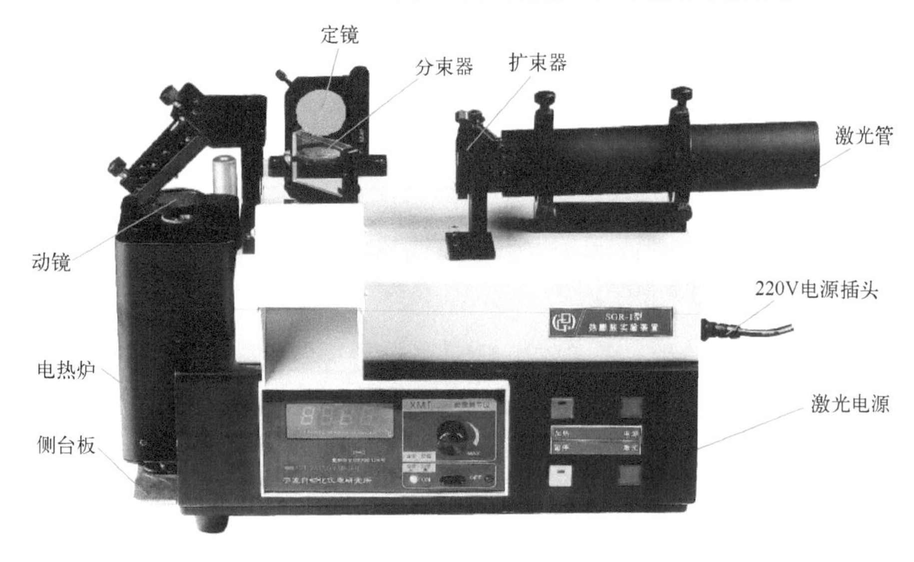

图 3-16　热膨胀实验装置

四、实验原理

在温度变化不太大的情况下，原长为 l_0 的物体，受热后伸长量 Δl 与原长 l_0 和温度的增加量 Δt 的关系满足的公式为

$$\Delta l = \alpha \cdot l_0 \cdot \Delta t \tag{3-24}$$

式中，比例系数 α 为线膨胀系数，它表示在其他条件不变的情况下，当温度升高 1℃时固体的相对伸长量。由式(3-24)可得

$$\alpha = \frac{\Delta l}{l_0 \cdot \Delta t} \tag{3-25}$$

不同材料的线膨胀系数不同，一般来说塑料的线膨胀系数最大，金属次之，石英玻璃的线膨胀系数很小。线膨胀系数是选用材料的一项重要指标。表 3-10 所示为几种材料的线膨胀系数对应的温度范围。

表 3-10　几种材料的线膨胀系数对应的温度范围

材 料	铜	铝	铂	普通玻璃	石英玻璃	瓷器
$\alpha/(\times 10^{-6}/℃)$	17.1	23.8	9.1	9.5	0.5	3.4 ~ 4.1
温度范围/℃	0 ~ 100		20 ~ 200		20 ~ 700	

同一材料在不同的温度区段，其线膨胀系数是不同的，但在温度变化不大的范围内，线膨胀系数近似是一个常量。线膨胀系数的测量是人们了解材料特性的一种重要手段。

本实验用光的干涉法来测量金属棒在 20 ~ 50℃ 的线膨胀系数，其光路图如图 3-17所示。从氦氖激光器发出的激光束经过分束器(半反镜)后分成两束，分别由定镜和动镜反射回来，由于分束器的作用，两束反射光会在观察屏相遇并形成明暗相间的同心圆环状干涉条纹。

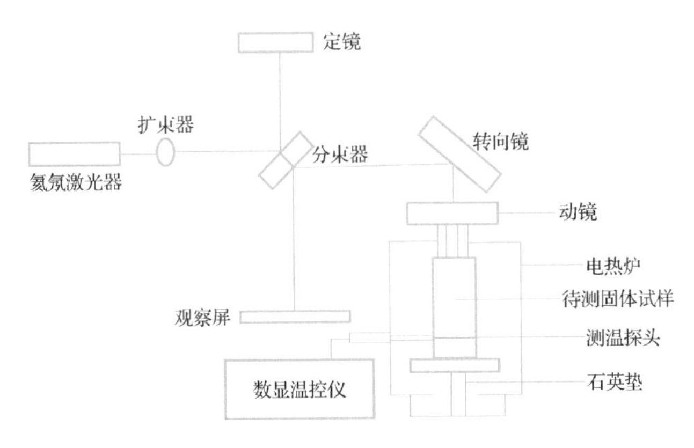

图 3-17 光的干涉法测量微小长度的光路图

长度为 l_0 的待测固体试样被电热炉加热，当温度从 t_0 上升至 t 时，试样因受热膨胀，从 l_0 伸长到 l，同时推动迈克耳孙干涉仪的动镜移动，使干涉条纹发生 N 个环的变化，则有

$$l - l_0 = \Delta l = N\frac{\lambda}{2} \tag{3-26}$$

线膨胀系数为

$$\alpha = \frac{\Delta l}{l_0(t - t_0)} \tag{3-27}$$

所以只需测出某一温度范围的固体试样的伸长量和加热前的长度，就可以测出该固体材料的线膨胀系数。

五、实验内容

1. 仪器连接

待测固体试样已经安装进电热炉，试样初始长度 $l_0 = 15\text{cm}$，入射光波长 $\lambda = 632.8\text{nm}$。观察试样的测温孔与炉侧面的圆孔是否对准。务必将测温探头穿过炉壁插入试样下半部分的测温孔，测温器手柄应紧靠电热炉的外壳。电热炉内部结构示意图如图 3-18 所示。

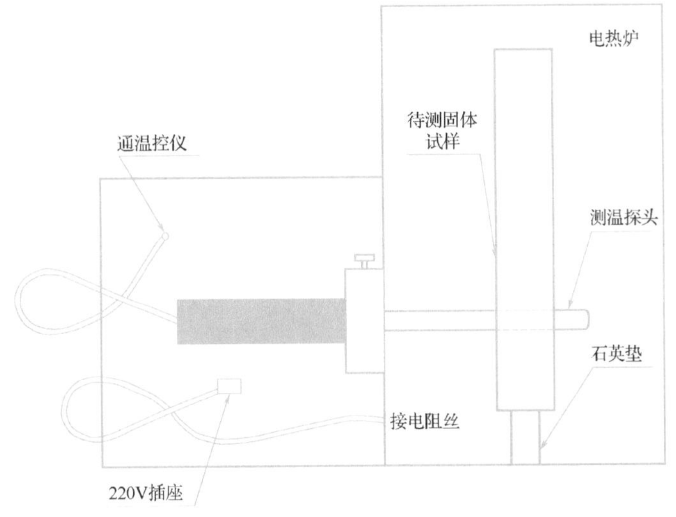

图 3-18 电热炉内部结构示意图

2. 调节干涉光路

先打开装置总电源，按“激光”开关，拨开扩束器，调节定镜和转向镜两个平面镜背后的螺丝，使观察屏上的两组光点中的两个最强光点重合；然后把扩束器转到光路中，观察屏上立即出现干涉条纹，微调平面镜的方位，将椭圆干涉环的圆心调到视场的适中位置，对扩束器做二维调节，使观察屏上光照均匀。

3. 测量试样的线膨胀系数并做其与温度变化关系的曲线

(1)测量前，先将温控仪选择开关置于“设定”处，转动“设定”旋钮，直到显示预设温度值。设定温度后，将选择开关置于“测量”处。

(2)按“加热”键，观察圆环状干涉条纹的变化，当温度显示超过室温5℃后，记录试样初始温度 t_0，同时开始仔细默数干涉环的变化个数。每数20个干涉环，记录此时对应的温度显示值 t，5组共100个干涉环。将数据填入表3-11。测试完毕后，直接按“暂停”键，停止加热。可根据式(3-26)和式(3-27)计算试样的线膨胀系数。

若要测其他试样的线膨胀系数，则松开加热炉下部的手钮，使炉体平移，离开侧台板。旋下动镜，拔下测温探头，换上螺丝提手从炉内取出试样。安装好新试样和平面镜，待炉内温度降到最接近室温的稳定值，按步骤2和步骤3重新测量。

六、数据记录与处理

1. 数据记录

表3-11　试样的加热温度及长度变化量

λ = 632.8nm；初始长度 l_0 = ________mm。

干涉环变化数 N	0	20	40	60	80	100
温度 t /℃						
Δt /℃						
Δl /mm						
α						

2. 数据处理

斜率 K = __________。

线膨胀系数 α = __________（$\times 10^{-6}$/℃）。

七、分析与思考

在平面镜与试样之间黏接的为石英细管，试分析为什么采用石英材质？

实验十二　温度传感器测试及半导体制冷控温实验

一、实验背景及应用

1834年，法国物理学家佩尔捷先在铜丝的两头各接一根铋丝，再将两根铋丝分别接到直流电源的正、负极。通电后，他惊奇地发现一个接头变热，另一个接头变冷，这个现象后来被称为“佩尔捷效应”。“佩尔捷效应”的物理原理为电荷载体在导体中运动形成电流，由于电荷载体在不同的材料中处于不同的能级，当它由高能级向低能级运动时，就会释放出多余的热量(表现为制热)。反之，就需要从外界吸收热量(表现为制冷)。

半导体制冷的效果主要取决于电荷载体在两种材料中运动的能级差，即热电势差。纯金属材料导电导热性好，但制冷效率极低(不到1%)。半导体材料具有极高的热电势，可以用来做小型的热电制冷器。但由于当时使用的金属材料的热电性能较差，能量转换的效率很低，热电效应没有得到实质应用。直到20世纪50年代，苏联科学院半导体研究所的约飞院士对半导体进行了大量研究，于1954年前发表了研究成果，表明碲化铋化合物固溶体有良好的制冷效果。这是最早的也是最重要的热电半导体材料，至今还是温差制冷半导体材料中的一种主要成分。约飞的理论得到实践后，到20世纪60年代，半导体热电制冷材料得到大规模的应用。20世纪80年代以后，半导体的热电制冷性能得到大幅度提高，进一步开发了热电制冷的应用领域。

二、实验目的

1. 用加热井和致冷井分别加热和冷却温度传感器并使温度传感器精确地保持设定的温度(±0.1℃)，利用实验电路来测试温度传感器的电流-温度特性。

2. 了解半导体制冷堆的制冷原理及制冷效率。

3. 了解TCF-708智能控温仪的精确控温原理，利用PID控温原理精确设定控温参数使每一点设定温度精确控温在±0.1℃。

三、实验仪器

实验仪器为温度传感器测试及半导体致冷控温实验仪，其面板示意图如图3-19所示。

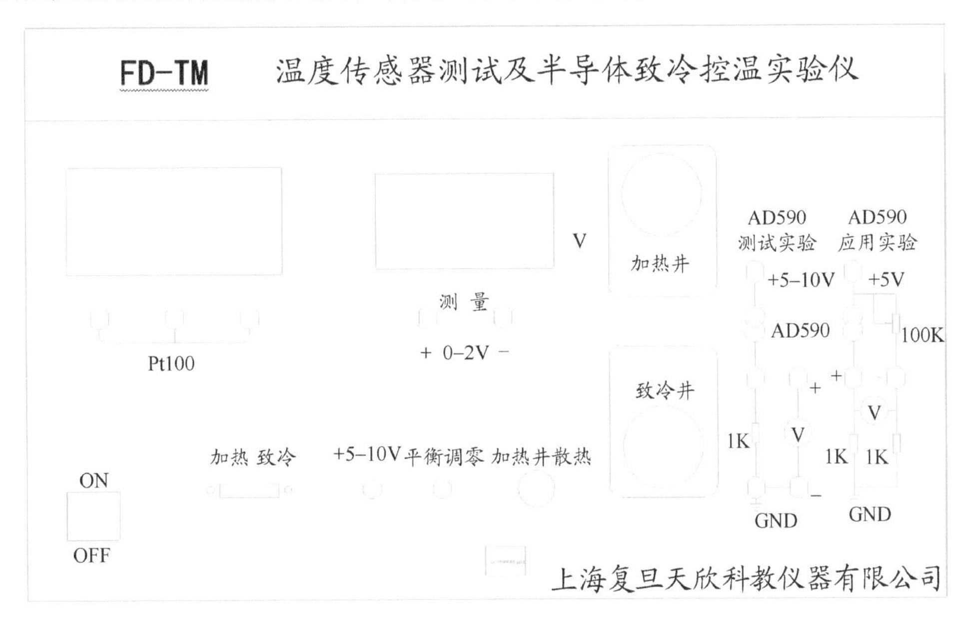

图3-19 温度传感器测试及半导体致冷控温实验仪的面板示意图

四、实验原理

1. 温度传感器 AD590 原理

温度传感器 AD590 原理图如图 3-20 所示，AD590 是将 PN 结与处理电路利用集成化工艺制作在同一芯片上的温度传感器，它具有精度高、动态电阻大、响应速度快、线性好、使用方便等特点。芯片中，R_1、R_2是采用激光校正的电阻。在 298.15K(25℃)下，输出电流为 298.15 μA。VT_8和 VT_{11}会产生与热力学温度(K)成正比的电压信号，再通过 R_5、R_6把电压信号转换成电流信号，为了保证良好的温度特性，R_5、R_6是采用激光校准的 SiCr 薄膜电阻，其温度系数低至$(-50 \sim -30) \times 10^{-6}$/℃。$VT_{10}$的 C 极电流随 VT_9和 VT_{11}的 C 极电流的变化而变化，使总电流达到额定值。R_5、R_6同样在 298.15K(25℃)的标准温度下校正。AD590 等效于一个高阻抗的恒流源，其输出阻抗大于 10Ω，能大大减小因电源电压变动而产生的测温误差。

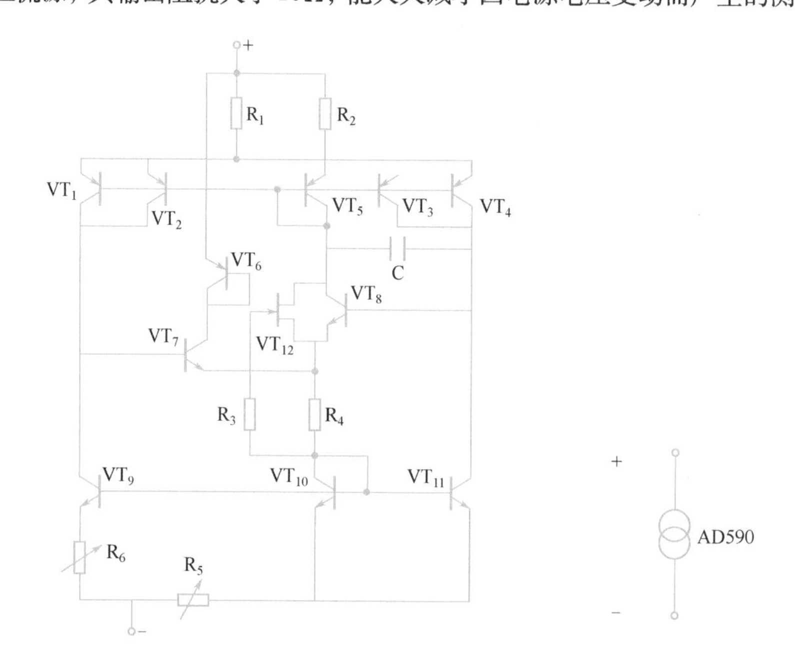

图 3-20 温度传感器 AD590 原理图

AD590 的工作电压为 4 ~ 30V，测温范围是 −55 ~ +150℃。对应于热力学温度 T，每变化 1K，输出电流变化 1μA。其输出电流 I_o(μA)与热力学温度 T(K)严格成正比。电流温度系数 K_I的表达式为

$$K_I = \frac{I_o}{T} = \frac{3k}{qR}\ln 8 \tag{3-28}$$

式中，k，q 分别为玻尔兹曼常数和电子电量；R 为内部集成的电阻值。ln8 表示内部 VT_9与 VT_{11}的发射极面积之比 $\delta = S_9/S_{11} = 8$ 取自然对数值。将 $k/q \approx 0.0862\text{mV/K}$，$R = 538\Omega$ 代入上式，得

$$K_I = \frac{I_o}{T} \approx 1.000\mu\text{A/K} \tag{3-29}$$

因此，输出电流 I_o的数值就代表被测温度的热力学温度值。AD590 的电流-温度(I_o-T)特性曲线如图 3-21 所示。

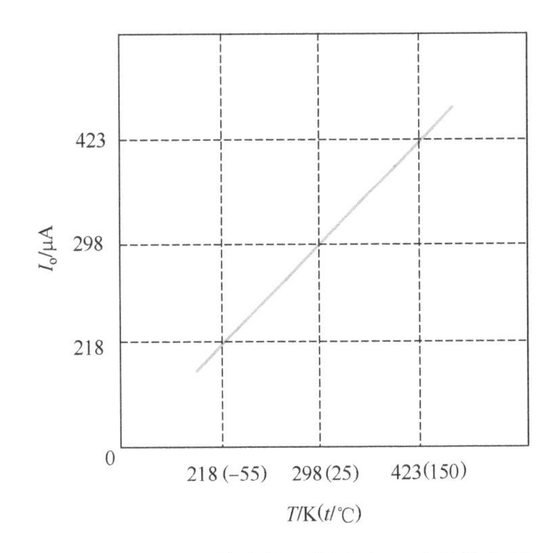

图 3-21 AD590 的电流－温度(I_o-T)特性曲线

AD590 的准确度与其级别有关，经激光调整后其准确度 ≤ ±0.5℃，线性极好。利用 AD590 的电流-温度特性，在最简单的应用中，用一个电源、一个电阻、一个电压表即可完成温度的测量。由于 AD590 以热力学温度(K)定标，实际应用中，应该进行与摄氏温度(℃)的转换。实际应用中，为了与显示温度的仪表一致(如电压表)，必须进行技术调零处理(0℃时其输出电流为 273.15μA，需进行技术调零处理，使其输出为 0V)。

2. TCF-708 智能控温仪原理及应用

TCF-708 智能控温仪是一种高精度的单片 PC 控温仪表，该仪表的 PID(比例、积分、微分)自适应整定功能使仪表能适应不同的加热、制冷系统和不同的工作环境，使控温精度保证达到 0.5% ±1 字或 0.2% ±1 字(两挡)，对于要求超高精度的控制显然是不够的。合理的操作控制能使仪表在全量程范围内达到更高的控温精度(如在 -20 ~ +120℃范围内达到 ± 0.1℃)。

我们知道控温系统的 PID 参数调节是控温精度的关键，一个专业人员调节一个加热、制冷系统的 PID 参数也得花费大量的时间，PID 参数如果失调是达不到满意的控温精度的。TCF-708 智能控温仪就是把专家对系统调节的经验参数存入仪表内存，仪表根据加热、制冷系统及环境进行 PID 自适应整定，经仪表的 PID 自适应整定后，在整定点的控温精度可达 ±0.1℃。即使这样，对于全温度范围，仪表仍无法达到 ±0.1℃的控温精度，如在 0 ~ 100℃的温度范围内，PID 自整定点选为 50℃，仪表的全温度范围控温误差如图 3-22 所示。

在图 3-22 中可见一个加热、制冷系统若在 0 ~ 100℃温度范围内选择 50℃时自整定，则在 40 ~ 60℃时尚能达到 ±0.1℃的控温精度。低于 40℃时，控温出现过冲，若高于 60℃，则出现滞后。但由于该仪表除了 PID 自适应整定，还有一个功能——可设定保温功率与加热功率之比(UU，用%表示)，范围为 1% ~ 100%。这样在改变温度设定点时，根据上述的“过冲”及“滞后”合理调节 UU 的值，就能使仪表在全温度范围内控温精度达到满意的 ±0.1℃。

如加热系统全温度范围为 30 ~ 120℃，选择 60℃进行自适应整定，UU 初始值为 30%，在 <60℃时，UU 逐渐从 30% ~5% 下调。在≥60℃时，UU 则逐渐从 30% 上调(均需看系统实际控温偏差大小决定)，经过 UU 值对每个设定点微调，系统在全温度范围内可达到满意的控温效果(±0.1℃)。实际控温效果及测试记录表如表 3-12 所示。

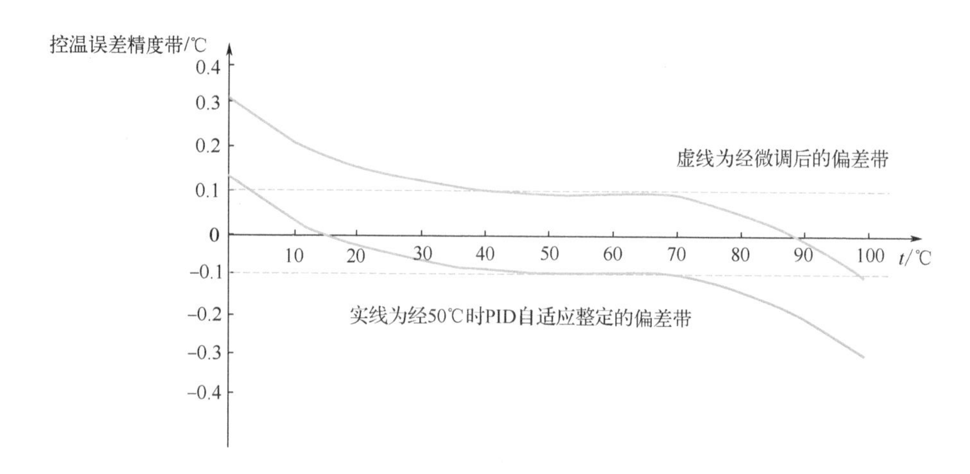

图 3-22 仪表的全温度范围控温误差图

表 3-12 实际控温效果及测试记录表

实际控温效果及测试记录		
定标(Pt100)		UU/%
t/℃	不确定度/℃	
110	±0.1	37
105	±0.1	36
100	±0.1	35
95	±0.1	34
90	±0.1	33
85	±0.1	33
80	±0.1	32
75	±0.1	31
70	±0.1	31
65	±0.1	31
60	±0.1	30
55	±0.1	30
50	±0.1	29
45	±0.1	28
40	±0.1	28
35	±0.1	27
30	±0.1	26

3. 半导体制冷堆原理

把一个N型半导体和P型半导体用金属片焊接成一个电偶，当直流电流从N极流向P极时一端产生吸热现象(此端称为冷端)，另一端产生放热现象(此端称为热端)。由于一个电偶产生的热效应较小，因此会将几十个、上百个电偶连成一个热电堆(半导体制冷堆)，所以半导体制冷堆从吸热到放热是由载流子(电子和空穴)流过结点，由势能的变化引起能量传递的，半导体制冷堆原理图如图 3-23 所示，这就是半导体制冷的本质，即佩尔捷效应。

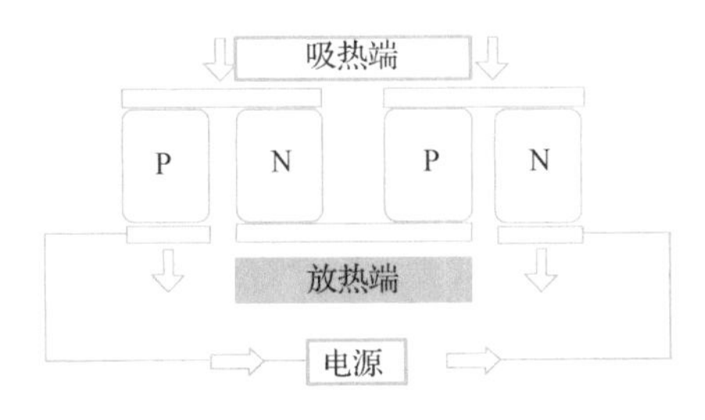

图 3-23 半导体制冷堆原理图

五、实验内容

(1)测试 AD590 输出电流与温度变化的关系，其电路图如图 3-24 所示，并求出灵敏度、斜率及相关系数。

① 按实验电路图接线，将控温传感器 Pt100 和温度传感器 AD590 分别插入加热井。

② 在加热状态下进行 PID 自适应整定。将仪器温度设置为比环境温度至少高 20℃ 的温度进行 PID 自适应整定，并将自适应整定开关设置为开启状态。按"加热"按钮，开始 PID 自适应整定。

③ PID 自适应整定结束后，将温度设置从环境温度起加热，每隔 10℃ 设置一次，每次待温度稳定 2 分钟后，记录输出电压 V_o，直到 100℃ 为止，将数据填入表 3-13。在任意温度下调节工作电压"+5—10V"，观察输出电压 V_o是否变化。

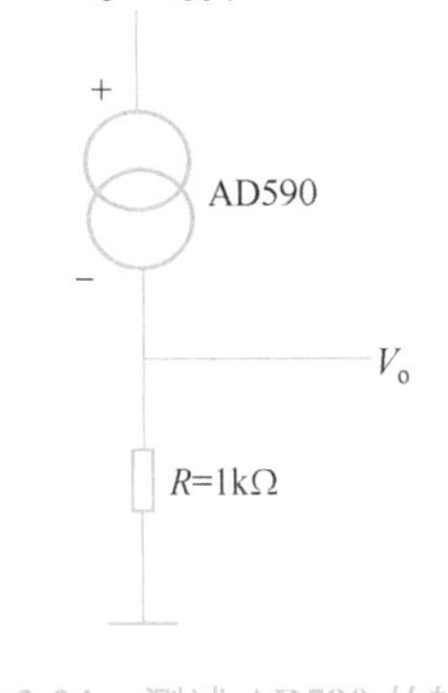

图 3-24 测试 AD590 的输出电流与温度变化的电路图

④ 加热实验结束后，将仪器调节成制冷模式，才可进行制冷实验。调节方法：按 TCF-708 智能控温仪说明书的操作流程图进入第三设定区，连续按"SET"键(每次 0.5 秒)至主控输出方式(cd)，按上、下三角键设置所需输出方式。加热时，请调节至"01"即固态继电器输出，正向控制；制冷时，请调节至"11"即固态继电器输出，反向控制。

⑤ 在制冷状态下进行 PID 自适应整定。将仪器温度设置为比环境温度至少低 15℃ 的温度进行 PID 自适应整定，并将自适应整定开关设置为开启状态。按"致冷"按钮，开始 PID 自适应整定。

⑥ PID 自适应整定结束后，将温度设置从环境温度起制冷，每隔 5℃ 设置一次，每次待温度稳定 2 分钟后，记录输出电压 V_o，一直到 −15℃ 为止，将数据填入表 3-13。在任意温度下调节工作电压"+5—10V"，观察输出电压 V_o是否有变化。

由于控温系统 PID 自适应整定只对一个系统自适应调节有效，加热、制冷是两个系统要分别调节，自适应调节要 30～40 分钟，故实验过程可任选用加热实验(室温～100℃)或制冷实验(−15℃～室温)。

(2)测试 AD590 在实际温度测量中的应用特性，掌握 AD590 在摄氏温度中应用的技术调零。

实验电路连接图如图 3-25 所示，按实验电路图接线，调节"平衡调零"旋钮，使电桥的输出电压在 0℃ 时为零，此时 AD590 是一个电子温度计，电压表示数的后三位就是测量物体的温度，任意测量一温度，观察温度值是否与电压表示数的后三位一致。

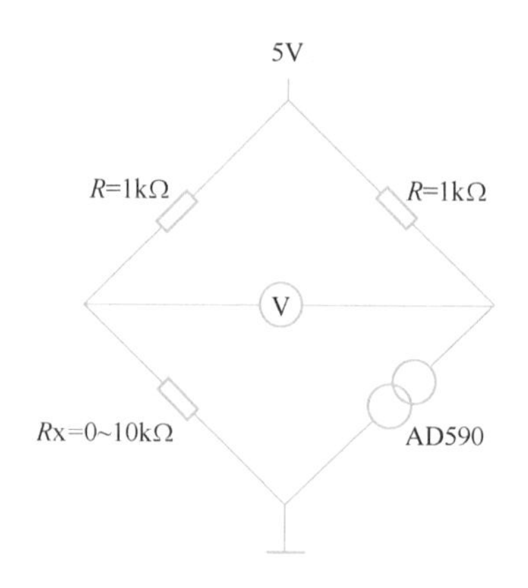

图 3-25 实验电路连接图

六、数据记录与处理

表 3-13 AD590 输出电流与温度 t(℃)的关系($R=1\text{k}\Omega$)

t/℃	-15.0	-10.0	-5.0	0.0	10.0	20.0	30.0
$I_o=V_o/R$(μA)							
t/℃	40.0	50.0	60.0	70.0	80.0	90.0	100.0
$I_o=V_o/R$(μA)							

作 I_o-t 关系曲线，用最小二乘法进行直线拟合得 $K_I=$ ________A/K。

七、分析与思考

1. 实验中，如何提高温度控制的精度？
2. 加热和制冷共用一个控温系统，如何调整控温参数才能达到实验要求？

第四章 光学实验

实验十三　分光计测量三棱镜的折射率

一、实验背景及应用

分光计是一种精确测量角度的光学仪器，在光学实验中常用来测量光线的方向及夹角。某些物理量如折射率、光栅常量、色散率等往往可以通过测量与之有关的角度来确定，所以分光计在光学领域中的应用十分广泛。

二、实验目的

1. 了解分光计的结构。
2. 能够熟练调整分光计。
3. 学会用分光计测量三棱镜的折射率。

三、实验仪器

实验装置如图 4-1 所示，本实验使用的主要仪器有分光计、钠光灯、双面镜、三棱镜等。分光计主要由望远镜、平行光管、载物台和读数装置 4 部分组成。除平行光管被固定在支架上外，其余 3 部分都可以围绕着仪器的中心轴转动。下面分别介绍分光计各部分的功能和使用方法。

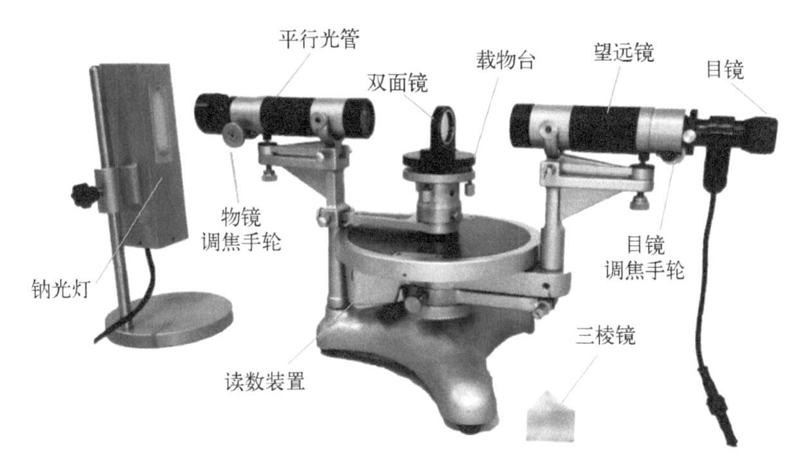

图 4-1　实验装置

1. 望远镜

分光计采用的望远镜是自准直望远镜，由目镜、小棱镜、分划板和物镜等组成。望远镜剖面示意图如图4-2所示。其中，分划板是镜筒内的一块透明薄片，通常刻有三横一竖共4条刻度线。分划板下方与一块45°全反射的小棱镜的直角面紧贴在一起，该直角面上有一个十字形透光孔。小棱镜的另一个直角面下方装有小灯泡，小灯泡发出的光经小棱镜反射，方向改变90°，从十字形透光孔射出。当分划板在物镜的焦平面上时，十字形透光孔射出的光经物镜成为平行光。若用一面垂直于望远镜光轴的反射镜将此光反射回来，则成像在分划板上方的十字叉丝上。在实验中，望远镜一般与刻度盘固定在一起绕分光计的中心轴转动。

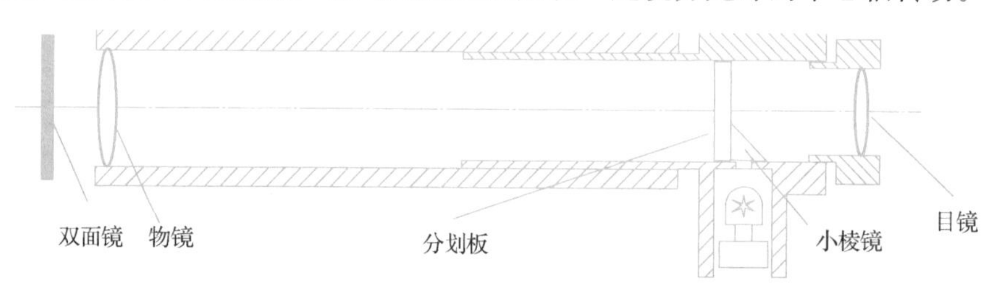

图4-2 望远镜剖面示意图

2. 平行光管

平行光管被固定在分光计的支架上，由透镜、狭缝、狭缝宽度调节螺栓、游标盘锁紧螺栓、物镜调焦手轮、平行调节螺栓和倾角调节螺栓组成，如图4-3所示。调节物镜调焦手轮至狭缝刚好处于物镜的焦平面时，此时平行光管发射出的就是平行光，可观察到清晰的狭缝像。进行倾角调节的目的是使平行光管的光轴和仪器的中心轴垂直，进行平行调节的目的是使平行光管的光轴与望远镜的光轴在同一条直线上。狭缝的宽度是否恰当及狭缝成像是否清晰将直接影响测量的准确度。

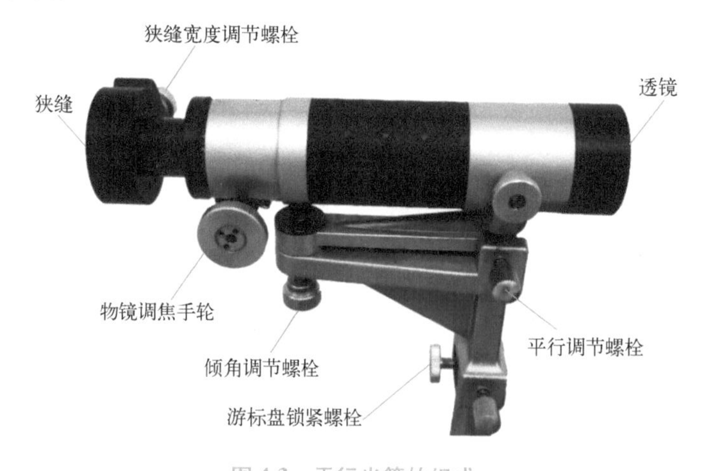

图4-3 平行光管的组成

3. 载物台

载物台用来放置待测件，配有3个用于调节台面倾斜度的螺栓，载物台可以绕分光计中心轴转动或升降。在本实验中，将载物台设置为可绕分光计中心轴自由转动。

4. 读数装置

读数装置由刻度盘与游标盘组成，分度值为1′。刻度盘分为360°，最小刻度为0.5°，若读数小于0.5°则利用游标盘读数。分光计上的游标盘为角游标，其原理和读数方法与游标卡尺类似。读数示例如图4-4所示，图4-4(a)中的读数为122°12′，图4-4(b)中的读数为122°42′。为了消除刻度盘与分光计中心轴之间的偏心差，在刻度盘内同一直径的两端各装一个游标盘。测量时，先对两个游标盘读数，然后算出每个游标盘始、末两次读数之差，再取平均值，这个平均值就是望远镜转过的角度。

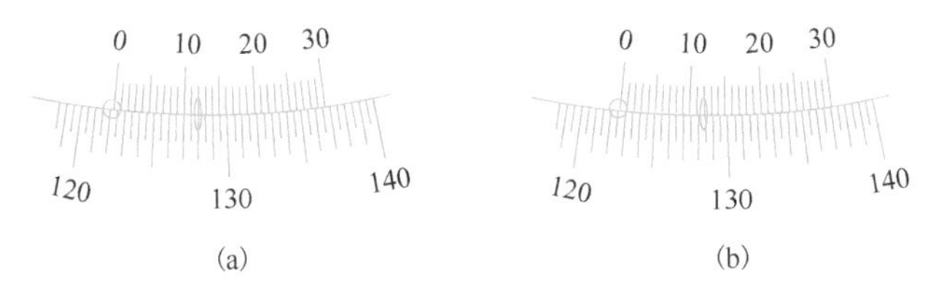

图4-4　读数示例

四、实验原理

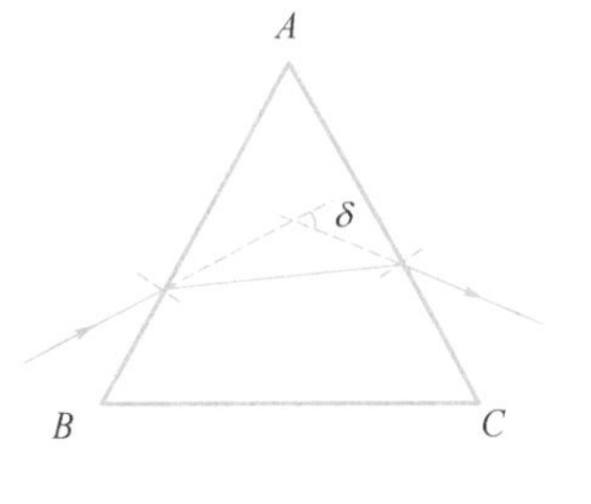

图4-5　三棱镜的折射光路图

三棱镜的折射光路图如图4-5所示，三角形*ABC*表示三棱镜的横截平面，*AB*、*AC*为光学平面，*BC*为底面，两个光学平面的夹角*A*称为三棱镜的顶角。入射光线经三棱镜两次折射后，从面*AC*射出，入射光线与出射光线形成的角δ称为偏向角。可以证明，当入射光线和出射光线关于三棱镜左右对称时，偏向角达到最小值，这时的偏向角称为最小偏向角，用$\delta_{\min}$表示。三棱镜的折射率n与三棱镜顶角A、最小偏向角$\delta_{\min}$的关系为

$$n=\frac{\sin\frac{A+\delta_{\min}}{2}}{\sin\frac{A}{2}} \tag{4-1}$$

五、实验内容

1. 调整分光计

调整分光计的目的最主要是使望远镜的光轴与分光计中心轴垂直，载物台与分光计中心轴垂直，平行光管的光轴与分光计中心轴垂直，即3个垂直，这也是用分光计测量角度的必要条件。

1）自准直法

自准直法是指用自带的光源对自身的光轴实现校准的方法，如图4-6所示。如果从望远镜分划板中被照亮的十字形透光孔发射出的光经双面镜反射回来能够成像在它关于望远镜光轴的对称点上，那么用几何方法很容易证明此时光轴一定垂直于双面镜的反射面。

若分划板的刻线不清晰，则需要调节望远镜目镜的焦距；若反射回来的十字像不清晰，则需要调节望远镜物镜的焦距。调好之后，在接下来的实验测量过程中这两个焦距勿再调节。

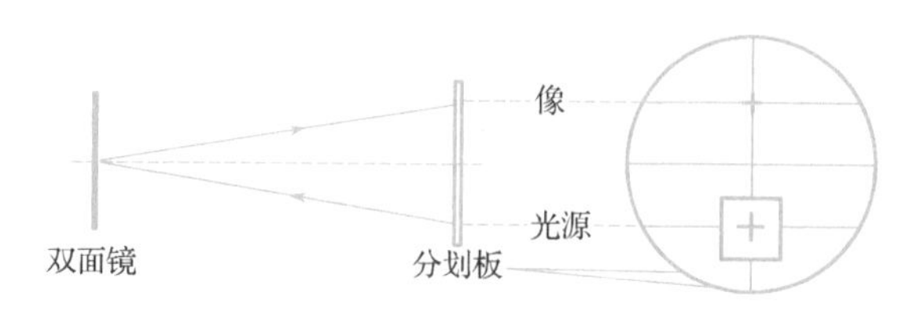

图 4-6 自准直法示意图

2）目测粗调

目测粗调就是用目测法使分光计基本满足上述 3 个垂直的条件，如图 4-7 所示。

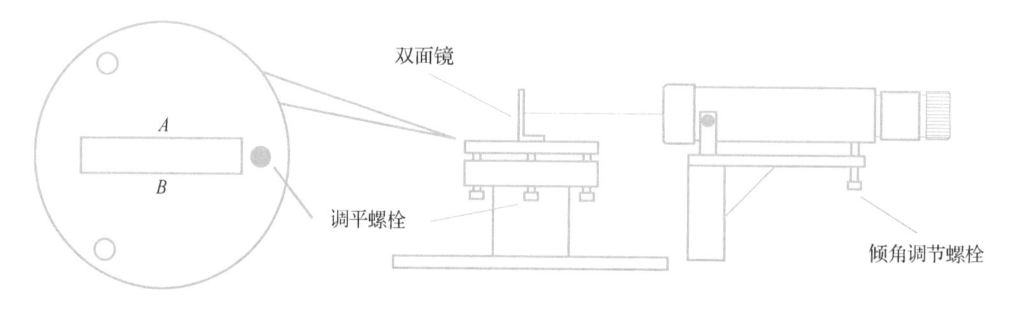

图 4-7 粗调示意图

（1）调节望远镜倾角直到目测望远镜光轴达到水平。

（2）拧动载物台紧固螺栓，使载物台可以自由转动，调节载物台调平螺栓使载物台在快速转动过程中台面无扭动现象。

（3）将双面镜放在载物台上，注意摆放时让某一个调平螺栓与双面镜共面，另外两个调平螺栓在双面镜的两侧，如图 4-7 所示，这样放置的好处是当需要调整双面镜的倾角时，只需要调整双面镜两侧的任何一个螺栓即可。双面镜有 *A*、*B* 两个反射面，转动载物台分别找到 *A*、*B* 两个反射面反射的十字像，这是分光计调整的关键。当分别观察 *A*、*B* 两个反射面反射的十字像时，不仅要把双面镜转动 180°，还要把载物台和双面镜整体转动 180°。

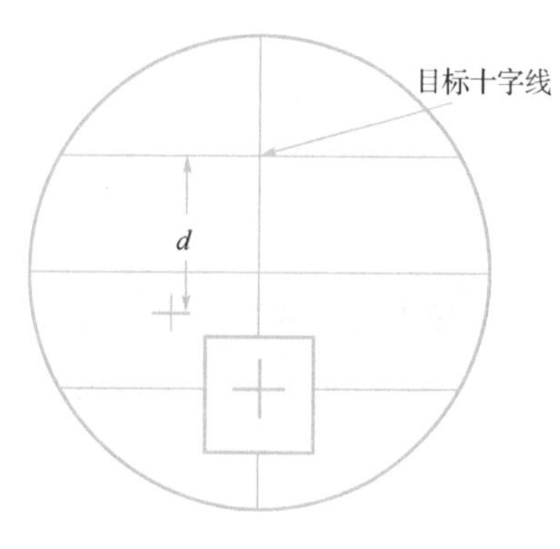

图 4-8 粗调典型图像

3）各半调节

经过粗调，在望远镜里观察到的典型图像如图 4-8 所示，反射的十字像与目标十字线不重合。此时切记不可盲目乱调，否则可能要从头再来。正确的方法是先调节望远镜的倾斜度，使十字像与目标十字线距离缩小一半，再调节双面镜某一侧的载物台调平螺栓，使十字像的高度与目标十字线相同。如果此时十字像在水平方向上没有与目标十字线重合，那么可以转动载物台或望远镜使二者重合。最后把载物台和双面镜整体转动 180°，用同样的调节方法使双面镜的另一面反射的十字像与目标十字线重合。如此反复调节数次，使得两个反射面反射的十字像一步一步地向目标十字线靠近，直至整体转动载物台时从两个反射面反射回来的十字像都与目标十字线重合。

4）调节平行光管

从侧面通过目测粗调把平行光管光轴大致调节到与望远镜光轴平行。接通钠光灯的电源，使之充分照亮平行光管的狭缝，从望远镜中观察狭缝的像。先调节平行光管的物镜调焦手轮，直到看见清晰的狭缝像为止，然后调节狭缝宽度调节螺栓使夹缝既窄又亮。此时，从平行光管发出的光是平行光。

松动狭缝紧固螺丝，将狭缝旋转到水平位置，狭缝像如图 4-9(a)所示。调节平行光管的倾斜度，使狭缝的像位于望远镜分划板的中线上，狭缝像如图 4-9(b)所示。将狭缝旋转到竖直位置，狭缝像如图 4-9(c)所示。

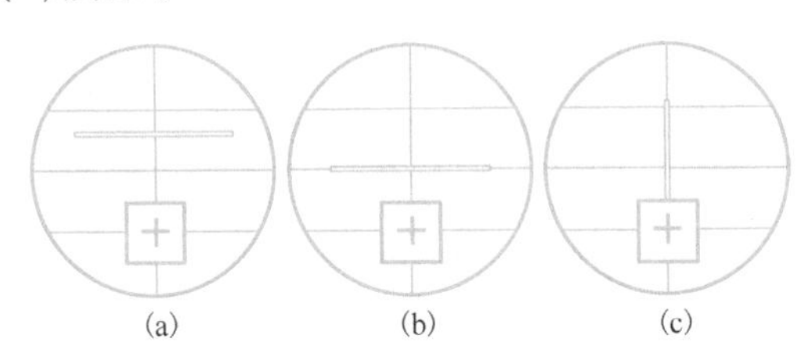

图 4-9 狭缝像

5)调节载物台

经过目测粗调后，载物台与分光计中心轴会基本垂直，但在前面的各半调节过程中，载物台与分光计中心轴的垂直关系可能会遭到破坏，所以还需要再次进行目测粗调，即通过调节载物台调平螺栓使载物台在快速转动过程中台面无扭动现象。更严格的调节方法是借助三棱镜和望远镜用自准直法调节载物台，使之与分光计中心轴垂直，这里不做要求。

2. 用反射法测三棱镜的顶角

(1)使三棱镜顶角 A 对准平行光管，如图 4-10 所示。

(2)转动望远镜到位置Ⅰ，使狭缝像与分划板竖线重合，记下左、右游标盘读数 θ_1、θ_1'并填入表 4-1。

(3)转动望远镜到位置Ⅱ，使狭缝像与分划板竖线重合，记下左、右游标盘读数 θ_2、θ_2'并填入表 4-1。

3. 测量最小偏向角

(1)按图 4-11 放置三棱镜，使光学平面 AC 与平行光管光轴的夹角 α 大约为 30°。

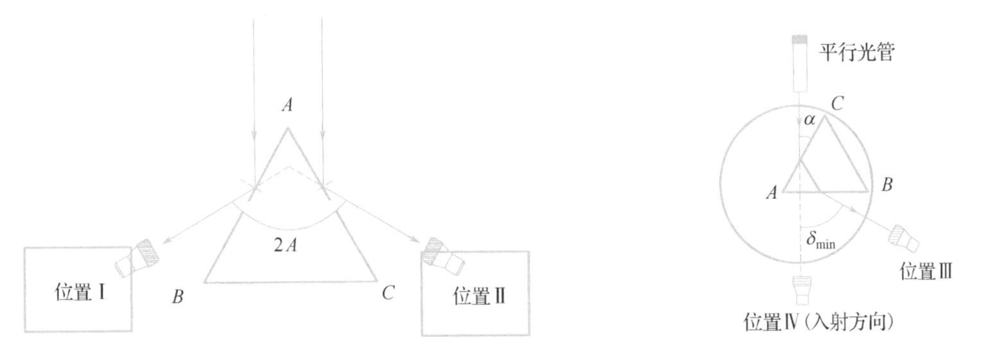

图 4-10 测量顶角示意图

图 4-11 测量最小偏向角示意图

(2)先转动望远镜，对准狭缝的像，再转动载物台，使狭缝的像向入射光方向靠近，即偏向角减小，当载物台转到某一位置时，偏向角最小。若继续转动载物台，狭缝像将反向移动，偏向角将变大。

(3)当偏向角最小时，转动望远镜到位置Ⅲ，使分划板竖直线与狭缝像重合，记下左、右游标盘读数 θ_3、θ_3' 并填入表4-2。

(4)取下三棱镜，转动望远镜到位置Ⅳ，使分划板竖直线与狭缝像重合，记下左、右游标盘读数 θ_4、θ_4' 并填入表4-2。

六、数据记录与处理

1. 数据记录

表4-1 顶角测量数据记录表

望远镜位置	Ⅰ		Ⅱ	
游标盘	左游标盘 θ_1	右游标盘 θ_1'	左游标盘 θ_2	右游标盘 θ_2'
读数				

表4-2 最小偏向角测量数据记录表

望远镜位置	Ⅲ		Ⅳ	
游标盘	左游标盘 θ_3	右游标盘 θ_3'	左游标盘 θ_4	右游标盘 θ_4'
读数				

2. 数据处理

1)计算顶角

用反射法测量顶角时，由下式进行计算：

$$A = \frac{1}{4}(|\theta_1 - \theta_2| + |\theta'_1 - \theta'_2|) \tag{4-2}$$

2)计算最小偏向角

按下式计算最小偏向角：

$$\delta_{\min} = \frac{1}{2}(|\theta_3 - \theta_4| + |\theta'_3 - \theta'_4|) \tag{4-3}$$

3)计算折射率 n、不确定度 $u(n)$ 和相对不确定度 E_r

(1)折射率 n：

$$n = \frac{\sin\frac{A + \delta_{\min}}{2}}{\sin\frac{A}{2}}$$

(2)不确定度 $u(n)$：

$$u(n) = \sqrt{\left(\frac{\sin(\delta_{\min}/2)}{2\sin^2(A/2)}\right)^2 u(A)^2 + \left(\frac{\cos[(\delta_{\min} + A)/2]}{2\sin(A/2)}\right)^2 u(\delta_{\min})^2}$$

$$= \sqrt{\left(\frac{\sin(\delta_{\min}/2)}{2\sin^2(A/2)}\right)^2 (\Delta\theta)^2 + \left(\frac{\cos[(\delta_{\min} + A)/2]}{2\sin(A/2)}\right)^2 \left(\frac{1}{2}\Delta\theta\right)^2}$$

注意：角度的不确定度应以弧度为单位，分光计的仪器误差 $\Delta\theta = 1'$ 应换算为弧度。

(3)计算相对不确定度 E_r：

$$E_r = \frac{u(n)}{n} \times 100\%$$

七、分析与思考

1. 在调整望远镜时，若平面镜反射的十字像在十字叉丝上方，在平面镜旋转180°后，十字像在十字叉丝下方，主要原因是什么？如何迅速进行调整？

2. 在调整望远镜时，若观察到十字像在十字叉丝上方，平面镜转过180°后，十字像仍在十字叉丝的上方，主要原因是什么？如何迅速进行调整？

3. 怎样快速调节才能使平面镜前后两面反射回来的十字像都在望远镜的视野中？

实验十四 衍射光栅

一、实验背景及应用

衍射光栅是利用多缝衍射原理使光波发生色散的光学元件，由大量相互平行的、等宽的、等间距的狭缝或刻痕组成，具有较大的色散率和较高的分辨本领，不仅能分析可见光的成分，还能分析红外线和紫外线。早期，光栅主要用于光谱分析，是分析物质成分、探索宇宙奥秘、开发大自然必需的光学元件，极大地推动了物理学、天文学、化学、生物学等学科的发展。随着科学技术的发展，每厘米有上万条刻痕的光栅已被制造出来，其应用早已不局限于光谱学领域，在计量学、集成光学、光通信、原子能等方面也被广泛应用。按照光栅分光原理，可以将光栅分为透射式光栅和反射式光栅，本实验用到的是透射式光栅。

二、实验目的

1. 进一步熟悉分光计的调节和使用。
2. 观察光栅的衍射现象及特点。
3. 学会利用光栅衍射测量光栅常量和入射光波长。

三、实验仪器

本实验用到的仪器有分光计、汞灯、双面镜、光栅等，实验装置类似于图4-1。

四、实验原理

光栅实际上是一排密集均匀且平行的狭缝。若用单色平行光垂直照射在光栅上，则透过各个狭缝的光线因衍射将向各个方向传播，经透镜汇聚后互相干涉，并在透镜焦平面上形成一系列间距不同的衍射明条纹。本实验中用的是每毫米有300条或600条狭缝的透射式光栅。

由光栅衍射理论，衍射光谱中主极大的位置由下式决定：

$$d\sin\varphi_k = \pm k\lambda \quad k = 0, 1, 2, \cdots \tag{4-4}$$

式中，d 为光栅常量；λ 为入射光波长；k 为主极大的级数，φ_k 为第 k 级主极大的衍射角。光栅衍射光谱示意图如图4-12所示。本实验主要观察 $k=\pm1$ 级的主极大。

若入射光是复色光，则由式(4-4)可以看出，光的波长不同其衍射角也不相同，因此复色光将被分开，而在 $\varphi_k=0$ 的中央明纹处，各色光仍重叠在一起。在中央明纹两侧对称地分布着 $k=\pm1$，±2，±3，…级主极大，各主极大按照波长大小的顺序排列成一组彩色条纹，称为光谱。

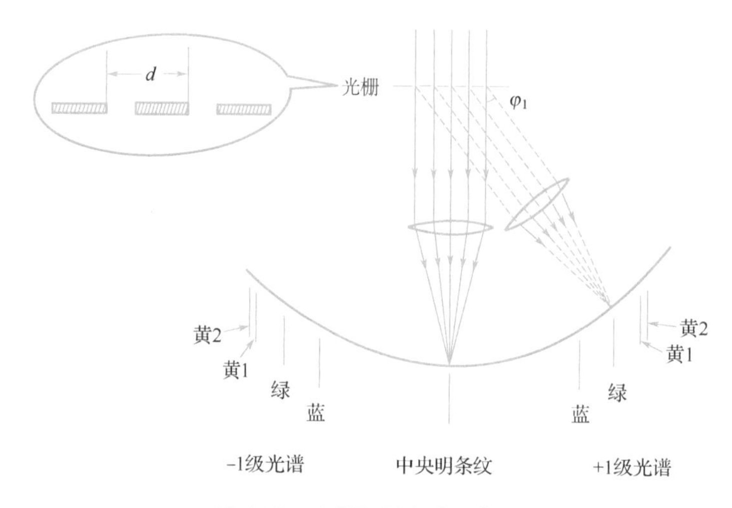

图 4-12 光栅衍射光谱示意图

根据以上讨论，我们用分光计测得 k 级光谱线的衍射角 φ_k，若给定入射光的波长 λ，则可以用式(4-4)求出光栅常量 d；反之，若已知光栅常量 d，则可以求出入射光的波长 λ。

五、实验内容

1. 调整分光计

分光计调整方法见实验十三，调节后的分光计应满足以下条件。

(1)望远镜的光轴、载物台、平行光管的光轴都与分光计中心轴垂直，即 3 个垂直。

(2)平行光管能发出平行光，且其光轴垂直于分光计中心轴并与望远镜光轴等高。

(3)在望远镜中可以清晰地看到分划板刻度线和反射回来的十字像。拿掉双面镜，可以清晰地看到狭缝的像。

2. 调整光栅

与放置双面镜类似，把光栅放在载物台上，让某一个载物台调平螺栓与光栅共面，另外两个调平螺栓在光栅两侧。左右转动望远镜，观察衍射光谱线的分布情况，中央呈白色明纹，两侧对称地排列着 −1 级和 +1 级的谱线(见图 4-12)。若左右谱线的高低差别较大，则说明光栅上的狭缝与平行光管的狭缝不平行，此时调节与光栅共面的载物台调平螺栓，直到 −1 级和 +1 级的谱线高度相同。

3. 测量 ±1 级谱线的衍射角

由于光谱是关于中央明条纹对称的，先测出 −1 级谱线对应的两游标盘读数 θ_1 和 θ_1'，再测出 +1 级光谱线对应两游标盘读数 θ_2 和 θ_2'，则有

$$\varphi_k = \frac{1}{4}(|\theta_1 - \theta_2| + |\theta'_1 - \theta'_2|) \tag{4-5}$$

按照上述方法，依次记下 ±1 级谱线中蓝、绿、黄 1、黄 2 四条谱线对应的两游标盘读数，填入表 4-3。

4. 注意事项

(1)光栅是精密光学元件，严禁用手触摸光学平面，不得擦拭其表面，以免弄脏或损坏光栅。注意光栅要轻拿轻放，不要放在实验台边缘，防止跌落摔坏。

(2)汞灯紫外线很强，不可拿掉遮光罩直视，以免灼伤眼睛。

(3)汞灯在关闭后不能立即打开，一般等约 10 分钟，待灯管冷却后才能重新开启，否则容易损坏汞灯。

六、数据记录与处理

1. 数据记录

表 4-3 光栅实验数据记录表

望远镜位置	−1 级		+1 级	
游标盘	左游标盘 θ_1	右游标盘 θ_1'	左游标盘 θ_2	右游标盘 θ_2'
蓝				
绿				
黄 1				
黄 2				

2. 数据处理

(1)已知绿光谱线的波长 $\lambda_{绿}=546.07\text{nm}$，求光栅常量 d。

(2)利用已测出的光栅常量，求 $\lambda_{蓝}$，$\lambda_{黄1}$，$\lambda_{黄2}$。

(3)已知蓝、黄 1、黄 2 谱线波长的公认值分别为 435.83nm、576.96nm、579.07nm，求测量值与公认值的相对误差。

七、分析与思考

1. 入射平行光经光栅分光后左右谱线高度不一致是什么原因造成的？如何调整？

2. 光栅衍射光谱与棱镜光谱有哪些不同之处？对于汞灯光源，上述两种光谱中的哪种颜色光的偏向角最大？

实验十五 等厚干涉

一、实验背景及应用

光的干涉是重要的光学现象之一，为光的波动性提供了重要的实验依据。两束光的相干条件为频率相同、振动方向相同和相位差恒定，所以在一般情况下两束光是不相干的。为保证相干条件，常用的办法是利用光学元件将同一波列分解为两个波列，使它们经过不同的传播路径后重新相遇，这样获得的两个波列是由同一波列分解而来的，所以它们满足相干条件，从而可以产生稳定的可观测的干涉场。分解波列的方法有两种：分波前法和分振幅法，光的等厚干涉是基于分振幅法产生的干涉现象。光的等厚干涉在现代精密测量技术中有很多重要应用，是高精度光学表面加工中检验光洁度和平直度的主要手段，可以精确测量薄膜的厚度和微小角度、测量曲面的曲率半径、测量样品的膨胀系数，等等。

二、实验目的

1. 观察等厚干涉现象，加深对等厚干涉的认识。

2. 掌握测量平凸透镜曲率半径和微小厚度的方法。
3. 熟悉读数显微镜的使用方法。

三、实验仪器

本实验的主要仪器有读数显微镜、钠光灯($\lambda = 589.3\text{nm}$)、牛顿环装置等，如图4-13所示。读数显微镜由显微镜和读数装置组成，其中显微镜由目镜、分划板、物镜和载物台组成。调节目镜可使具有不同视力的观察者都能看清分划板上的十字叉丝。调节物镜可使被测物在分划板上的成像清晰。读数装置由主尺和测微鼓轮组成，其中主尺的分度值为1mm，测微鼓轮的分度值为0.01mm，可估读到0.001mm，如图4-14所示的读数为15.506mm。

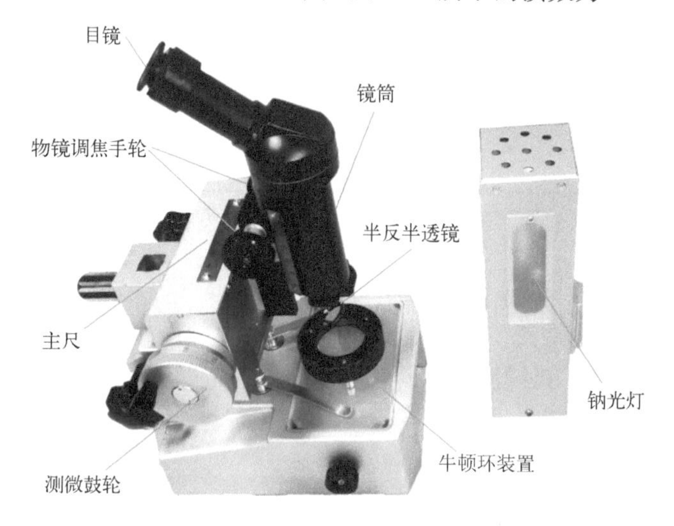

图4-13 等厚干涉装置图

图4-14 读数显微镜读数示例

四、实验原理

当一束单色光入射到透明薄膜上时，通过薄膜上、下表面依次反射产生两束相干光，如果这两束反射光相遇时的光程差仅取决于薄膜厚度，那么同一级干涉条纹对应的薄膜厚度相等，这就是等厚干涉。牛顿环干涉和劈尖干涉都是典型的等厚干涉。

1. 牛顿环

将一块平凸透镜的凸面放在一块光学平板玻璃上，在它们之间形成以接触点 O 为中心向四周逐渐增厚的空气薄膜，与 O 点等距离处的空气薄膜厚度相同，装置示意图如图4-15(a)所示。当光垂直入射时，其中一部分光线在空气薄膜的上表面反射，一部分在空气薄膜的下表面反射，因此产生两束具有一定光程差的相干光，当它们相遇时会产生干涉现象。由于空气薄膜厚度相等处是以接触点为圆心的同心圆，因此以接触点为圆心的同一圆周上各点的光程差相等，故干涉条纹是一系列以接触点为圆心的明暗相间的同心圆，如图4-15(b)所示。这种干涉现象最早被牛顿发现，故称为牛顿环。

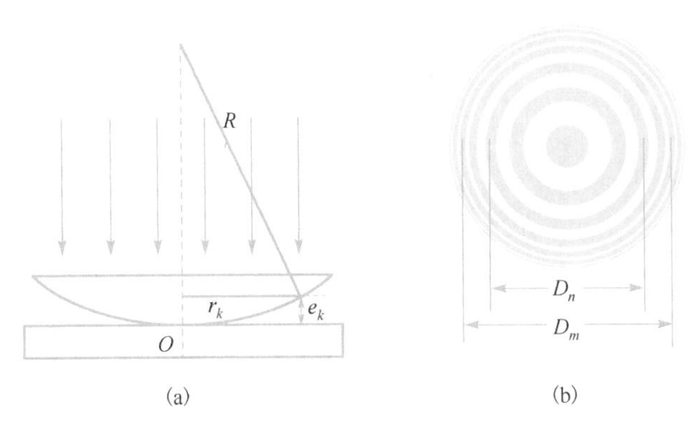

图4-15 牛顿环装置示意图及干涉条纹示意图

设入射光是波长为 λ 的单色光，第 k 级干涉环的半径为 r_k，该处空气薄膜厚度为 e_k，则空气薄膜上、下表面反射的两束光的光程差为

$$\delta_k = 2e_k + \frac{\lambda}{2} \tag{4-6}$$

式中，$\lambda/2$ 为半波损失引起的附加光程差。

由图4-15(a)可知，根据勾股定理有

$$R^2 = r_k^2 + (R - e_k)^2 \tag{4-7}$$

因为 $R >> e_k$，可略去上式展开后的二级小量 e_k^2，于是有

$$r_k^2 = 2Re_k \tag{4-8}$$

干涉加强和相消的条件为

$$\delta_k = 2e_k + \frac{\lambda}{2} = \begin{cases} 2k\dfrac{\lambda}{2} & k = 1, 2, 3, \cdots，明环 \\ (2k+1)\dfrac{\lambda}{2} & k = 0, 1, 2, \cdots，暗环 \end{cases} \tag{4-9}$$

由式(4-8)和式(4-9)，可得

$$r_k^2 = 2Re_k = kR\lambda \quad k = 0, 1, 2 \cdots，暗环 \tag{4-10}$$

由以上公式可见，r_k 与 e_k 成二次幂的关系，故牛顿环之间并不是等距的。为了避免背光因素干扰，一般选取暗环作为观测对象。根据式(4-10)中 k 的取值可以给暗环编号，从内到外依次为0，1，2，3，…。由于压力形变等原因，凸透镜与平板玻璃的接触不是一个理想的点而是一个圆面，因此0级暗环为一个暗斑，这会导致干涉环的半径无法被准确测量。为了消除上述影响，在实验中用测量暗环直径的方法来代替半径，由上可得

$$R = \frac{D_m^2 - D_n^2}{4(m-n)\lambda} \tag{4-11}$$

式中，D_m、D_n分别是第 m 级与第 n 级暗环的直径。由式(4-11)可计算出曲率半径 R。

2. 劈尖

将两块光学平玻璃板叠放在一起，若一端插入薄片，则在两玻璃板间形成空气劈尖。当

用单色光垂直照射劈尖时，在劈尖空气薄膜上、下表面反射的两束光发生干涉，形成一组平行的等间距的干涉条纹，如图 4-16 所示。

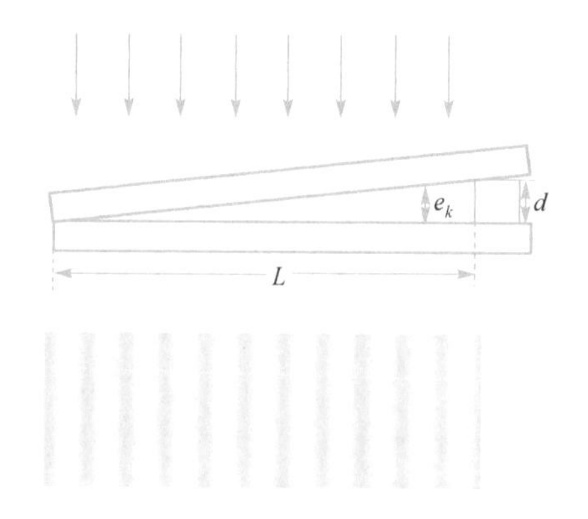

图4-16 劈尖装置示意图及干涉条纹示意图

两束相干光的光程差为

$$\delta_k = 2e_k + \frac{\lambda}{2} \tag{4-12}$$

形成暗条纹的条件是

$$\delta_k = 2e_k + \frac{\lambda}{2} = (2k+1)\frac{\lambda}{2} \quad k = 0, 1, 2, \cdots \tag{4-13}$$

当 $k=0$ 时，$e_k=0$，对应劈棱处的暗条纹，定义其为第 0 级暗条纹。若在待测薄片处出现的是第 N 级暗条纹，则薄片厚度为

$$d = N\frac{\lambda}{2} \tag{4-14}$$

在实际操作中由于 N 值较大且干涉条纹密集，因此 N 的值不易准确测量。可先测出 $\Delta N = 10$ 时的干涉条纹的距离 l，再测出劈棱到薄片内边缘处的距离 L，则干涉条纹的总数为

$$N = \Delta N \frac{L}{l} \tag{4-15}$$

由式(4-14)和式(4-15)可得薄片厚度为

$$d = \Delta N \frac{L}{l}\frac{\lambda}{2} \tag{4-16}$$

五、实验内容

1. 测量平凸透镜的曲率半径

(1)接通钠光灯的电源，使灯管预热，转动测微鼓轮使读数显微镜的镜筒位于主尺中点附近，将牛顿环装置放在读数显微镜载物台上的镜筒正下方。调节半反半透镜的角度约为 45°，使读数显微镜视场亮度最大。

(2)调节读数显微镜的目镜，使十字叉丝清晰。首先调节物镜调焦手轮，把镜筒调到最高位置，然后边观察边降低镜筒，直至在读数显微镜中观察到清晰的干涉圆环。适当调整牛顿环位置，使干涉条纹的中央暗区在读数显微镜十字叉丝的正下方。

(3)首先转动测微鼓轮，观察十字叉丝从中央缓慢向左移至第二十级暗环，当十字叉丝竖线与第二十级暗环相切时记录读数显微镜上的位置读数。然后反向转动测微鼓轮，使十字叉丝向右移动，依次记录各级暗环位置读数并填入表 4-4。

(4)继续转动测微鼓轮，十字叉丝将越过干涉圆环中心，记录十字叉丝竖线与右边各级暗环相切时的位置读数并填入表4-4。

2. 测量劈尖中薄片的厚度

(1)将劈尖装置放在读数显微镜的载物台上，调焦，使干涉条纹清晰。适当调整劈尖位置使干涉条纹与目镜中十字叉丝的竖线平行。

(2)首先转动测微鼓轮，使十字叉丝对齐劈尖中部任一暗条纹(第 n 级暗条纹)，作为起始位置，记录读数并填入表4-5。单向转动测微鼓轮，使十字叉丝对齐第 $n+10$ 级暗条纹，作为末位置，再次记录读数并填入表4-5，两次读数之差为 l。重复测量6次求平均值。

(3)测量劈棱到薄片边缘的距离 L，劈棱作为起始位置，记录读数并填入表4-5。然后单向转动测微鼓轮，使十字叉丝对齐薄片边缘作为末位置，再次记录读数并填入表4-5。重复测量6次求平均值。

3. 注意事项

(1)在测量时，为避免引进螺距差，读数显微镜的测微鼓轮应沿一个方向转动，中途不可倒转。

(2)在测量过程中，应保持桌面稳定，避免振动，不得用手触碰牛顿环装置，否则需要重测。

(3)不可频繁开关钠光灯。

六、数据记录与处理

1. 数据记录

表4-4 测量平凸透镜的曲率半径数据记录表

暗环序号		20	19	18	17	16	10	9	8	7	6
读数/mm	圆环中心左侧暗环										
	圆环中心右侧暗环										
直径 D/mm											
D^2/mm^2											
$(D_{k+10}^2-D_k^2)/\text{mm}^2$											
$\Delta(D_{k+10}^2-D_k^2)/\text{mm}^2$											
$\overline{D_{k+10}^2-D_k^2}/\text{mm}^2$											
$\overline{\Delta(D_{k+10}^2-D_k^2)}/\text{mm}^2$											

表4-5 测量劈尖中薄片的厚度数据记录表

次数		1	2	3	4	5	6
读数 l/mm	始						
	末						
l/mm							
$\overline{l}$/mm							
读数 L/mm	始						
	末						
L/mm							
$\overline{L}$/mm							

2. 数据处理

(1)计算平凸透镜的曲率半径 $\overline{R}$ 、不确定度 $u(R)$ 及相对不确定度 E_r。

$$\overline{R} = \frac{\overline{D_m^2 - D_n^2}}{4(m-n)\lambda}。$$

$$u(R) = \frac{1}{40\lambda}\sqrt{\frac{\sum_{k=6}^{10}[\Delta(D_{k+10}^2 - D_k^2)]^2}{5\times(5-1)}}。$$

$$E_r = \frac{u(R)}{} \times 100\%。$$

(2)计算薄片厚度 $\overline{d}$、不确定度 $u(d)$ 及相对不确定度 E_r。

$$d = \Delta N \frac{\overline{L}}{\overline{l}} \frac{\lambda}{2}。$$

$$u(d) = 5\lambda\sqrt{\left(\frac{1}{\overline{l}}\right)^2 u(L)^2 + \left(\frac{\overline{L}}{\overline{l}^2}\right)^2 u(l)^2}。$$

$$E_r = \frac{u(d)}{d} \times 100\%。$$

七、分析与思考

1. 在实验中，如果测量的不是直径而是弦，那么利用式(4-11)计算曲率半径 R 对计算结果有无影响？为什么？

2. 产生牛顿环的实验条件是什么？牛顿环有哪些特点？

实验十六 迈克耳孙干涉仪的调整与使用

一、实验背景及应用

迈克耳孙干涉仪是美国物理学家迈克耳孙和莫雷合作，为研究“以太”漂移而设计制造的精密光学仪器。它利用分振幅法产生双光束发生干涉。迈克耳孙干涉仪由于可以将两束相干光完全分开，它们之间的光程差可根据要求改变，测量结果可以精确到纳米级，而得到广泛应用。迈克耳孙用迈克耳孙干涉仪最先以光的波长测定了国际标准米尺的长度。由于光的波长是物质的基本特性之一，是永久不变的，因此长度的标准被建立在一个永久不变的基础上。此外，迈克耳孙干涉仪在近代物理和近代计量技术中有着重要的应用，如微小位移量、微振动的测量，引力波探测及应变测量，等等。基于迈克耳孙干涉仪的原理，人们研制出多种专用干涉仪。

二、实验目的

1. 了解迈克耳孙干涉仪的原理和构造。
2. 掌握迈克耳孙干涉仪的调节和使用方法。
3. 观察等倾干涉条纹、等厚干涉条纹的特点并了解它们的形成条件。

4. 用迈克耳孙干涉仪测定光的波长。

三、实验仪器

实验仪器有迈克耳孙干涉仪、氦氖激光器、扩束镜、接收屏等。

四、实验原理

1. 迈克耳孙干涉仪

图 4-17 所示为迈克耳孙干涉仪实物图，图 4-18 所示为迈克耳孙干涉仪的光路示意图，图中 M_1 和 M_2 是在相互垂直的两臂上放置的两个平面反射镜，其中 M_1 是固定的，M_2 由精密丝杆控制，可沿臂轴前后移动，移动距离可由微调鼓轮读出。在两臂轴线相交处，有一与两轴成 45°角的平行平面玻璃板 G_1，它的一个平面上镀有半透（半反射）膜，以便将入射光分成振幅接近相等的反射光 1 和透射光 2，故 G_1 又称分光板。G_2 也是平行平面玻璃板，与 G_1 平行放置，厚度和折射率均与 G_1 相同。由于它补偿了反射光 1 和透射光 2 因穿越 G_1 次数不同而产生的光程差，故称为补偿板。

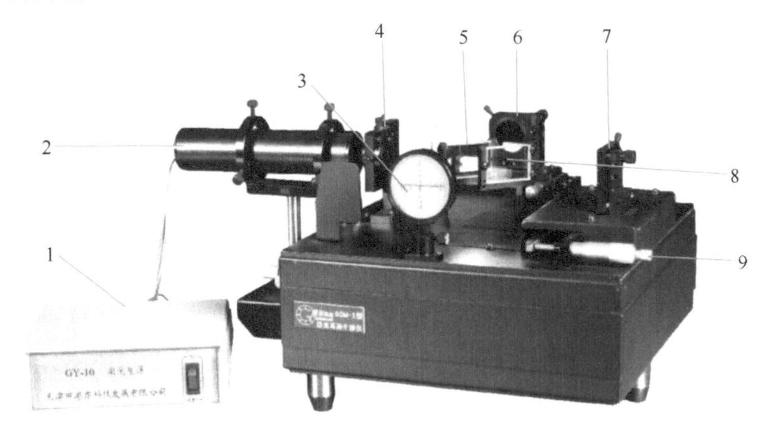

1—氦氖激光电源；2—氦氖激光器；3—接收屏；4—扩束器；5—分光板 G_1；6—参考镜 M_1；7—动镜 M_2；8—补偿板 G_2；9—微调鼓轮

图 4-17　迈克耳孙干涉仪实物图

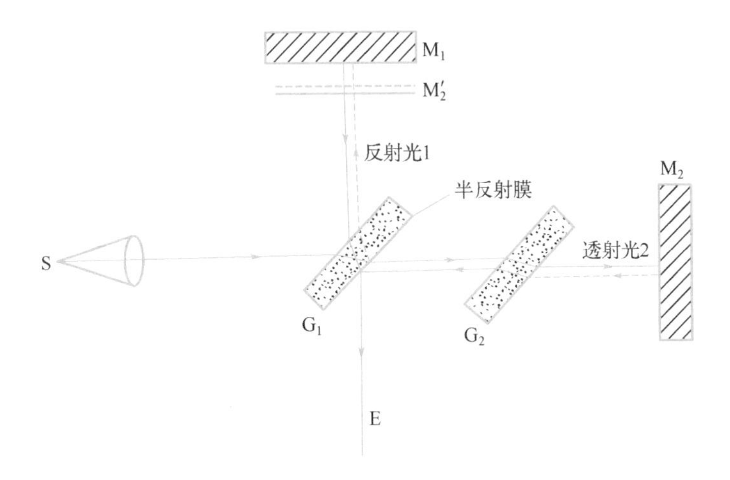

图 4-18　迈克耳孙干涉仪的光路示意图

从扩展光源S射来的光在G_1处分成两部分，反射光1经G_1反射后向M_1前进，透射光2透过G_1向M_2前进，这两束光分别在M_1、M_2上反射后逆着各自的入射方向返回，最后都到达E处。因为这两束光是相干光，因而在E处能够看到干涉条纹。

由M_2反射回来的光被分光板G_1的半反射膜反射时，类似平面镜反射，使M_2在M_1附近形成M_2的虚像M_2'，因而光在迈克耳孙干涉仪中自M_1和M_2的反射相当于自M_1和M_2'的反射。由此可见，在迈克耳孙干涉仪中产生的干涉与空气薄膜产生的干涉是等效的。

当M_1和M_2'平行时（此时M_1和M_2严格互相垂直），将观察到环形的等倾干涉条纹。在一般情况下，M_1和M_2'会形成空气劈尖，因此将观察到近似平行的干涉条纹（等厚干涉条纹）。

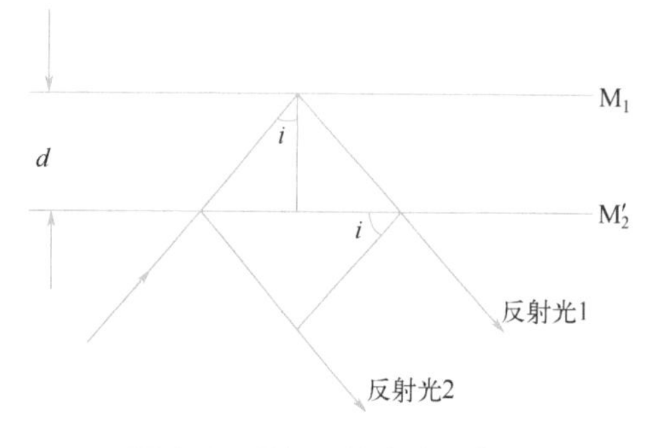

图4-19 等倾干涉光路示意图

2. 等倾干涉

用波长为λ的单色光照明时，迈克耳孙干涉仪产生的环形等倾干涉条纹的位置取决于相干光束间的光程差，如图4-19所示，由M_1和M_2'反射的两列相干光的光程差为

$$\Delta = 2d\cos i \tag{4-17}$$

式中，i为反射光1在平面镜M_1上的入射角。对于第k级条纹有

$$2d\cos i_k = k\lambda \tag{4-18}$$

对第k级干涉条纹来说，当M_1和M_2'的间距d逐渐增大时，为满足式(4-18)，$\cos i_k$的值必定减小，因此角i_k增大。这时，观察者将看到条纹好像从中心向外“涌出”，条纹也变细变密，且每当间距d增加$\lambda/2$时，就有一个条纹涌出。反之，当间距由大逐渐变小时，最靠近中心的条纹将一个一个地“陷入”中心，且每陷入一个条纹，间距的改变为$\lambda/2$。

因此，当移动M_2时，若有N个条纹“陷入”中心，则表明M_1相对于M_2移近的间距为

$$\Delta d = N\frac{\lambda}{2} \tag{4-19}$$

反之，若有N个条纹从中心“涌出”，则表明M_1相对于M_2移远了同样的距离。

如果精确地测出M_1移动的距离Δd，那么可由式(4-19)计算出入射光的波长。

图4-20所示为不同光程差下的等倾干涉条纹。

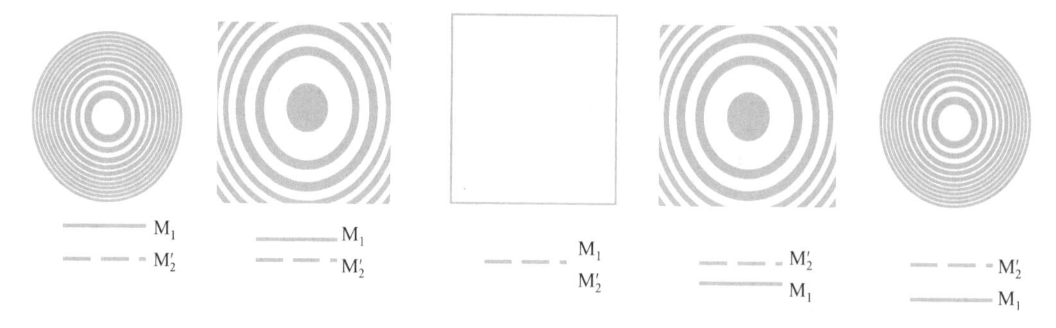

图4-20 不同光程差下的等倾干涉条纹

3. 等厚干涉

当M_1和M_2'相距很近，并把M_2'调成与M_1相交成很小的角度时，即可形成空气劈尖，在劈尖很薄的情况下，从E处便可以看到等厚干涉条纹。在M_1和M_2'的交线处的直条纹称为中央

条纹。在交线附近 d 很小，条纹为一组近似与中央条纹平行的等间距直条纹，可视为等厚条纹。离交线较远处 d 变大，条纹发生弯曲。因为在劈尖交线处，i 的变化可以忽略，$\cos i$ 视为常量，所以干涉条纹为等间距直条纹。而远离交线处，光程差 δ 的改变不仅与膜厚度有关，还受角 i 的影响，所以条纹发生弯曲。

4. 白光干涉条纹(彩色条纹)

因为干涉条纹的明暗由光程差与波长的关系决定。用白光光源，在 $d=0$ 处，所有波长的光程差均为0，故中央条纹仍为白色。在中央白条纹两旁，由于不同波长的光在不同位置得到加强，在中央白条纹两旁有十几条对称分布的彩色条纹。当 d 继续增大时，各种不同波长的光满足暗纹的条件也不同，产生的干涉明暗条纹互相重叠，难以分辨。所以用白光能判断出中央明纹，利用它可确定 $d=0$ 的位置。

五、实验内容

1. 迈克耳孙干涉仪的调整及观察干涉条纹

(1)开启氦氖激光器，预热等待其稳定。

(2)将氦氖激光器前的扩束器转移到光路以外。

(3)调节氦氖激光器支架，使光束平行于仪器的台面，从扩束器平面的中心射入，调节 M_1 和 M_2 的倾斜度，使接收屏中央两组光点重合。

(4)将扩束器置于光路中，即可在接收屏上获得干涉条纹。

(5)面对接收屏上的激光干涉条纹，只需仔细调节 M_1，逐步将环形干涉条纹的圆心调到视场中央，即等倾干涉条纹。

(6)将 M_2 向条纹“陷入”环心的方向移动，直到视场内条纹极少时，仔细调节 M_1，使其稍倾斜，转动测微鼓轮，使弯曲条纹向圆心方向移动，可观察到陆续出现一些直条纹，即等厚干涉条纹。

2. 迈克耳孙干涉实验测量氦氖激光波长

(1)调出氦氖激光的等倾干涉条纹，并把环形干涉条纹的圆心调到视场中央。

(2)仔细转动微调鼓轮，使干涉条纹的变化处于“陷入”状态。

(3)转动微调鼓轮，使环形干涉条纹中间的一条缩为一个暗点，继续向同一方向转动微调鼓轮，同时观察接收屏上干涉圆环的变化，默数干涉圆环中心条纹陷入50次，再次使环形干涉条纹中间的一条缩为一个暗点。反复练习几次，直到熟练。

注意：数环失误或微调鼓轮读数失误都可能给测量结果带来严重误差，因此在测量前一定要练习至操作熟练。操作中要向一个方向旋转微调鼓轮，过程中不能反方向旋转，以免产生新的空程。

(4)转动微调鼓轮，当环形干涉条纹中间的一条缩为暗点时，记录微调鼓轮读数 d_0 并填入表4-6；继续转动微调鼓轮，默数干涉圆环中心变暗50次，记录微调鼓轮读数 d_{50} 并填入表4-6；继续转动微调鼓轮，默数干涉圆环中心变暗100次，150次，…，250次，依次记下微调鼓轮读数 d_{100}，d_{150}，…，d_{250} 并填入表4-6。用逐差法处理实验数据。

六、数据记录与处理

1. 数据记录

记录 d_0，d_{50}，d_{100}，…，d_{250} 测量数据，用逐差法求出 $N=150$ 时，Δd 的平均值。

表 4-6 光的波长测量数据记录表

d_i/mm	d_i/mm	$d_{i+150}-d_i$/mm	$\overline{d_{i+150}-d_i}$/mm
d_0			
d_{50}			
d_{100}			
d_{150}			
d_{200}			
d_{250}			

2. 数据处理

计算入射光的波长：

$$\lambda = 2\frac{\Delta d}{N} \tag{4-20}$$

计算 $\overline{\lambda}$ 并与标准波长比较，计算相对误差。其中，氦氖激光器发出光的波长 λ 为 632.8nm。

七、分析与思考

1. 调出等倾干涉条纹的关键是什么？
2. 调出等厚干涉条纹的关键是什么？
3. 在实验中，光源为氦氖激光器，其波长为632.8nm，空气折射率 $n = 1$，试求对应等倾干涉条纹变化100条时两束相干光的光程差。

实验十七 偏振光的定量测量

一、实验背景及应用

偏振光是指光矢量的振动方向不变或有某种规律变化的光。按光矢量的振动性质，偏振光可分为平面偏振光(线偏振光)、圆偏振光、椭圆偏振光、部分偏振光4种偏振光。线偏振光的电矢量振动方向只局限在一个确定的平面内，其电矢量末端振动轨迹在垂直于传播方向的平面上呈一条直线。圆偏振光和椭圆偏振光的电矢量末端振动轨迹在垂直于传播方向的平面上分别呈圆形和椭圆形。部分偏振光的电矢量振动在传播过程中只是在某一个确定的方向上。偏振光被广泛应用于我们的生活中，如汽车车灯、立体电影、摄像机与照相机的镜头、旋光仪等，还可以用于红外偏振光治疗。

二、实验目的

1. 了解偏振光的产生方法。
2. 掌握椭圆偏振光和圆偏振光的产生方法。
3. 验证马吕斯定律。

三、实验仪器

实验仪器有氦氖激光器(波长632.8nm)、偏振片Ⅰ(起偏器)、波片、偏振片Ⅱ(检偏器)、光电接收器、旋转架、滑座、一维导轨等。

四、实验原理

自然光经偏振片后，通常产生线偏振光。线偏振光经波片可产生位相延迟，从而合成圆偏振光或椭圆偏振光。在线偏振光后加一个 $\lambda/4$ 波片，若线偏振光的振动方向和 $\lambda/4$ 波片的光轴方向夹角为 45°，则线偏振光变为圆偏振光，若线偏振光的振动方向和光轴方向夹角为其他角度，则线偏振光变为椭圆偏振光。

自然光经过偏振片后，变为具有一定振动方向的光。这是由于偏振片中存在某个特征性方向，叫作偏振化方向。偏振片只允许平行于偏振化方向的振动通过，同时吸收垂直于该方向振动的光。通过偏振片的透射光的振动被限制在某一振动方向上，我们把该偏振片叫作起偏器，即偏振片I，它的作用是把自然光变成偏振光。由于人的眼睛不能辨别偏振光，所以要用另一片偏振片去检查，我们把该偏振片叫作检偏器，即偏振片Ⅱ。旋转偏振片Ⅱ，当它的偏振化方向与偏振光的偏振面平行时，偏振光可顺利通过，这时在偏振片Ⅱ后面有较亮的光。当偏振片Ⅱ的偏振化方向与偏振光的偏振面垂直时，偏振光不能通过，偏振片Ⅱ后面变暗。

自然光经偏振片Ⅰ产生强度为 I_0 的线偏振光，线偏振光经偏振片Ⅱ射出，出射光的强度 I 和入射光的振动方向与偏振片Ⅱ的偏振化方向的夹角 θ、线偏振光强度 I_0 有关，满足马吕斯定律：

$$I = I_0 \cos^2\theta \tag{4-21}$$

五、实验内容

(1)将实验器件按如图 4-21 所示的顺序摆放在一维导轨上。先将实验器件靠拢调至共轴，然后将实验器件拉开一定距离。旋转偏振片Ⅱ，观察白屏上接收到的光强变化。

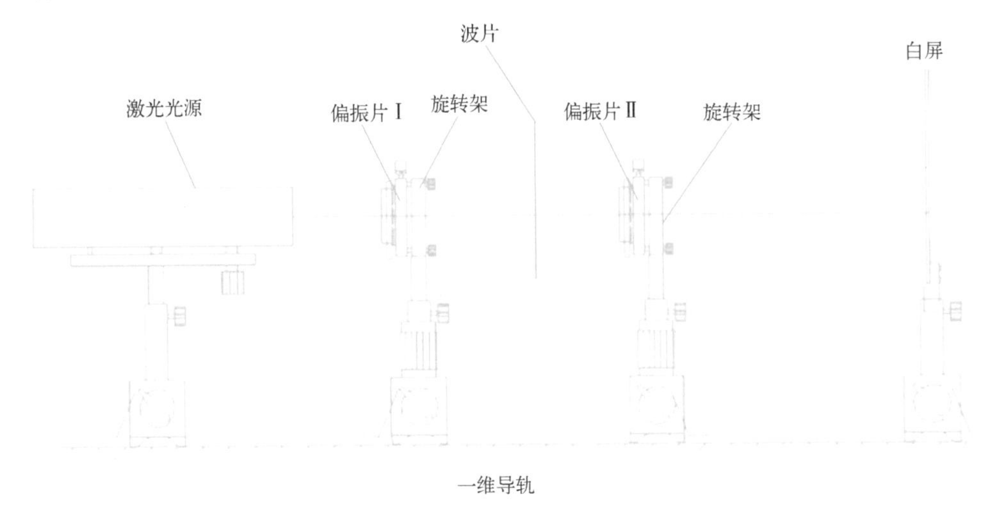

图 4-21　实验器件及光路示意图

(2)先旋转偏振片Ⅱ，将偏振片Ⅰ和偏振片Ⅱ调成正交。然后在两个偏振片中间插入 $\lambda/4$ 波片。旋转波片，观察白屏上接收到的光强变化。再次旋转波片，使其与偏振片Ⅰ的偏振化方向垂直后再旋转 45°，此时旋转偏振片Ⅱ，看到白屏上接收到的光强不变。

(3)旋转波片，使其与偏振片Ⅰ的偏振化方向夹角为 45°以外的其他角度，旋转偏振片Ⅱ，白屏上接收到的光会发生明暗变化，但不会消失。

(4)把实验器件按如图4-22所示的顺序摆放在一维导轨上。先将实验器件靠拢调至共轴，然后将实验器件拉开一定距离(撤掉白屏，替换成光电接收器，接上电源)。

(5)当无光照时，光电接收器表头输出值为零。若不为零，则调节调零旋钮，使指针处于零处。打开氦氖激光器光源，转动偏振片Ⅱ，观察表头输出值，至输出最大值，调节光电接收器至合适挡位。

(6)旋转偏振片Ⅱ至如表4-7所示的夹角，记录此时表头输出值并填入表4-7。

图4-22　光路示意图

六、数据记录与处理

表4-7　光的强度 I 与 $\cos^2\theta$ 之间的关系

夹角	0°	15°	30°	45°	60°	75°	90°	105°	120°	135°	150°	165°	180°
光强 I/cd													
$\cos^2\theta$													

绘制光强 I 与 $\cos^2\theta$ 之间的关系图，观察两者是否成正比。

七、分析与思考

1. 如何操作使得光电接收器接收到的光强最大?
2. 分析说明利用波片产生圆偏振光的原理。

实验十八　用自准法测量薄凸透镜焦距

一、实验背景及应用

透镜是由透明物质(如玻璃、水晶等)制成的一种光学元件，在天文、军事、交通、医学、艺术等领域发挥着重要作用。

随着对光学技术的深入研究，透镜的应用已涉及军事国防、航天航空、工矿农业、能源环保、生物医学、计量测试、自动控制等领域。透镜的两个重要的应用是望远镜和显微镜，望远镜使人类实现了“千里眼”，显微镜使人类走进了奇妙的微观世界。此外摄像机、照相机及各种各样的光学仪器都离不开透镜。

如今科学技术的发展日新月异，光学仪器在生产制造和日常生活中得到了广泛应用。光学仪器种类繁多，透镜是组成各种光学仪器的基本光学元件。因此为了了解光学仪器的构造和正确的使用方法，必须掌握透镜的成像规律，学会光路的分析和调节。焦距是反映透镜特性的基本参数，根据不同的使用要求可选择合适焦距的透镜，为此就需要测量透镜的焦距。这对深入学习透镜的成像规律，理解各种常见光学仪器的构造具有积极意义。

二、实验目的

1. 掌握光路调节的基本方法及透镜成像的基本规律。
2. 掌握几何光学的基本知识，并通过该实验学习光路的简单分析。
3. 掌握用自准法测量薄凸透镜焦距的方法。

三、实验仪器

实验仪器有 LED 白光源、物屏、薄凸透镜、二维架、透镜架、平面镜、三维调节架、底座、平台和钢板尺。实验装置如图 4-23 所示。

图 4-23　实验装置

四、实验原理

自准法：将物体 AB 放在薄凸透镜 L 的前焦平面上，这时物体上任一点发出的光束经薄凸透镜 L 后成为平行光，由平面镜 M 反射后再经薄凸透镜 L 汇聚于透镜的前焦平面上，从而得到一个大小与原物相同的倒立实像 $A'B'$。这叫作自准直成像。此时，物屏到薄凸透镜 L 之间的距离等于薄凸透镜 L 的焦距 f，如图 4-24 所示。

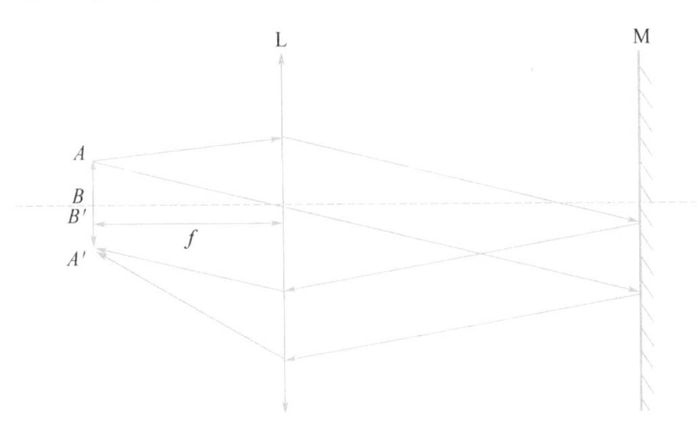

图 4-24　自准法测薄凸透镜焦距原理图

五、实验内容

(1) 选用 f = 190mm 的薄凸透镜，依据如图 4-24 所示的原理图，参考图 4-23 安装好实验器材，实验装置示意图如图 4-25 所示。先将薄凸透镜等光学器件向光源靠拢，调节高低，然后粗调至光路共轴，目测使 LED 白光源、物屏中心、薄凸透镜中心、平面镜的中央大致在一条与导轨(平台)平面平行的直线上。

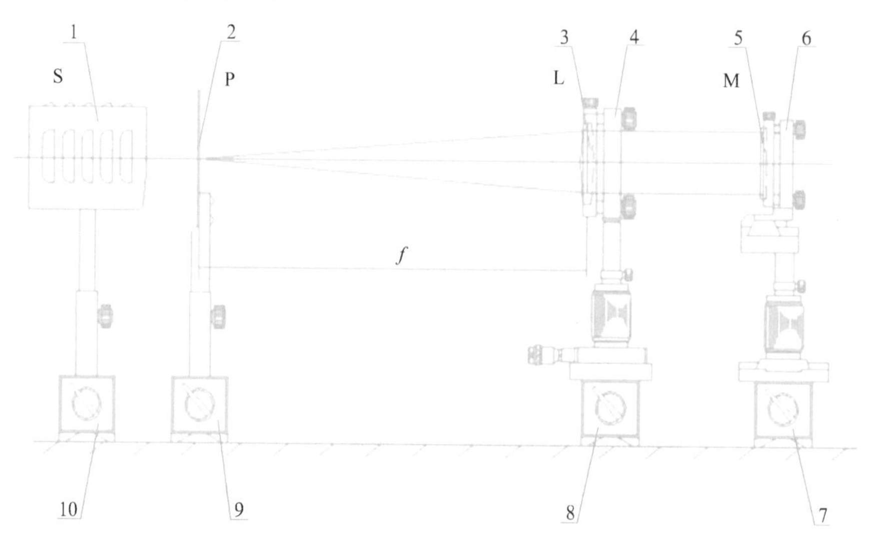

1—LED 白光源 S；2—物屏 P；3—薄凸透镜 L；4—透镜架；5—平面镜 M；6—二维调节架；7—二维平移底座；8—三维平移底座；9、10—通用底座。

图 4-25 实验装置示意图

(2)打开 LED 白光源 S，调节亮度，移动薄凸透镜 L 和平面镜 M，在物屏的背面出现倒立实像。调节薄凸透镜 L 的前后位置和透镜架上的两个调节旋钮，使物屏背面出现清晰倒立等大的实像。微调，使物屏上的“品”字形透光孔所成的像与其反射回去的像形成完全互补的图像，其外沿是一个完整的圆，如图 4-26 所示。

图 4-26 自准直时形成的物像图案

(3)分别记下物屏 P 和薄凸透镜 L 的位置 p_1 及 l_1(考虑纵向滑座的移动块上刻线与底座上刻线位置是否重合这个因素)。改变物屏 P 的位置，测量 3 次并填入表 4-8。

(4)在实验中，为了消除测量时薄凸透镜的偏心差，我们往往采取保持底座固定，将物屏 P 和薄凸透镜 L 都旋转 180° 的方式，重复步骤(2)和步骤(3)，分别记下物屏 P 和薄凸透镜 L 的位置 p_2 和 l_2。测量 3 次并填入表 4-9。焦距公式为 $f_1 = l_1 - p_1, f_2 = l_2 - p_2, f = \frac{(f_1 + f_2)}{2}$。

(5)重新选用 $f = 150\text{mm}$ 的薄凸透镜，重复以上步骤，数据记入表 4-10 和表 4-11。

六、数据记录与处理

表 4-8 自准法测焦距的正向数据列表(薄凸透镜 f = 190mm)

	物屏位置 p_1/mm	薄凸透镜位置 l_1/mm	焦距 f_1/mm	焦距平均值 $\overline{f_1}$/mm
1				
2				
3				

表 4-9 自准法测焦距的翻转后数据列表(薄凸透镜 f = 190mm)

	物屏位置 p_2/mm	薄凸透镜位置 l_2/mm	焦距 f_2/mm	焦距平均值 $\overline{f_2}$/mm
1				
2				
3				

$f = \frac{(\overline{f_1} + \overline{f_2})}{2} =$ ________mm。

表 4-10 自准法测焦距的正向数据列表(薄凸透镜 f = 150mm)

	物屏位置 p_1/mm	薄凸透镜位置 l_1/mm	焦距 f_1/mm	焦距平均值 $\overline{f_1}$/mm
1				
2				
3				

表 4-11 自准法测焦距的翻转后数据列表(薄凸透镜 f = 150mm)

	物屏位置 p_2/mm	薄凸透镜位置 l_2/mm	焦距 f_2/mm	焦距平均值 $\overline{f_2}$/mm
1				
2				
3				

$f = \frac{(\overline{f_1} + \overline{f_2})}{2} =$ ________mm。

七、分析与思考

1. 为什么自准法成像与原物体是中心对称的而不是镜面对称的?
2. 薄凸透镜转过180°后,测得的焦距是否一样?为什么?

实验十九 透镜组节点和焦距的测量

一、实验背景及应用

单个折射球面、单个透镜乃至多个透镜构成的复杂组合,无论结构简单还是复杂,都可以把它看作理想的光具组。对于理想的光具组,物像之间的共轭关系可由几对特殊的点和面决定，这些特殊的点和面称为基点、基面。简而言之，给入射光线的出射光线定位的那些点和面被称为基点、基面。

生活中常见的望远镜、投影仪、照相机及显微镜等都属于透镜组。

二、实验目的

1. 理解透镜组基点（主点、节点、焦点）和基面（主平面、节平面、焦平面）的概念。
2. 学会自主搭建共轴球面系统光路，并能用其测量透镜组的节点和焦距。

三、实验仪器

实验仪器有 LED 白光源、测节器、双棱镜架、白屏、测微目镜、测微目镜架、毫米尺（30mm）、二维架、透镜架、物镜（$f_0=225$mm）、透镜组（$f_1=190$mm，$f_2=150$mm）、二维平移底座、三维平移底座、升降调节座、通用底座、直尺。

实验装置如图 4-27 所示，两个透镜之间的间距设置为 60mm（也可以自行设定其他合适的值）。

图 4-27　实验装置

四、实验原理

如图 4-28 所示，一般来说，理想光具组基点有物方主点 H 和像方主点 H'、物方节点 N 和像方节点 N'、物方焦点 F 和像方焦点 F'，所有这些点都在光具组的主光轴上。过这些点垂直主光轴的平面分别为物方主平面（MH）和像方主平面（$M'H'$）、物方节平面和像方节平面、物方焦平面和像方焦平面，统称基面。

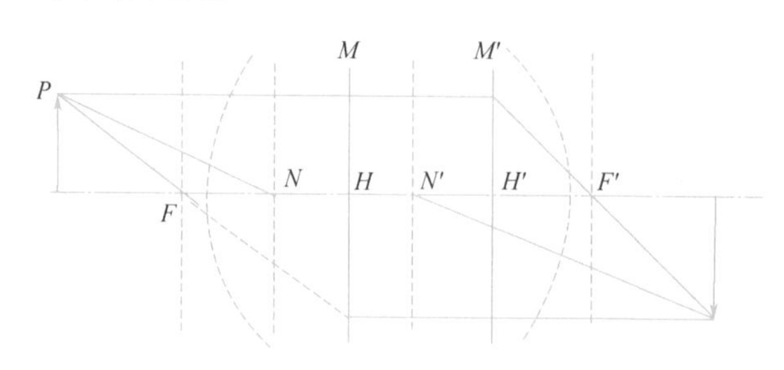

图 4-28　共轴球面系统的基点和基面

本实验中用两个透镜组成的共轴球面系统的物和像的位置可由式（4-22）确定。

$$\frac{1}{s'}-\frac{1}{s}=\frac{1}{f'} \tag{4-22}$$

式(4-22)不仅适用于单薄透镜，还适用于厚透镜和透镜组。对于单薄透镜，物距s、像距s'和像方焦距f'度量的参考点均为单薄透镜的光心。对于透镜组，当基面和基点确定以后，物距s为物方主平面至物的距离，像距s'为像方主平面至像的距离，像方焦距f'为像方主平面至像方焦点的距离，物方焦距f为物方主平面至物方焦点的距离，单透镜成像公式中规定的符号规则同样适用。

1. 共轴球面系统的主点和主平面

共轴球面系统中横向放大率$\beta=1$的一对共轭垂直平面MH和$M'H'$称为主平面，如图4-29所示。

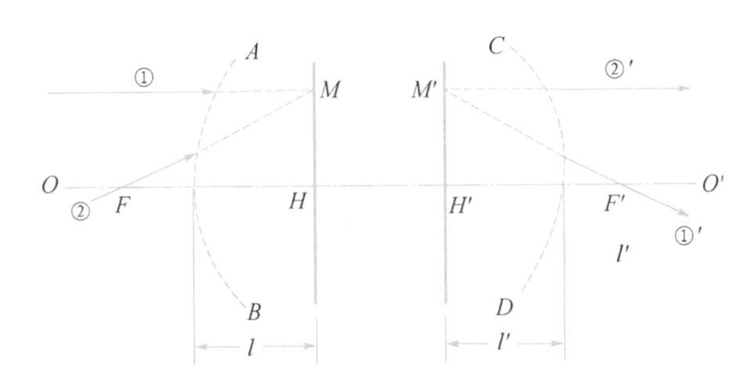

图4-29 共轴球面系统的主点和主平面

AB和CD是共轴球面系统中透镜组第一个界面和最后一个界面。物方空间平行于主光轴OO'的入射光线①通过系统后，其折射光线①′与主光轴交于像方焦点F'，自物方焦点F发出的入射光线②通过系统后，其在像方空间的折射光线②′与主光轴OO'平行。光线①的延长线与光线①′的反向延长线相交于点M'，光线②的延长线与光线②′的反向延长线相交于点M。通过点M和M'分别做垂直于主光轴的平面MH和$M'H'$，MH为物方主平面，$M'H'$为像方主平面。H为物方主点，H'为像方主点。平行于主光轴的平行光束经过系统的多次折射可等效于该平行光束在像方主平面上的一次折射交于像方焦点F'，由物方焦点F发出的同心光束经过系统的多次折射也可等效于该同心光束在像方主平面的一次折射而转换为平行于主光轴的平行光束。引入主平面的概念就可用光束在主平面上的一次偏折代替系统的多次折射和反射。

图4-29中点M是物方入射光线①和②延长线的交点，点M'是像方折射光线①′和②′反向延长线的交点，由于光线①与①′共轭，光线②与②′共轭，所以点M与点M'共轭，且$M'H'=MH$，即横向放大率$\beta=1$。物方主平面和像方主平面的位置由共轴球面系统的具体情况决定。物方主平面和像方主平面可能在第一个界面和最后一个界面内侧，也可能在两个界面外侧，也有可能位置次序相反。若在物方主平面和像方主平面分别在第一个界面和最后一个界面的外侧，则可通过实验验证：若物方主平面上置高为y的物，则像方主平面呈现出像高为y'的像，且$\beta=y'/y=1$。

2. 共轴球面系统的节点与节平面

共轴球面系统(透镜组)主光轴上角放大率$\gamma=1$的一对共轭点称为节点，如图4-30所示。

物方空间入射光线①经共轴球面系统交于主光轴上OO'上的点N，其像方空间的出射光线①′通过点N'，入射光线和出射光线平行，主光轴OO'与入射光线①的夹角为α，主光轴

OO'与出射光线①′的夹角为α'。角放大率$\gamma=\alpha'/\alpha=1$，则入射光线①与主光轴OO'的交点N为物方节点，出射光线①′与主光轴OO'的交点N'为像方节点，过节点做与主光轴垂直的平面为节平面。若透镜组置于同一介质中即物方空间与像方空间为同一介质，则物方主点H与物方节点N重合，像方主点H'与像方节点N'重合。根据节点的性质，若透镜组绕像方节点N'与主轴OO'垂直的轴线在较小范围内来回转动，则原来的平行光束形成的像点（像方焦点）不移动。根据这一特性制成的仪器称为测节器，它可以测定该系统在同介质中节点（主点）的位置。

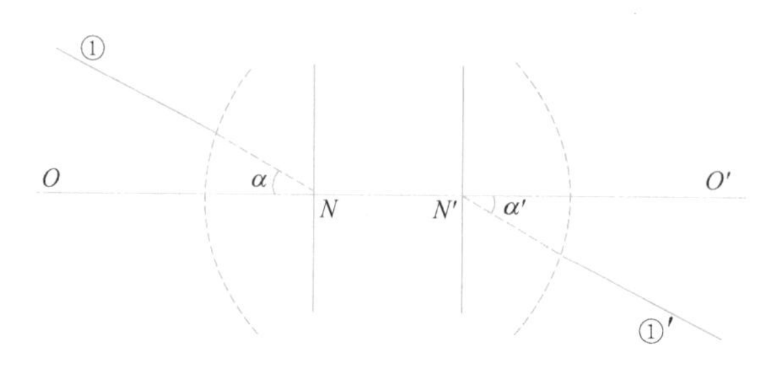

图 4-30　共轴球面系统的节点和节平面

3. 共轴球面系统的焦点和焦平面

平行光束经光学系统后的光线（或其延长线）的交点为焦点。物方空间的平行光束在像方空间对应的光线（或其延长线）的交点F'为像方焦点。过焦点垂直于主光轴的平面为焦平面。物方主点H至物方焦点F的距离为物方焦距f，像方主点H'至像方焦点F'的距离为像方焦距f'。

近轴理论中的成像作图法，无论单个薄透镜还是组合透镜，都是利用系统的基点、基面作图的方法，而基点、基面的选择方案原则上有无穷多种，但公认的最方便的选择方案是$\beta=1$的共轭面（物方主平面和像方主平面），即选择$(F, s'=\infty)$、$(s=-\infty, F')$、(N, N')3对轴上的共轭点（在实际作图时选两对共轭点就够了）。

4. 测量原理

我们用测节器来确定光具组的节点和焦距依据的原理如下。

当平行光束与光具组主轴成某一角度入射时，经光具组汇聚后必交于后焦平面上某副焦点F''，如图 4-31 所示。

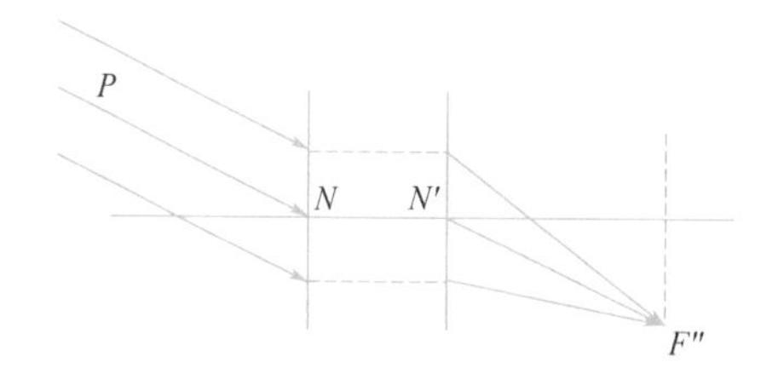

图 4-31　平行光束（与主轴有夹角）的成像光路图

当平行光束沿光具组主轴方向入射时，必汇聚于后焦点F'，如图 4-32 所示。

这两种情况下，在整个光束中，唯有通过前节点N的一条光线PN经过光具组后保持与入射方向平行，根据节点的性质，有$PN//N'F'$或$PN//N'F''$。其余光线均改变方向且与$N'F'$或$N'F''$相交于F'或F''。光具组焦距不受除光具组的本身属性外的其他属性的影响。焦点确定以后，改变光线入射角，光轴上总有一点，光具组以此点为轴转动焦点位置不变，此点为后节点N'，光具组转动180°后，后节点N'即前节点N。

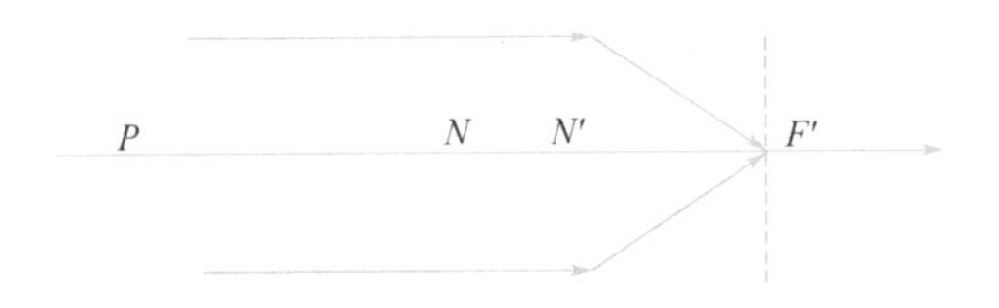

图 4-32　平行光束（与主轴平行）的成像光路图

对于单个薄透镜，主点位置与透镜光心重合；对于透镜组，主点位置随各组合透镜或折射面的焦距和系统的空间特性而异。以两个薄透镜的组合为例，两个薄透镜的像方焦距分别为 f_1' 和 f_2'，两透镜间的距离为 d，透镜组的像方焦距 f' 为

$$f' = \frac{f_1'f_2'}{(f_1'+f_2') - d}f = -f' \tag{4-23}$$

两个节点位置为

$$l = f\frac{d}{f_2} \tag{4-24}$$

$$l' = -f'\frac{d}{f_1'} \tag{4-25}$$

式(4-23)计算的 f 为透镜组焦距，f_1 和 f_2 为第一个薄透镜和第二个薄透镜的焦距，l 为第一个薄透镜中心到第一主平面的距离，l' 是第二个薄透镜中心到第二主平面的距离。

五、实验内容

(1)参照图 4-33 调节毫米尺与物镜 L_0 的距离为 225mm，使通过物镜 L_0 的光束为平行光束。

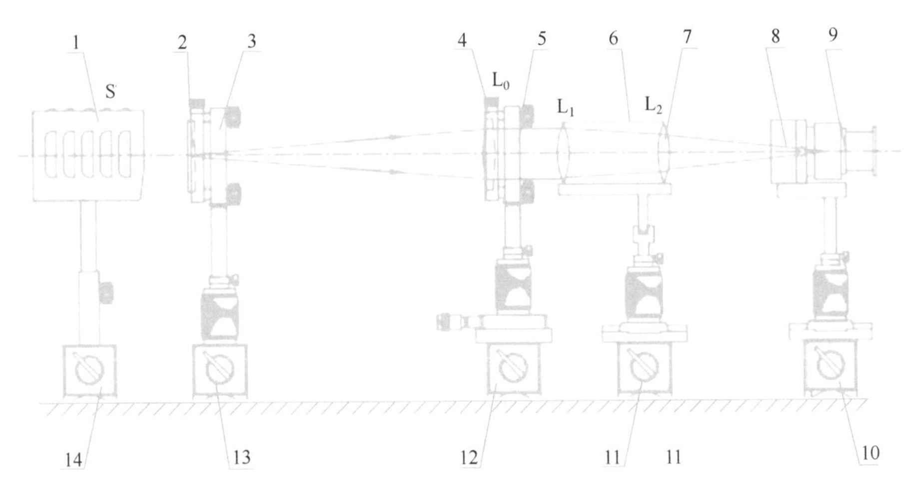

1—LED 白光源 S；2—毫米尺(30mm)；3—双棱镜架；4—物镜 L_0(f_0 = 225mm)；5—透镜架；6—透镜组 L_1 和 L_2(f_1 = 190mm，f_2 = 150mm)；7—测节器；8—测微目镜架；9—测微目镜；10、11—二维平移底座；12—三维平移底座；13—升降调节座；14—通用底座。

图 4-33　实验装置示意图

(2)沿平台上的标尺按实验装置图把相应的光学元件摆放好，移动测微目镜，找到毫米尺的清晰像。

(3)沿节点架轨道前后移动透镜组 L_1 和 L_2（不改变 L_1 和 L_2 间的距离），同时相应地前后移动测微目镜，直至节点架绕轴转动时，毫米尺像无横向移动，此时像方节点 N' 在节点架的转轴上。

(4)用白屏取代测微目镜，接收毫米尺像。分别记下白屏和节点架中心在导轨直尺上的位置 a 和 b 并填入表4-12，从节点架导轨上记下透镜组 L_1 和 L_2 中间位置与节点架转轴中心的偏移量 d 并填入表4-12（两个透镜在节点架上的中间位置由透镜中心对应的刻线在节点架的毫米尺上的位置读出，零点处是转轴中心）。

(5)将测节器转动180°（透镜组前后互换），重复步骤(4)，测得另一组数据 a'、b'、d' 并填入表4-12。

(6)更换不同的透镜组合成不同的透镜组或者改变两个透镜之间的距离，进行验证。

六、数据记录与处理

实验数据记录与处理如表4-12所示。

表4-12 实验数据记录与处理(单位:mm)

白屏位置 a	节点架中心位置 b	偏移量 d	像方焦距 f'
白屏位置 a'	节点架中心位置 b'	偏移量 d'	物方焦距 f

像方节点 N' 偏离透镜组中心的距离为 d。

透镜组的像方焦距 f' 为 $a-b$。

物方节点 N 偏离透镜组中心的距离为 d'。

透镜组的物方焦距 f 为 $a'-b'$。

用1:1的比例画出被测透镜组及其各种基点的相对位置。

七、分析与思考

分析透镜组节点测量时误差产生的主要原因，实验中如何减少误差？你有什么建议？

实验二十　自组投影仪

一、实验背景及应用

投影仪是将一定大小的物体，用光源照射后，在屏幕上成像从而进行观察或测量的一种光学仪器。对于投影仪所成的像，除了要求成像清晰、物像相似，还要求亮度足够，有足够的像面光照度且整个像面光照度尽可能一致。成像的亮度和像面光照度两个要求决定了投影系统的主要特点。目前市场上主流的家用投影仪有智能投影仪和非智能投影仪。智能投影仪只需要将投影仪连接上网络就能够使用，而非智能投影仪需要外接设备才能使用。人们追求使用的便捷性使智能投影仪的市场需求越来越大。

二、实验目的

1. 了解投影仪的组成和工作原理。

2. 掌握投影仪的调节方法。

三、实验仪器

实验仪器有 LED 白光源、聚光透镜($f=50$mm)、幻灯片、干板架、放映物镜($f=190$mm)、调节架、白屏、底座、直尺。实验装置如图 4-34 所示。

图 4-34 实验装置

四、实验原理

1. 投影仪原理

投影仪由照明系统和成像系统两部分组成。其中，照明系统主要由光源、聚光镜组成，成像系统主要由投影片、投影物镜、银幕组成。要达到好的投影效果，照明系统和成像系统间必须合理配置，以获得最大的光照效率，同时使图像得到均匀照明。为达到该目的，投影仪、幻灯机采用柯拉照明方式。投影仪的光路原理如图 4-35 所示。

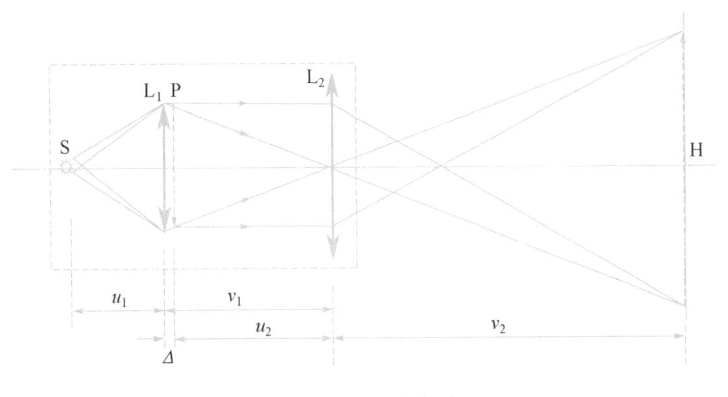

图 4-35 投影仪的光路原理

图 4-35 中 S 为光源，L_1是焦距为f_1的聚光镜，L_2是焦距为f_2的投影物镜，H 为银幕，P 为幻灯片，将幻灯片 P 尽可能靠近聚光镜 L_1，实际操作时幻灯片 P 与聚光镜 L_1之间有一个较小的间距Δ。幻灯片 P 经聚光镜 L_2成像在银幕 H 处，u_2为物距，v_2为像距，即投影距离。光源 S 经聚光镜 L_1成像在聚光镜 L_2处，u_1为物距，v_1为像距，$v_1 = u_2 + \Delta$。

2. 照明系统

投影仪中的照明系统大致有以下几方面的作用。

(1)提高光源的利用率，使光源发出的光能尽可能多地进入投影物镜。

(2)充分发挥投影物镜的作用，使照明光束充满投影物镜。

(3)使投影物平面照明均匀，即物平面上各点的照明光束口径尽可能一致。

照明方式分为临界照明和柯拉照明两类。本实验采用柯拉照明方式。如图 4-36 所示，被投影物(投影片、幻灯片)尽量靠近聚光镜，光源(灯丝)经聚光镜成像在投影物镜的入瞳面上。柯拉照明方式的优点为既能保证较高的光源利用率，又易在像平面上获得均匀的照明。

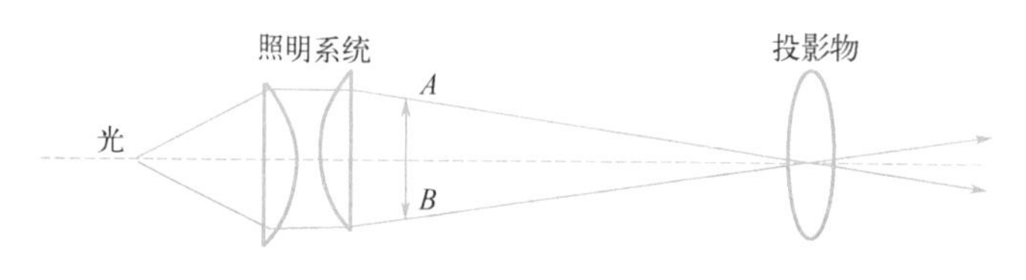

图 4-36 柯拉照明示意图

照明系统中最重要的部分为聚光镜，其主要光学特性有两个，一个是孔径角，另一个是倍率。对于一些要求很大孔径的照明系统，为了简化聚光镜的结构并消除球差，经常采用环带状的螺纹透镜。

3. 成像系统

成像系统中投影物镜的作用是将被光源照明的投影物体成像在屏幕上，保证成像清晰、物像相似，与照明系统合理配置，保证屏幕上有足够的光照度。投影物镜的光学特性通常用线视场、相对孔径、放大率、工作距离表示。

1)线视场

在投影系统中，成像范围直接用投影物体的最大尺寸，即线视场 y 表示。已知放大率 β 和屏幕尺寸 y'，根据放大率公式 $\beta = y'/y$ 可求出投影物镜的线视场 y 。

2)相对孔径

投影物镜的相对孔径是投影物镜的一个重要性能，由理论可以推导出光照度与相对孔径的平方成正比，与放大率的平方成反比，如果想增加放大率，同时保证屏幕具有一定光照度，那么必须加大相对孔径。

3)放大率

放大率与投影物镜的最大线视场及相对孔径有关，此外还与测量精度、投影仪的结构尺寸有关。根据放大率公式可知，当投影物体尺寸一定时，放大率越高，在屏幕上的像越大，测量精度越高。因为投影物镜的物距 $|u_2| \approx f_2$，所以放大率公式为

$$\beta \approx -\frac{u_2}{f_2} \tag{4-26}$$

由式(4-26)可知，当物镜焦距 f_2 一定时，增加放大率，像距 u_2 随之增大，物像之间共轭距增大，整个投影仪结构尺寸需要增大。因此放大率是投影物镜的重要光学性能之一。

4)工作距离

投影仪的屏幕距离是确定的，我们把与屏幕共轴的物平面到投影物镜第一面的距离叫作工作距离。工作距离的大小直接影响投影仪的使用范围。

五、实验内容

(1)按图 4-37 搭建光路，调节光源与透镜组至两者共轴。

(2)使放映物镜 L_2 与白屏 H 的距离大于 1m(由于导轨较短，可用 2～3m 远处白墙代替白屏)，前后移动幻灯片 P，使其在白屏 H 上成清晰放大的像。

(3)使聚光透镜 L_1 固定在紧靠幻灯片 P 的位置，取下幻灯片 P，前后移动 LED 白光源 S，使其成像于放映物镜 L_2 所在的平面中央。

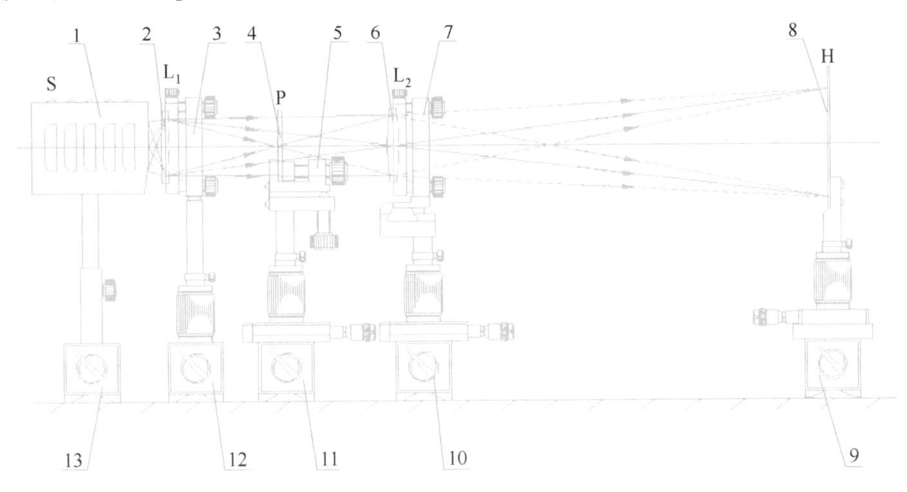

1—LED 白光源 S；2—聚光透镜 L_1；3—二维架；4—幻灯片 P；5—干板架；
6—放映物镜 L_2；7—二维调节架；8—白屏 H；9～13—底座。

图 4-37　实验装置示意图

(4)重新装好幻灯片 P，观察白屏 H 上像面亮度和光照的均匀性。

(5)取下聚光透镜 L_1，观察像面亮度和光照均匀性的变化。

(6)记录两次成像的物距 u_1 与 u_2，像距 v_1 与 v_2，以及透镜焦距 f_1 与 f_2，将数据填入表 4-13。

六、数据记录与处理

自组投影仪的数据列表如表 4-13 所示。

表 4-13　自组投影仪的数据列表

u_1/mm	v_1/mm	u_2/mm	v_2/mm	放大率 β	f_1/mm	f_2/mm

$f_2 = [\beta/(\beta+1)^2]D_2$。

$f_1 = D_2/(\beta+1) - [D_2/(\beta+1)]^2 \times 1/D_1$。式中，$D_2 = u_2 + v_2, D_1 = u_1 + v_1$。

七、分析与思考

1. 光学投影仪工作依赖的光学原理是什么？
2. 如何做能在白屏上获得均匀的光照？

实验二十一　测自组望远镜的放大率

一、实验背景及应用

望远镜是一种用于观察远距离处的物体的目视光学仪器，能把观察远处的物体时的很小的张角按一定倍率放大，使之在像空间成的像具有较大的张角，使本来无法用肉眼看清或分辨的物体变得清晰可辨。

放大率是反映助视光学仪器——望远镜光学性质的一个重要参数，它的测量在生产生活及科学研究中具有重要的意义。测量放大率的方法有很多，如视角直接比较法、比较板法、成像公式法、油码法等。本实验采用不同焦距的凸透镜组成望远镜系统，通过测量望远镜的放大率了解望远镜的构造及测量原理。

二、实验目的

1. 了解望远镜的工作原理和用途。
2. 掌握构建望远镜的光路和元件。
3. 测量望远镜的放大率。

三、实验仪器

实验仪器有标尺、透镜架、物镜、通用底座、纵向调节底座、目镜、平台和钢板尺。

实验装置如图 4-38 所示。

图 4-38　实验装置

四、实验原理

望远镜是一种能够使入射的平行光束在射出时也保持平行的光学系统。最简单的望远镜系统由两个光具组组成，前一个光具组的像方焦点与后一个光具组的物方焦点重合，即光学间隔 $\Delta = 0$。

比较常见的望远镜是折射式望远镜，折射式望远镜分两种，即伽利略望远镜和开普勒望远镜。伽利略望远镜原理图如图 4-39 所示，目镜为凹透镜，物镜为凸透镜，PQ 为一个有限远的物体，该物体经过物镜后成像于物镜的像方焦点 F'附近，像 $P'Q'$再经过目镜后成正立的虚像 $P''Q''$。

开普勒望远镜原理图如图 4-40 所示，目镜和物镜均为凸透镜。物镜把远处的物体 PQ 在物镜后焦面附近成一个倒立的实像 $P'Q'$，它处于目镜的一倍焦距内，经目镜后成一个倒立的放大的虚像 $P''Q''$供人眼观察。

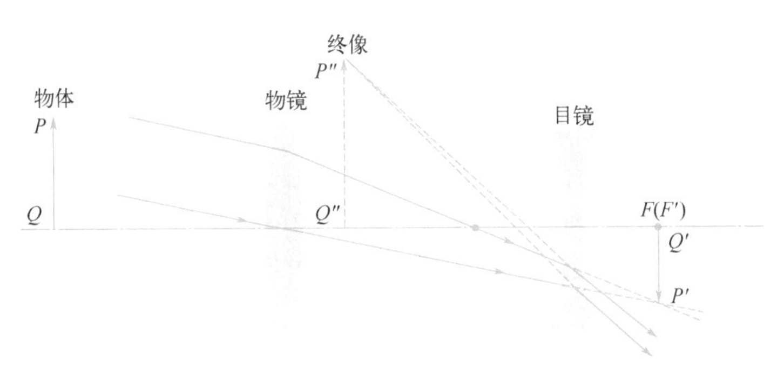

图 4-39 伽利略望远镜原理图

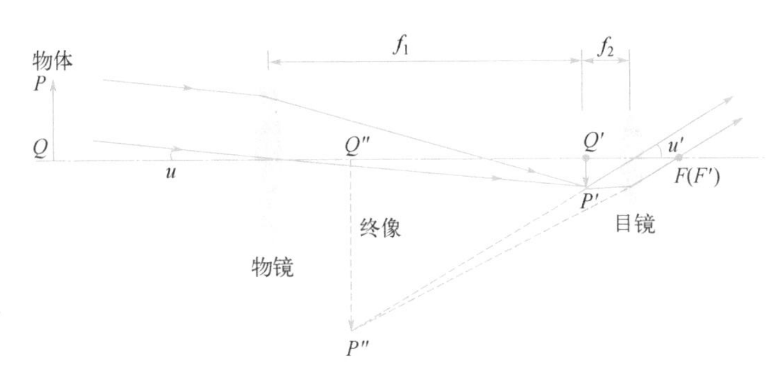

图 4-40 开普勒望远镜原理图

望远镜用到了目镜，目镜实际上就是一个简单的放大镜。其作用是将被观察的物体放大，其最主要的指标是角放大率 Γ。

下面介绍放大率的概念。放大率就是放大倍数，是人眼看到的最终图像的大小与原物体大小的比值，是物镜和目镜放大倍数的乘积。放大率有两种：由透镜或球面反射镜成像时，像的高度与原物高度之比称为线放大率（适用于照相机、投影仪等光学仪器）；用助视光学仪器观察物体时，像对眼的张角（视角）与直接用眼观察物体时的视角之比称为角放大率（适用于望远镜、显微镜等光学仪器）。望远镜的角放大率等于物镜焦距与目镜焦距之比。凸透镜用作放大镜时的角放大率约等于明视距离（约为 25cm）与焦距之比。例如，一个放大镜的焦距为 10cm，其角放大率为 2.5，通常写作 2.5×。显微镜的角放大率等于物镜的线放大率与目镜的角放大率的乘积，在显微镜的物镜和目镜上分别刻有 40×（物镜线放大率）、l0×（目镜角放大率）等字样。组合不同倍数的物镜与目镜，可以使显微镜得到大小不等的角放大率。

图 4-40 所示开普勒望远镜的角放大率公式为

$$\Gamma = \frac{-\tan U'}{\tan U} = \frac{-f_1}{f_2} \tag{4-27}$$

式中，U 为物对物镜的视角；U'为像对目镜的视角，负号代表像是倒立的；f_1为物镜焦距；f_2为目镜焦距。

在测量时，先测出未经望远镜放大的标尺上两个指针间的“E”字间距 d_1，再通过望远镜测出对应的间距 d_2，望远镜的角放大率为 $\Gamma = -d_2/d_1$。

五、实验内容

(1)按图 4-38 组装开普勒望远镜，向远处(约 3m)的标尺调焦，并把两个指针之间的标尺成像到视场中央区域(建议将指针间的距离设置为 2cm，即 $d_1=2\text{cm}$)。

(2)用另一只眼睛直接注视标尺，经适应性练习，在视觉系统中获得被望远镜放大的和直观的标尺的叠加像(仔细调节望远镜目镜的高矮和光轴的方向获得)，测出放大的指针内直观标尺的长度 d_2 并填入表 4-14。

(3)求出望远镜的测量放大率 $\Gamma=-\dfrac{d_2}{d_1}$，并与计算放大率 $\dfrac{f_1}{f_2}$ 进行比较。

六、数据记录与处理

表 4-14　望远镜放大率的数据测量与处理表

标尺长 d_1/cm	放大像长 d_2/cm	测量放大率 $\Gamma=-\dfrac{d_2}{d_1}$	计算放大率 $\dfrac{f_1}{f_2}$	相对误差

七、分析与思考

用同一台望远镜观测不同距离处的物体，其角放大率是否改变?

实验二十二　测自组显微镜的放大率

一、实验背景及应用

显微镜是由一个透镜或几个透镜组合成的光学仪器，是人类进入原子时代的标志，是用于放大微小物体成像的仪器。显微镜分为光学显微镜和电子显微镜。光学显微镜是在 1590 年由荷兰的詹森父子首创的。现在的光学显微镜可以把物体成像放大 1600 倍，分辨率的最小极限达光波长的 1/2。

光学显微镜的种类很多。例如，暗视野显微镜，是一种具有暗视野的聚光镜，可使照明的光束不从中央部分射入而从四周射向标本的显微镜；荧光显微镜，是一种以紫外线为光源，使被照射的物体发出荧光的显微镜。电子显微镜是 1931 年在德国柏林由诺尔和鲁卡斯首先装配完成的。现在的电子显微镜的放大倍数超过 1500 万倍。

近年来，随着科学技术的突飞猛进，显微镜的应用越来越广，种类也越来越多，可广泛地应用于解剖学、生物学、细菌学、组织学、药物学、生物化学、地质学、微纤维学、土壤研究、工业生产、皮革工业、金相学、神经学、骨病学、生理学、射线学、血清学、兽医学、水污染研究等。

二、实验目的

1. 掌握在光学平台上组装、调整光路的基本方法。
2. 观察并测量显微镜的放大率。

三、实验仪器

实验仪器有低压钠光灯、目镜、物镜、LED 白光源、45°玻璃架、1/10mm 微尺、30mm 直尺、通用底座、可调底座、透镜架、双棱镜架、二维调节架。实验装置如图 4-41 所示。

图 4-41 实验装置

四、实验原理

光学显微镜的主光学系统由物镜和目镜两部分组成。目镜和物镜都是凸透镜，焦距不同。显微镜成像的光路图如图 4-42 所示。

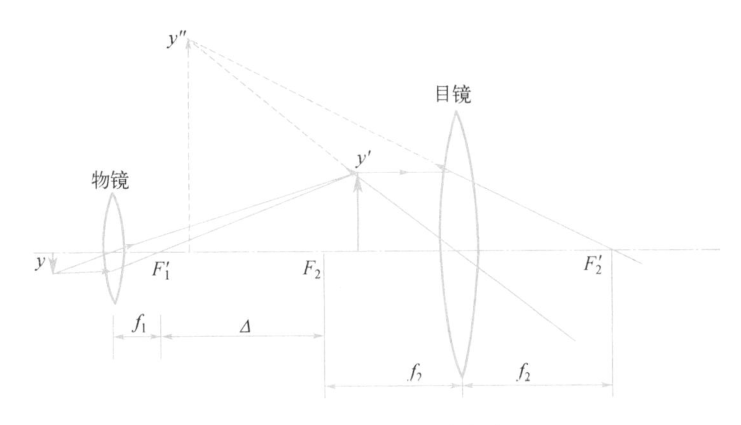

图 4-42 显微镜成像的光路图

对于目视光学仪器，其放大作用不应简单以横向放大率来表征，而应以视觉放大率代之。物体 y 位于靠近显微镜物镜焦点以外且靠近焦点的位置，先经过物镜于目镜的焦点附近成一放大倒立的实像 y'，y'再经过目镜于无穷远或明视距离处成一放大虚像 y''，供眼睛观察。目镜的作用与放大镜一样，但它的成像光束被物镜限制了。相应地，眼睛就不能像使用放大镜那样自由，而必须有一个固定的位置观察。

显然，显微镜的视觉放大率应该是物镜放大率和目镜放大率的乘积。物镜的放大率公式为

$$\Gamma_1 = \frac{y'}{y} = -\frac{\Delta}{f_1} \tag{4-28}$$

根据放大镜的放大率可得目镜的放大率为

$$\Gamma_2 = \frac{250}{f_2} \tag{4-29}$$

显微镜的放大率为

$$\Gamma = \Gamma_1\Gamma_2 = -\frac{250\Delta}{f_1 f_2} \tag{4-30}$$

式中，Δ 为光学间隔；f_1 和 f_2 分别为物镜和目镜的焦距；250mm 是眼睛的明视距离。显然，显微镜的放大率与光学间隔成正比，与物镜和目镜的焦距成反比。当 $\Gamma < 0$ 时，物体成倒像。

五、实验内容

（1）把全部仪器按照图 4-41 的顺序在平台上摆放好，并调成共轴系统，调好的实验装置图如图 4-43 所示。

（2）将物镜和目镜的距离定为 24cm。

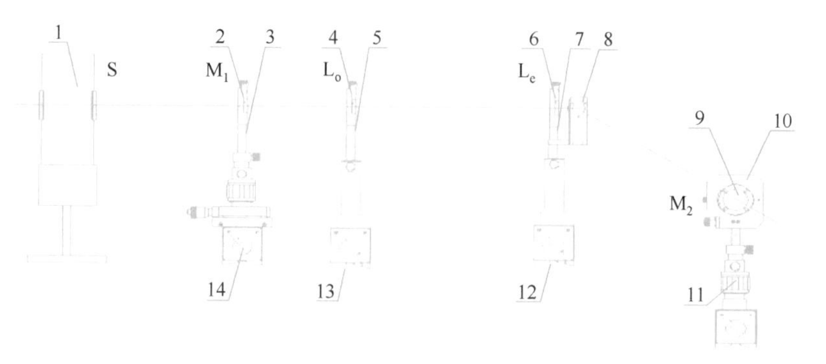

1—低压钠光灯；2—1/10mm 微尺 M_1；3，5，6，10—透镜架；4—物镜 L_o（f=45mm）；
7—目镜 L_e（f=34mm）；8—45°玻璃架；9—30mm 直尺 M_2；11～14—底座。

图 4-43 显微镜实验装置图

（3）将分度值为 1/10mm 的微尺 M_1 向 LED 白光源 S 方向移动，用眼睛从目镜 L_e 后面观察，从显微镜系统中得到微尺清晰的放大像。

（4）在目镜 L_e 之后置一与光轴成 45°角的玻璃架，距此玻璃架 25 cm 处，放置一长度为 30mm 的直尺 M_2，用 LED 白光源 S 从后面照射 M_2。

（5）仔细调节 45°玻璃架的方向和微尺 M_1，使在目镜 L_e 后能同时观察到放大的微尺 M_1 像和经 45°镜反射的直尺 M_2 像，并消除两个像之间的视差。如果两个像的亮度相差太大，可以调节 LED 白光源 S 的亮度，使它们的亮度相似，以便观察。读出直尺 M_2 的像在放大的微尺 M_1 像上的格数 a 并填入表 4-15。放大后的微尺 M_1 像的分度值为 $30/a$mm，微尺 M_1 的初始分度值为 1/10 mm，则显微镜的测量放大率为

$$\Gamma_{测} = \frac{30}{a} / \frac{1}{10} = \frac{30 \times 10}{a}$$

根据图 4-42 可以算得光学间隔 $\Delta = (240 - 45 - 34)\text{mm} = 161\text{mm}$。

显微镜的理论放大率为 $\Gamma = -\dfrac{250\Delta}{f_1 f_2}$。

六、数据记录与处理

表 4-15　显微镜放大率的测量数据及数据处理表

格数 a	测量放大率 $\Gamma_{测}$	理论计算放大率 $\Gamma=-\frac{250\Delta}{f_1 f_2}$	相对误差 E

七、分析与思考

自组显微镜和伽利略望远镜的光路调节有什么异同?

实验二十三　杨氏双缝实验

一、实验背景及应用

1801 年，托马斯·杨设计了一种把单个波阵面分解为两个波阵面以确定两个光源之间的相位差的方法，以研究光的干涉现象。托马斯·杨用叠加原理解释了干涉现象，在历史上第一次测定了光的波长，为光的波动学说的确立奠定了基础。

根据光的干涉原理，若光源为单色光，在屏上则会出现一系列平行且等间距的明暗相间的干涉直条纹，中央为零级明纹，上下对称，明暗相间，均匀排列。若用白光做实验，则除了中央亮纹仍是白色的，其余各级条纹形成从中央向外由紫到红排列的彩色条纹，即光谱。

二、实验目的

观察双缝干涉现象并测量光的波长。

三、实验仪器

实验仪器有钠光灯、凸透镜 L_1($f=50$mm)、凸透镜 L_2($f=150$mm)、二维调整架、单面可调狭缝、双缝、干板架、测微目镜 M、读数显微镜架、三维底座、二维底座、一维底座。杨氏双缝实验实物装置图如图 4-44 所示。

图 4-44　杨氏双缝实验实物装置图

四、实验原理

杨氏双缝实验原理图如图 4-45 所示，普通单色光源(如钠光灯)发出的光照在单缝 S 上，作为单色缝光源。在S的照明范围内的前方，放两个相距很近的狭缝S_1和S_2。S_1和S_2到S等距。根据惠更斯原理，S_1和S_2将作为两个次波（球面波）向前发射，形成交叠的波场。这两个相干的光波在距离为D的接收屏上叠加，形成干涉条纹。为了提高干涉条纹的亮度，可以不用接收屏，而使用目镜直接观测，同时可以测量数据。在激光出现以后，利用它的相干性和高亮度，人们可以用氦氖激光器直接照明双缝，在接收屏同样可获得一组相当明显的干涉条纹，供许多人同时观看。

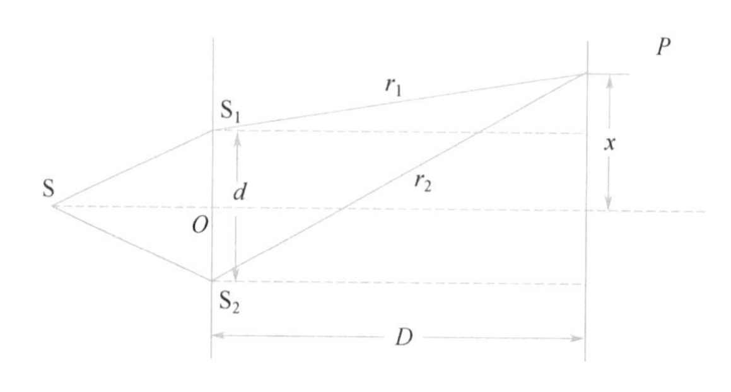

图4-45 杨氏双缝实验原理图

如图4-45所示，设双缝S_1和S_2的间距为d，它们到接收屏的垂直距离为D，接收屏与两缝连线的中垂线垂直。S_1和S_2处的光就是具有相同的相位的相干光，屏幕上各点的干涉强度由光程差ΔL决定。对于屏幕上任意点P，S_1和S_2到P点的距离r_1和r_2分别为

$$\begin{aligned} r_1 &= S_1P = \sqrt{\left(x - \frac{d}{2}\right)^2 + D^2} \\ r_2 &= S_2P = \sqrt{\left(x + \frac{d}{2}\right)^2 + D^2} \end{aligned} \tag{4-31}$$

由上两式可以得到$r_2^2 - r_1^2 = 2xd$。

若将整个装置放在空气中，则相干光到达P点的光程差为

$$\Delta L = r_2 - r_1 = \frac{2xd}{r_1 + r_2} \tag{4-32}$$

在实际情况中，d远小于D，这时若x也比D小得多，则有$r_1 + r_2 \approx 2D$。在近似条件下式(4-32)变为

$$\Delta L = \frac{xd}{D} \tag{4-33}$$

由光程差判据：

$$\Delta L = \begin{cases} k\lambda & \text{明条纹中心} \\ \left(k + \frac{1}{2}\right)\lambda & \text{暗条纹中心} \end{cases} \quad k = 0, \pm 1, \pm 2, \cdots \tag{4-34}$$

将式(4-33)代入式(4-34)可知，屏幕上各级明条纹中心的位置为

$$x = \frac{kD\lambda}{d} \quad k = 0, \pm 1, \pm 2, \cdots \tag{4-35}$$

暗条纹中心的位置为

$$x = \left(k + \frac{1}{2}\right)\frac{D\lambda}{d} \quad k = 0, \pm 1, \pm 2, \cdots \tag{4-36}$$

相邻两极大值或两极小值之间的间距为干涉条纹间距，用Δx来表示，它反映了条纹的疏

密程度。由式(4-35)可得相邻明条纹(或暗条纹)中心的间距为 $\Delta x = \frac{D}{d}\lambda$，变换可得

$$\lambda = \frac{\Delta x d}{D} \tag{4-37}$$

式中，d 为两个狭缝中心的间距；λ 为单色光波的波长；D 为双缝屏到观测屏或微测目镜焦平面的距离。

由式(4-37)可知，实验中只要测得 D、d 及 Δx，即可计算 λ。

五、实验内容

(1)把全部仪器按照图 4-46 的顺序在平台上摆放好，并调成共轴系统。

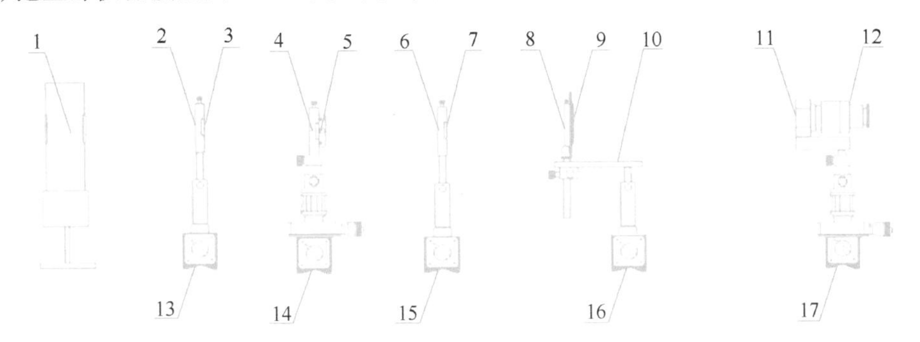

1—钠光灯；2—透镜 L_1 (f=50mm)；3、4、6、8、10、11—光具架；5—测微狭缝 S；
7—透镜 L_2 (f=150mm)；9—S_1 和 S_2；12—测微目镜 M；13～17—底座。

图 4-46　杨氏双缝实验装置图

(2)开启光源，使钠光灯的光通过透镜 L_1 汇聚到测微狭缝 S 上，用透镜 L_2 将 S 成像于测微目镜 M 的分划板上，测微狭缝 S 和测微目镜的 M 的距离要大于透镜 L_2 焦距的 4 倍。

(3)将 S_1 和 S_2 置于透镜 L_2 旁。仔细调节双棱镜架的旋转角，使测微狭缝 S 与 S_1 和 S_2 平行，这时从测微目镜 M 中可以看到干涉条纹。适当调窄测微狭缝 S，使干涉条纹最清晰，并旋转测微目镜 M，使其中毫米刻线与干涉条纹平行。

(4)用测微目镜 M 测量 5 个明条纹的间距并记录其始末位置的读数，填入表 4-16，求条纹间距 Δx，用米尺测量双缝至测微目镜焦平面的垂直距离 D。

(5)用测微目镜测量双缝的间距 d 并记录 S_1 与 S_2 的位置，重复测量 5 次，填入表 4-16，根据式(4-37)计算钠黄光的波长 λ。

六、数据记录与处理

表 4-16　杨氏双缝干涉实验记录表(D=________mm)

	位置	1	2	3	4	5
5 个明条纹间距/mm	$x_{始}$					
	$x_{末}$					
双缝间距/mm	d_{S_1}					
	d_{S_2}					

根据公式 $\lambda = \frac{\overline{\Delta x}}{D}\overline{d}$ 计算波长，并计算相对误差 E(波长理论值为 589.3nm)。

七、问题与思考

在实验中，如果增大狭缝的宽度，实验现象有什么变化？分析变化产生的原因。

实验二十四　夫琅禾费单缝衍射

一、实验背景及应用

光在传播过程中遇到障碍物时将绕过障碍物，改变光的直线传播，这种现象称为光的衍射。当障碍物的大小与光的波长接近时，如障碍物为狭缝、小孔、小圆屏、毛发、细针、金属丝等，就能观察到明显的光的衍射现象，即光线偏离直线传播的现象。光的衍射分为夫琅禾费衍射与菲涅尔衍射，分别称为远场衍射与近场衍射。本实验只研究夫琅禾费单缝衍射。

在实验中，当一束平行光垂直照射宽度可与光的波长相比拟的狭缝时，会绕过狭缝边缘向阴影区衍射，衍射光经透镜汇聚到焦平面处的屏幕上，形成衍射条纹。分析衍射条纹形成的原因，不仅有助于理解夫琅禾费衍射的规律，还是理解其他衍射现象的基础。

二、实验目的

1. 掌握在光学平台上组装、调整光路的基本方法。
2. 观察光通过单缝后的衍射现象，计算单缝宽度 a。

三、实验仪器

实验仪器有钠光灯、透镜架 、测微狭缝、凸透镜($f=100$mm)、凸透镜($f=150$mm)、双棱镜架、二维调节架、测微目镜架、测微目镜、底座，夫琅禾费单缝衍射实验装置图如图4-47所示。

图4-47　夫琅禾费单缝衍射实验装置图

四、实验原理

图 4-48 所示为夫琅禾费单缝衍射实验原理图，AB 为单缝的截面，其宽度为 a。根据惠更斯 - 菲涅耳原理可知，波面 AB 上的各点都是相干的子波源。先考虑沿入射方向传播的各子波射线(图 4-48 中的光束①)，它们被透镜 L_2 汇聚于焦点 O。由于 AB 是同相面，通过透镜到达点 O 的各光线光程又相等，所以它们到达点 O 时仍保持相同的相位而互相加强。这样，在正对狭缝中心的点 O 处将是一条明纹，这条明纹叫作中央明纹。

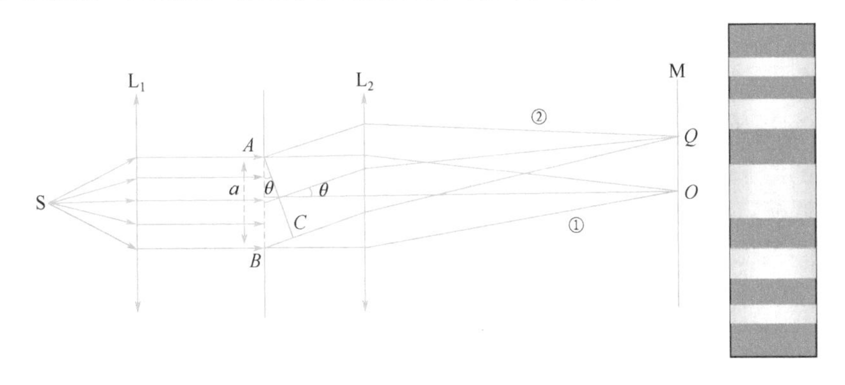

图 4-48　夫琅禾费单缝衍射实验原理图

对于与入射方向成 θ 角的子波射线(图 4-48 中的光束②)，也就是其衍射角为 θ 时，平行光束②被透镜 L_2 汇聚于屏幕上的点 Q，但由于光束②中各子波到达点 Q 的光程并不相等，所以它们在点 Q 的相位也不相同。显然，垂直于各子波射线的面 AC 上各点到达点 Q 的光程都相等，换句话说，从面 AB 发出的各子波射线在点 Q 的相位差，就对应于从面 AB 到面 AC 的光程差。由图 4-48 可知，点 B 发出的子波射线比 A 点发出的子波射线多走了 $BC = a\sin\theta$ 的光程，这是沿与入射方向成 θ 角的各子波射线的最大光程差。如何从上述分析获得各子波在点 Q 处叠加的结果呢？可以采用菲涅耳提出的半波带法，无须复杂的数学推导，便能得知衍射条纹分布的概貌。

当衍射角 θ 满足：

$$a\sin\theta = \pm 2k\frac{\lambda}{2} = \pm k\lambda \quad k = 1, 2, 3, \cdots \tag{4-38}$$

时，点 Q 处为暗条纹(中心)，对应于 $k = 1,2,3,\cdots$ 分别叫作第一级暗条纹，第二级暗条纹，第三级暗条纹，…式(4-38)中正负号表示条纹对称分布于中央明纹的两侧。显然，两侧第一级暗条纹之间的距离，即中央明纹的宽度。当衍射角 θ 满足：

$$a\sin\theta = \pm(2k+1)\frac{\lambda}{2} \quad k = 1, 2, 3, \cdots \tag{4-39}$$

时，点 Q 处为明条纹(中心)，对应于 $k = 1, 2, 3, \cdots$ 分别叫作第一级明条纹，第二级明条纹，第三级明条纹，…。

应当指出，式(4-38)和式(4-39)均不包括 $k=0$ 的情况。因为对式(4-38)来说，$k=0$ 意味着 $\theta=0$，但这是中央明纹的中心，不符合该式的含义。对式(4-39)来说，$k=0$ 虽对应于一个半波带形成的亮点，但仍处在中央明纹的范围内，仅是中央明纹的一个组成部分，呈现不出一个单独的明纹。

总之，夫琅禾费单缝衍射条纹是在中央明纹两侧对称分布着明暗相间条纹的一组衍射图样。由于明条纹的亮度随 k 的增大而下降，明暗条纹的区别越来越不明显，所以一般只能看到中央明纹附近的若干条明暗条纹。

由图 4-48 的几何关系可求出条纹的宽度。通常衍射角很小，所以 $\sin\theta \approx \tan\theta$，于是条纹在屏上距中心 O 的距离 x 可写为

$$x = f\tan\theta$$

由式(4-38)可知，第一级暗条纹距中心 O 的距离为

$$x_1 = f\tan\theta_1 = \frac{\lambda}{a}f$$

所以中央明纹的宽度为

$$\Delta x_0 = 2x_1 = \frac{2\lambda f}{a} \tag{4-40}$$

其他任意两相邻暗纹的距离(其他明纹的宽度)为

$$\Delta x = \theta_{k+1}f - \theta_k f = \left[\frac{(k+1)\lambda}{a} - \frac{k\lambda}{a}\right]f = \frac{\lambda f}{a} \tag{4-41}$$

由此可见，其他明纹的宽度都相等，中央明纹的宽度为其他明纹宽度的两倍。因此，在实验中如果已知 λ 和 f，并测得 Δx 的值，可根据公式计算出单缝的宽度 a。

五、实验内容

(1)把全部仪器按照图 4-49 的顺序在平台上摆放好，并调成共轴系统。

(2)将狭缝 S_1 靠近钠光灯并位于透镜 L_1 的焦平面上，通过透镜 L_2 形成平行光束，垂直照射狭缝 S_2，用透镜 L_2 将衍射光束汇聚到测微目镜的分划板上，调节狭缝 S_2 竖直，并使分划板的毫米刻线与衍射条纹平行，狭缝 S_1 的宽度要适当(如 0.1mm 左右，要兼顾衍射条纹清晰与视场光强)。

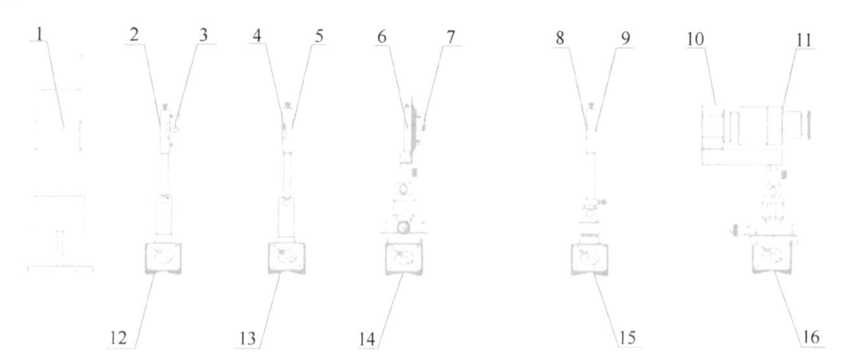

1—钠光灯；2，5，6，9，10—光具架；3—狭缝 S_1；4—透镜 L_1 ($f=100$mm)；7—狭缝 S_2；8—透镜 L_2 ($f'=150$mm)；11—测微目镜；12～16—底座。

图 4-49 夫琅禾费单缝衍射实验装置示意图

(3) 用测微目镜测量 5 个中央明纹的宽度 Δx_0，记录条纹的始末位置，重复测量 5 次填入表 4-17。结合已知的 λ 和 f 值，代入式(4-40)，即可算出单缝宽度 a 为

$$a = \frac{2\lambda f}{\Delta x_0}$$

(4)用显微镜直接测量单缝宽度 $a_{测}$，记录条纹的始末位置，重复测量 5 次填入表 4-17。与上一步计算的结果做比较。

(5)用测微目镜可验证中央明纹的宽度是其他明纹宽度的两倍。

六、数据处理与记录

表 4-17　夫琅禾费单缝衍射实验记录表

	位置	1	2	3	4	5
5 个中央明纹间距/mm	$x_{始}$					
	$x_{末}$					
单缝间距 $a_{测}$/mm	$a_{始}$					
	$a_{末}$					

根据公式 $a=\dfrac{2\lambda f}{\Delta x_0}$ 计算单缝的宽度，并计算相对误差 E（实验中所用的钠光灯的波长为589.3nm）。

七、分析与思考

在该实验图像中，中央明纹的角宽度与其他明纹的角宽度有何关系？

实验二十五　夫琅禾费圆孔衍射

一、实验背景及应用

大多数光学仪器所用透镜的边缘是圆形的，所用的光阑也是圆形的，且大多数光学仪器是通过平行光或近似平行光成像的。所以对圆孔衍射进行的研究对分析几何光学仪器的成像原理有着十分重要的意义。

二、实验目的

1. 掌握在光学平台上组装、调整光路的基本方法。
2. 观察夫琅禾费圆孔衍射现象，并计算圆孔的直径。

三、实验仪器

实验仪器有激光器（$\lambda=532$nm）、多孔板、透镜（$f=150$mm）、衰减片（红、蓝滤光片）、测微目镜、激光器架、透镜架、干板架、测微目镜架、底座、平台和钢尺。夫琅禾费圆孔衍射实验装置图如图 4-50 所示。

图 4-50　夫琅禾费圆孔衍射实验装置图

四、实验原理

1. 圆孔衍射原理

平行光通过狭缝时可以产生衍射现象。同样，平行光通过小圆孔时，也会产生衍射现象。

当单色平行光垂直照射小圆孔 S 时，经过透镜 L 在透镜 L 的焦平面处的屏幕 P 上，将出现中央为亮圆斑，周围为明暗交替的环形的衍射图样，如图 4-51 所示。中央光斑较亮，叫作艾里斑，它集中了光强的绝大部分(约 84%)。若艾里斑的直径为 d，透镜 L 的焦距为 f，圆孔直径为 D，单色光的波长为 λ，则由理论计算可得，在满足夫琅禾费圆孔衍射条件的情况下，艾里斑对透镜光心的张角 2θ(见图 4-52)与圆孔直径 D、单色光波长 λ 的关系为

$$2\theta = \frac{d}{f} = 2.44\frac{\lambda}{D} \tag{4-42}$$

在角 θ 很小的情况下，可得

$$\tan\theta \approx \sin\theta \approx \theta = \frac{d}{2f} \tag{4-43}$$

比较式(4-42)和式(4-43)可得艾里斑的直径为

$$d = 1.22\frac{f}{D}\lambda \tag{4-44}$$

由式(4-44)可知，实验中只要测得艾里斑的直径 d，就可以计算圆孔的直径 D。

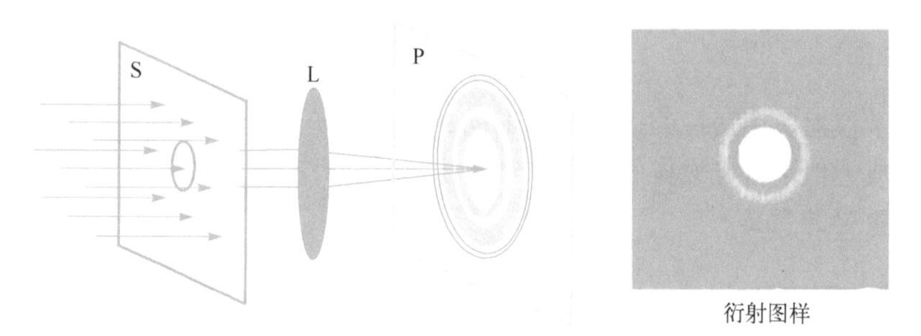

图 4-51 圆孔衍射实验示意图及其衍射图样

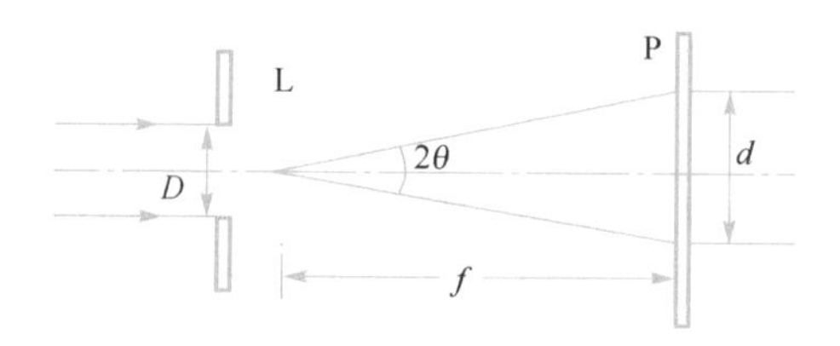

图 4-52 圆孔衍射实验原理图

2. 艾里斑和光学仪器分辨本领

光学仪器中的透镜、光阑等都相当于一个透光的小圆孔。从几何光学的观点来说，物体通过光学仪器成像时，每一物点都有一个对应的像点。由于光的衍射，像点已不是一个点，而是一个有一定大小的艾里斑。因此对于距离很近的两个物点，其对应的两个艾里斑就会互相重叠甚至无法分辨。可见，由于光的衍射，光学仪器的分辨能力受到了限制。

那么两个物点之间的最小距离为多少，才能被光学仪器分辨呢？英国物理学家瑞利提出了一个判据：如果一个物点的艾里斑中心刚好和另一个物点的艾里斑边缘(第一个暗环)

相重合(见图4-53)，那么这两个物点恰好能被这一光学仪器所分辨。这个判据称为瑞利判据。恰好能被分辨时的两个物点 S_1、S_2 对透镜光心所张的角 φ 叫作最小分辨角。由图4-52和图4-53可以看出，最小分辨角 φ 刚好等于艾里斑对透镜光心所张角度的一半即半张角 θ。因此由式(4-42)得

$$\varphi = 1.22\frac{\lambda}{D} \tag{4-45}$$

在光学仪器中通常把最小分辨角的倒数，即

$$\frac{1}{\varphi} = \frac{D}{1.22\lambda} \tag{4-46}$$

称为光学仪器的分辨本领。由式(4-46)可知，提高光学仪器的分辨本领，可采用增大透镜的直径或减小入射光的波长的方法。

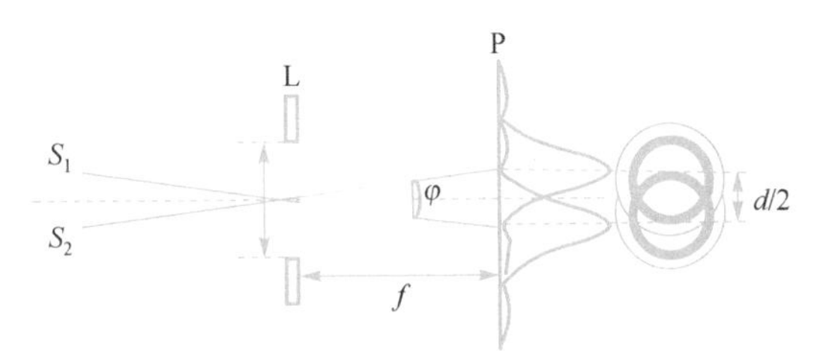

图4-53　两个物点恰能分辨

五、实验内容

(1)把全部仪器按照图4-54的顺序在平台上摆放好，并调成共轴系统，仔细调整多孔板位置，获得衍射图样。

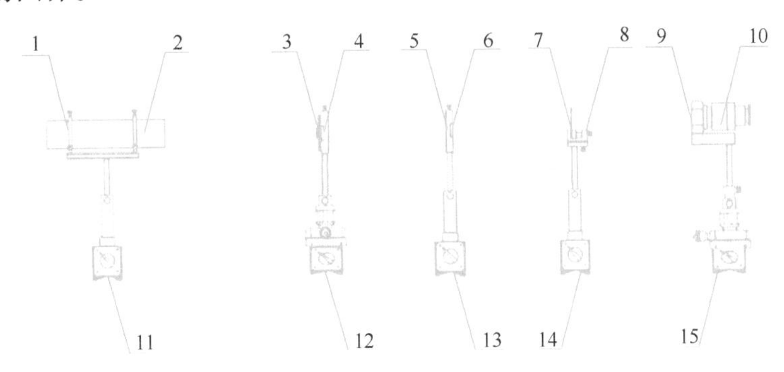

1，4，6，8，9—光具架；2—激光器(λ =532nm)；3—多孔板(φ =0.2～0.5mm)；5—透镜(f =150mm)；7—衰减片(红、蓝滤光片)；10—测微目镜；11～15—底座。

图4-54　夫琅禾费圆孔衍射实验装置图

(2)在黑暗环境中用测微目镜测量艾里斑的直径 d，记录边缘始、末位置，填入表4-18(只有保证测微目镜与透镜的距离约为透镜焦距的大小，测出的艾里斑直径才会较为准确)。

(3)测量衍射小孔直径 D，记录边缘始、末位置，填入表4-18。

注意：为保护眼睛不被绿激光损伤，在使用读数显微镜观察前，在光路中插入衰减片(红滤光片或蓝滤光片，或者两个都用上)，并尽量减小激光器的工作电流，能发出稳定的绿激光即可。

六、数据处理与记录

表 4-18 夫琅禾费圆孔衍射实验记录表

	位置	1	2	3	4	5
艾里斑直径/mm	$d_{始}$					
	$d_{末}$					
圆孔直径 $D_{测}$/mm	$D_{始}$					
	$D_{末}$					

已知绿激光波长($\lambda=532\text{nm}$)、物镜焦距f，根据公式 $D=1.22\dfrac{f}{d}\lambda$ 计算圆孔直径，并计算其与测量的圆孔直径之间的相对误差 E。

七、分析与思考

试分析实际测量值产生误差的原因。

第五章 电磁学实验

实验二十六 铁磁材料的磁滞回线测定

一、实验背景及应用

铁磁材料的应用非常广泛，从常用的永久磁铁、变压器铁芯到录音、录像、计算机存贮用的磁带、磁盘等都采用铁磁材料。铁磁材料有较高的磁导率，磁滞回线和基本磁化曲线是反映其基本磁化规律的特性曲线。不同铁磁材料的磁滞回线形状和包围的面积不同，其磁化后去磁的难易程度也不同，根据磁滞回线的形状，可以将铁磁材料分为软磁材料、硬磁材料和矩磁材料。

软磁材料的磁滞回线狭长，具有较少的剩余磁感应强度和较小的矫顽力，磁导率高，易于磁化且磁化后容易退磁，常用于制造变压器的铁芯及电机的转子。硬磁材料的磁滞回线较宽，具有较多的剩余磁感应强度和较大的矫顽力，磁化后不容易退磁，常用于制造永久磁铁。矩磁材料的磁滞回线接近矩形，用较小的外磁场就能使之磁化并达到饱和，去掉外磁场后磁性仍能保持与饱和时一样，主要用于电子计算机的存取器等记忆元件，还可用于磁放大器、变压器、脉冲变压器等。

二、实验目的

1. 掌握用磁滞回线实验仪绘制磁滞回线的方法。
2. 认识铁磁材料的磁化规律，观察两种典型铁磁材料的磁化特性。
3. 测定样品的基本磁化曲线，做 μ-H 曲线。
4. 计算样品的 H_c、H_r、B_m 和 H_m 等参数。
5. 测绘样品的磁滞回线。

三、实验仪器

实验仪器有磁滞回线实验仪，示波器，导线若干，实验仪器如图 5-1 所示。

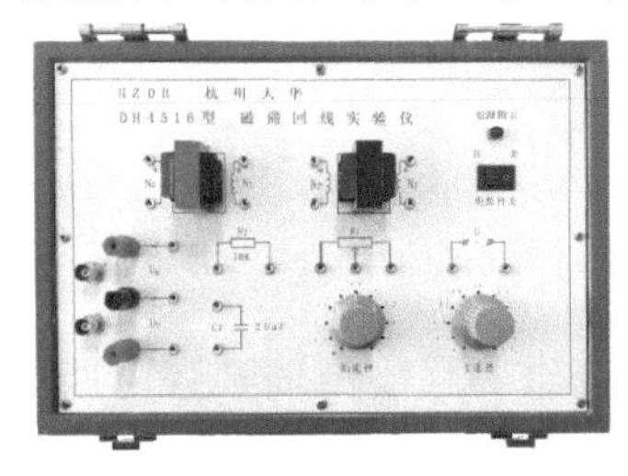

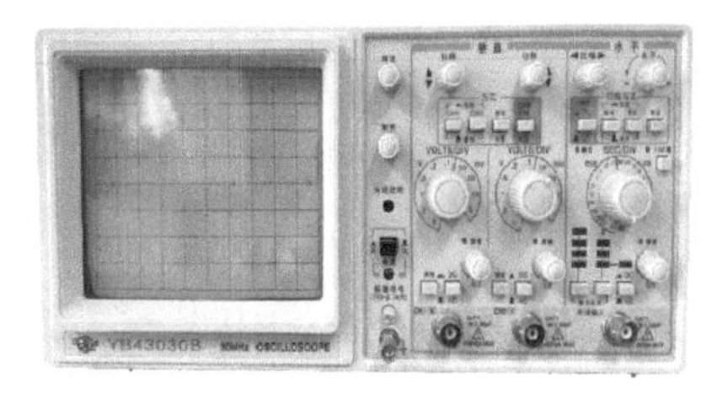

图 5-1 实验仪器

四、实验原理

1. 铁磁材料的磁滞现象

铁磁材料是一种性能特异，用途广泛的材料。铁、钴、镍及其众多合金及含铁的氧化物（铁氧体）均为铁磁材料。铁磁材料的特征：其一是在外磁场作用下能被强烈磁化，故磁导率 μ 很高；其二是磁滞，即外磁场作用停止后，铁磁材料仍保留磁化状态，图 5-2 所示为铁磁材料的起始磁化曲线和磁滞回线。

图 5-2 中的原点 O 表示磁化之前铁磁材料处于磁中性状态，即 $B=H=0$，当磁场强度 H 从零开始增加时，磁感应强度 B 先随之缓慢上升，如曲线 Oa 所示，之后磁感应强度 B 随磁场强度 H 迅速增长，如曲线 ab 所示，最后磁感应强度 B 的增长又趋于缓慢，并当磁场强度 H 增至 H_m时（m 点），磁感应强度 B 到达饱和值 B_m，曲线 $Oabm$ 称为起始磁化曲线。图 5-2 表明，当磁场强度 H 从 H_m逐渐减小至零，磁感应强度 B 并不沿起始磁化曲线恢复到 O 点，而是沿另一条新曲线 mr 下降，比较曲线 Om 和曲线 mr 可知，当磁场强度 H 减小时磁感应强度 B 相应也减小，但磁感应强度 B 的变化滞后于磁场强度 H 的变化，这种现象称为磁滞，磁滞的明显特征是当磁场强度 $H=0$ 时，磁感应强度 B 不为零，而保留剩余磁感应强度 B_r。

当施加反向磁场并使反向磁场强度 H 从零逐渐减小至 $-H_C$时（c 点），磁感应强度 B 变为零，说明要想消除剩余磁感应强度，必须施加反向磁场，H_C称为矫顽力，它的大小反映铁磁材料保持剩余磁感应强度的能力，曲线 rc 称为退磁曲线。

图 5-2 表明，当继续增加反向磁场时，铁磁材料将被反向磁化，直到饱和（m'点），然后减小反向磁场至零（r'点），同样出现磁滞现象。若再次增加正向磁场，则铁磁材料再一次被正向磁化直到饱和（返回 m 点），因此若添加的磁场的磁场强度 H 按 $H_m \to 0 \to -H_C \to -H_m \to 0 \to H_C \to H_m$次序变化时，相应的磁感应强度 B 则沿闭合曲线 $mrcm'r'c'm$ 变化，这条闭合曲线称为铁磁材料的磁滞回线。所以，当铁磁材料处于交变磁场中时（如变压器中的铁芯），将沿磁滞回线反复被磁化→去磁→反向磁化→反向去磁。在此过程中要消耗额外的能量，并以热的形式从铁磁材料中释放，这种损耗称为磁滞损耗。可以证明，铁磁材料的磁滞损耗与其磁滞回线所围的面积成正比。

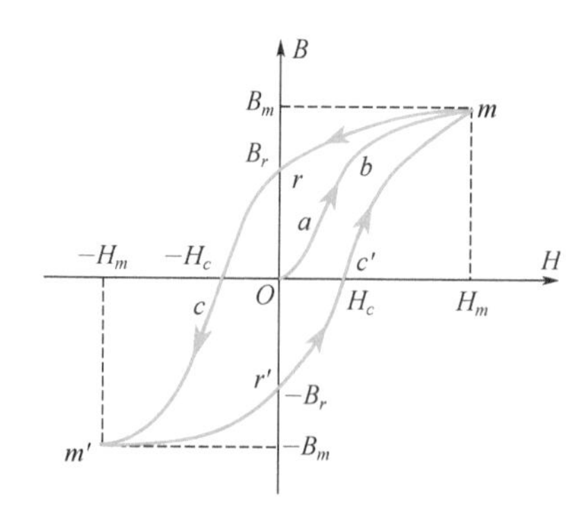

图 5-2 铁磁材料的起始磁化曲线和磁滞回线

应该说明，从磁中性状态 $H=B=0$ 开始，当交变磁场强度由弱到强周期性改变时，铁磁材料被多次磁化，可以得到面积由小到大向外扩张的一簇磁滞回线，如图 5-3 所示，这些磁滞回线顶点 m 与原点 O 的连接成的曲线 $Om_1m_2m_3m_4m$ 称为铁磁材料的基本磁化曲线，由此可近似确定其磁导率$\mu = B/H$，因为磁感应强度B与磁场强度H成非线性关系，故铁磁材料的磁导率μ不是常数，而是随磁场强度H的变化而变化，如图5-4所示。铁磁材料的相对磁导率可高达数千乃至数万，这是它用途广泛的主要原因之一。

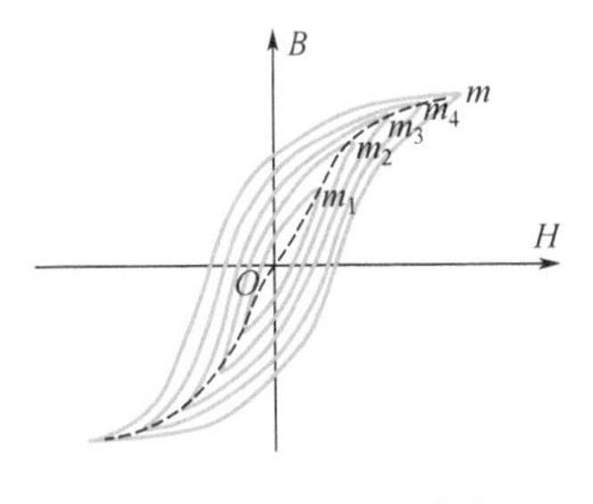

图5-3 基本磁化曲线

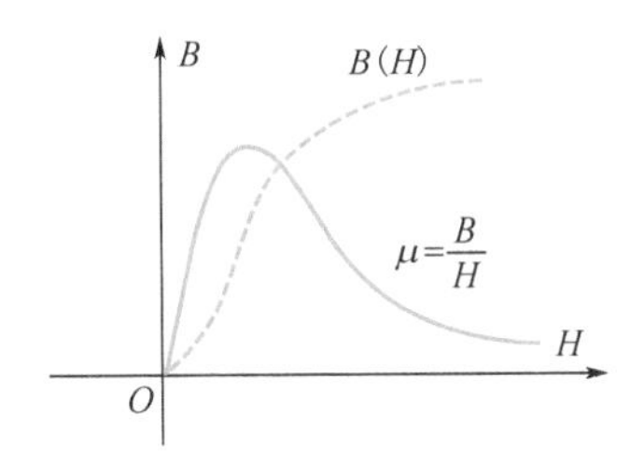

图5-4 铁磁材料的基本磁化曲线和μ-H的关系

基本磁化曲线和磁滞回线是铁磁材料分类和选用的主要依据，图5-5所示为不同铁磁材料的磁滞回线。其中软磁材料磁滞回线狭长，矫顽力、剩余磁感应强度和磁滞损耗均较小，是制造变压器、电机、交流磁铁的主要材料。硬磁材料磁滞回线较宽，矫顽力大，剩余磁感应强度大，磁滞损耗大，可用来制造永磁体。

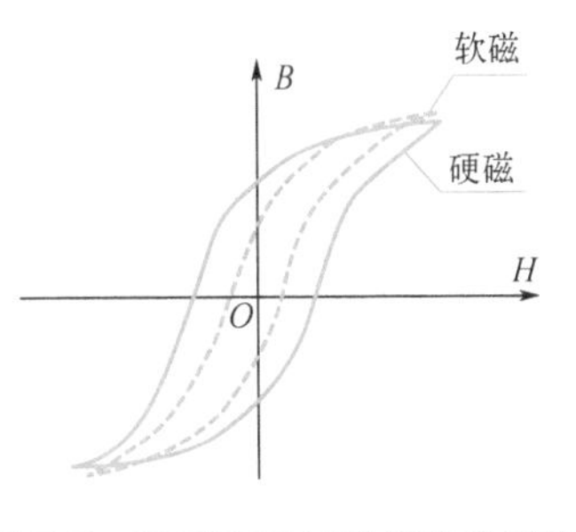

图5-5 不同铁磁材料的磁滞回线

2. 用示波器观察和测量磁滞回线的实验原理和线路

观察和测量磁滞回线和基本磁化曲线的线路如图5-6所示。

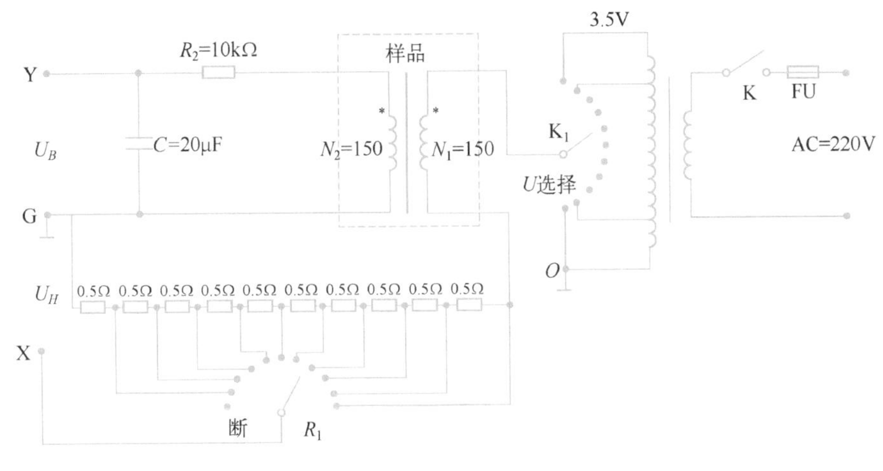

图5-6 观察和测量磁滞回线的线路

图5-6中样品为EI型矽钢片，N_1为励磁绕组，N_2为用来测量磁感应强度B而设置的绕组。R_1为励磁电流取样电阻，FU为熔断器。若通过N_1的交流励磁电流为i，则根据安培环路定律，样品的磁场强度为

$$H = \frac{N_1 \cdot i}{L} \tag{5-1}$$

式中，L为样品的平均磁路长度，因为励磁电流i为

$$i = \frac{U_H}{R_1} \tag{5-2}$$

所以有

$$H = \frac{N_1}{LR_1} \cdot U_H \tag{5-3}$$

式中，励磁绕组匝数 N_1、平均磁路长度 L、励磁电流取样电阻的阻值 R_1 均已知，因此根据励磁电压 U_H 的测量值可以计算磁场强度 H。

在交变磁场下，样品的磁感应强度瞬时值 B 是由测量绕组和 R_2C 电路确定的，根据法拉第电磁感应定律，由于样品中的磁通 Φ 的变化，在测量线圈中产生的感生电动势的大小为

$$\varepsilon_2 = N_2 \frac{\mathrm{d}\Phi}{\mathrm{d}t} \tag{5-4}$$

$$\Phi = \frac{1}{N_2}\int \varepsilon_2 \mathrm{d}t \tag{5-5}$$

$$B = \frac{\Phi}{s} = \frac{1}{N_2 S}\int \varepsilon_2 \mathrm{d}t \tag{5-6}$$

式中，S 为样品的截面积。

如果忽略自感电动势和电路损耗，那么回路方程为

$$\varepsilon_2 = i_2 R_2 + U_B \tag{5-7}$$

式中，i_2 为感生电流，U_B 为积分电容 C 两端的电压，设在 Δt 时间内，感生电流 i_2 向电容 C 充电的电量为 Q，则有

$$U_B = \frac{Q}{C} \tag{5-8}$$

$$\varepsilon_2 = i_2 R_2 + \frac{Q}{C} \tag{5-9}$$

如果选取阻值足够大的电阻 R_2 和电容量足够大的积分电容 C，使 $i_2 R_2 \gg Q/C$，那么 $\varepsilon_2 = i_2 R_2$。因为有

$$i_2 = \frac{\mathrm{d}Q}{\mathrm{d}t} = C\frac{\mathrm{d}U_B}{\mathrm{d}t} \tag{5-10}$$

所以有

$$\varepsilon_2 = CR_2 \frac{\mathrm{d}U_B}{\mathrm{d}t} \tag{5-11}$$

由式(5-6)和式(5-11)可得

$$B = \frac{CR_2}{N_2 S} U_B \tag{5-12}$$

式中，积分电容的电容量 C、电阻的阻值 R_2、测量绕组匝数 N_2 和样品横截面积 S 均为已知常数，所以由积分电容两端的电压值 U_B 可确定磁感应强度 B。

综上所述，只要将图 5-6 中的励磁电压 U_H 和积分电容两端的电压 U_B 分别加到示波器的“CH1(X)”和“CH2(Y)”上，便可观察样品的 B-H 曲线，并可用示波器测出励磁电压 U_H 和积分电容两端的电压 U_B，进而根据式(5-3)和式(5-12)计算出磁感应强度 B 和磁场强度 H。用该方法，还可求得饱和磁感应强度 B_m、剩余磁感应强度 Br、矫顽力 H_C 及磁导率 μ 等参数。

五、实验内容

1. 电路连接

选取磁滞回线实验仪上的右侧样品按图 5-7 所示的电路图连接线路，并令 $R_1=2.5\Omega$，“U 选择”置于 0 位。磁滞回线实验仪上的“U_H”和“U_B”分别与示波器的“CH1(X)”和“CH2(Y)”相接，将示波器的“SEC/DIV”旋钮旋至“XY”挡。

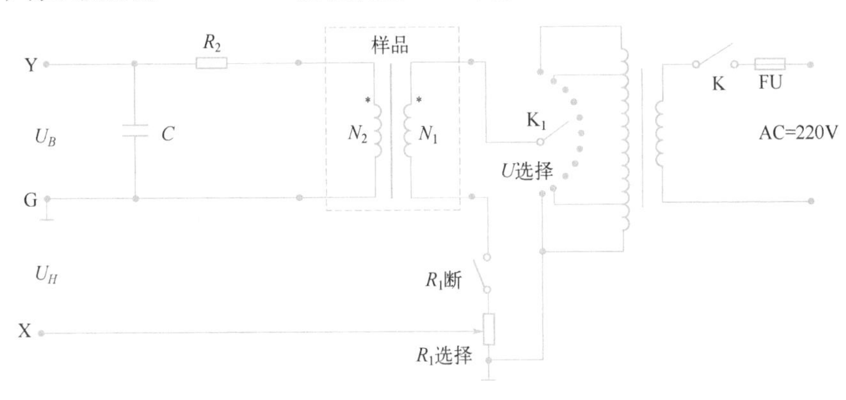

图 5-7 线路连接图

2. 样品退磁

开启磁滞回线实验仪电源，对样品进行退磁，即顺时针方向转动“U 选择”旋钮，令 U 从 0 增至 3V，然后逆时针方向转动旋钮，将 U 降为 0。其目的是消除剩余磁感应强度，确保样品处于磁中性状态，即 $B=H=0$。

3. 观察磁滞回线

开启示波器电源，将光点移动到坐标网格的中心，令 $U=3.0$V，并分别调节示波器 X 和 Y 轴的“VOLTS/DIV”旋钮，使显示屏上出现图形大小合适的磁滞回线。

4. 观察基本磁化曲线

按步骤 2 对样品进行退磁，从 $U=0$ 开始，逐挡提高励磁电压，将在示波器显示屏上得到面积由小到大的一簇磁滞回线。这些磁滞回线顶点与原点连接而成的曲线就是样品的基本磁化曲线。

5. 测量

(1) 依次测量 $U=0.5, 0.9, 1.2, \cdots, 3.0$V 时顶点处 U_H和 U_B的值并填入表 5-1。

(2) 调节 $U=3.0$V，测量样品的 U_H、U_B、B_r、H_C等参数并填入表 5-2。

六、数据记录与处理

1. 数据记录

表 5-1 基本磁化曲线数据记录表

U/V	0.5	0.9	1.2	1.5	1.8	2.1	2.4	2.7	3.0
U_H/V									

续表

U_B/V									
H/(A/m)									
B/T									

表 5-2 磁滞回线数据记录表

U_{Hm}	U_{Bm}	U_{Br}	U_{Hc}	$-U_{Hm}$	$-U_{Bm}$	$-U_{Br}$	$-U_{Hc}$
H_m	B_m	Br	H_c	$-H_m$	$-B_m$	$-Br$	$-H_c$

2. 数据处理

(1)根据测量 U = 0.5V、0.9V、1.2V、1.5V、1.8V、2.1V、2.4V、2.7V 和 3.0V 时顶点处 U_H和 U_B的值，利用已知条件 $L=75\text{mm}$，$S=120\text{mm}^2$，$N_1=150$ 匝，$N_2=150$ 匝，$C=20\mu\text{F}$，$R_2=10\text{k}\Omega$ 和式(5-12)及 $B=\mu H$，计算出相应的磁感应强度 B 和磁场强度 H。在直角坐标纸上画出基本磁化曲线，并画出磁导率与磁感应强度的 μ-H 曲线。

(2)根据 $U=3.0\text{V}$ 测量的一组 U_H、U_B、B_r、H_c参数，计算出相应的磁感应强度 B 和磁场强度 H。在直角坐标纸上画出磁滞回线，即 B-H 曲线。

七、分析与思考

1. 什么是磁滞现象？
2. 什么是基本磁化曲线？什么是磁滞回线？
3. 完成 B-H 曲线的全部测量以前，能不能变动示波器面板上的 X、Y 轴的“VOLTS/DIV”旋钮？

实验二十七 伏安特性的测量

一、实验背景及应用

通过电子元件的电流与加在元件两端的电压的关系曲线，称为伏安特性曲线。伏安特性曲线是直线的元件叫作线性元件；伏安特性曲线不是直线的元件称为非线性元件。从元件的伏安特性曲线可以得知该元件的导电特性，以便确定它在电路中的作用。

二、实验目的

1. 掌握用伏安法测量电阻阻值。
2. 掌握测量线性电阻的伏安特性曲线。
3. 掌握测量非线性电阻的伏安特性曲线。

三、实验仪器

伏安特性实验仪示意图如图 5-8 所示。

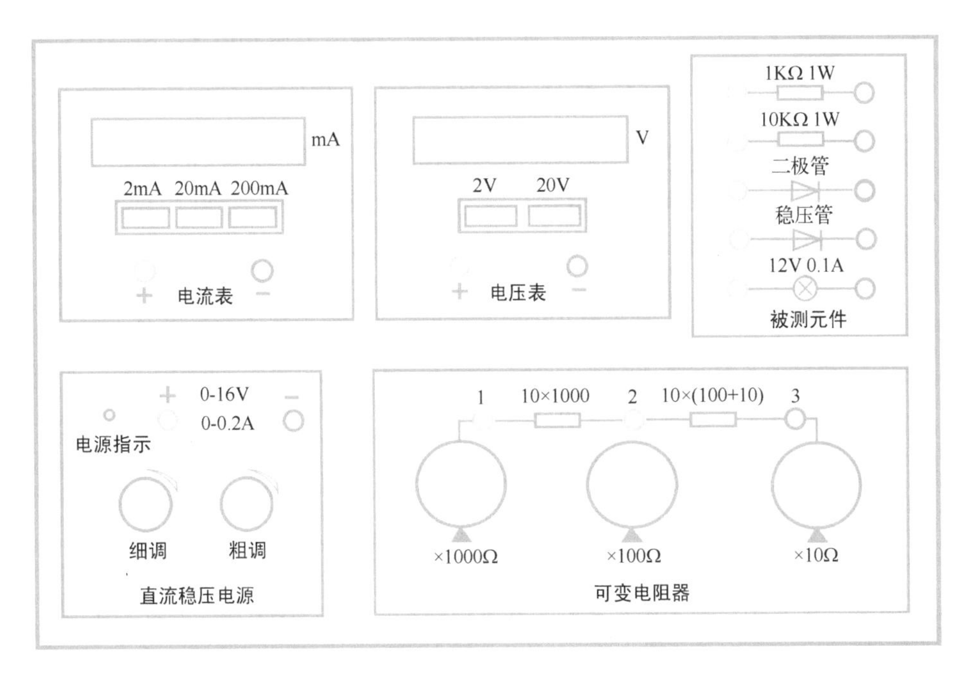

图 5-8 伏安特性实验仪示意图

四、实验原理

1. 线性电阻和非线性电阻

1）线性电阻

对于一般线性电阻，其电阻值稳定不变，伏安特性曲线是一条通过原点的直线，即电阻两端施加的电压与通过电阻的电流成正比，如图 5-9 所示。

2）非线性电阻

对于非线性电阻，其电阻值不是稳定不变的，电阻两端施加的电压与通过的电流呈非线性变化，因此伏安特性曲线不再是一条直线，气态导体（如日光灯管、霓虹灯管中的气体）和半导体元件等都属于非线性元件。图 5-10 所示为二极管的伏安特性曲线。

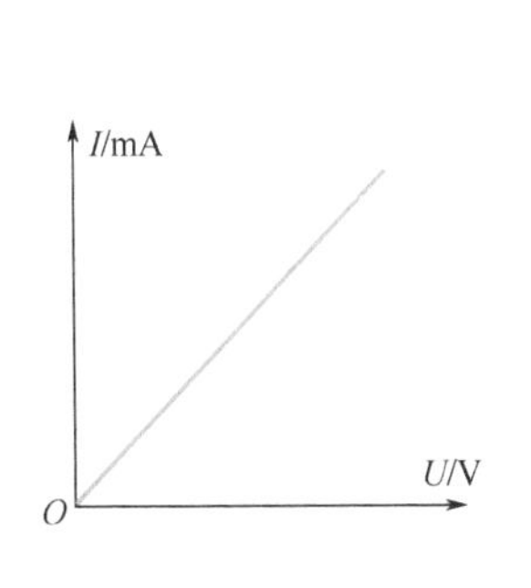

图 5-9 线性元件伏安特性曲线

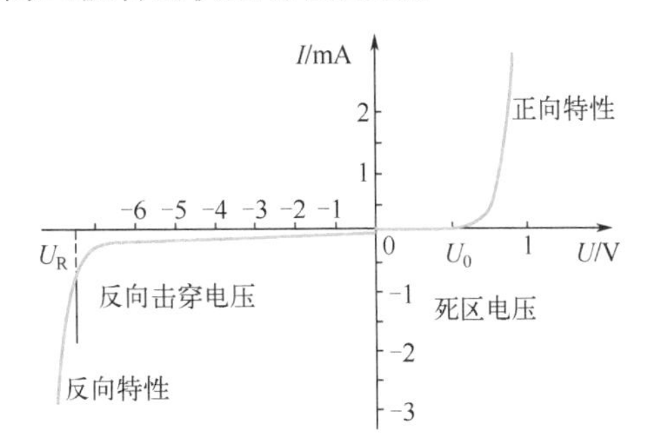

图 5-10 二极管的伏安特性曲线

2. 伏安法测电阻阻值

用电压表测出电阻 R 两端的电压 U，用电流表测出通过电阻的电流 I，利用欧姆定律，得

$$R = \frac{U}{I} \tag{5-13}$$

利用式(5-13)可求出电阻阻值 R。这种用电表直接测出电压和电流，由欧姆定律求电阻阻值的方法称为伏安法。伏安法的优点是原理简单，测量方便，其缺点是准确度低，有方法误差。

用伏安法测电阻阻值有电流表外接和电流表内接两种线路，如图 5-11 和图 5-12 所示。实际电流表具有一定的内阻 R_A；电压表也具有一定的内阻 R_V，因为 R_A 和 R_V 的存在，如果简单地用公式 $R = U/I$ 计算待测电阻 R_x 的阻值，必然带来附加测量误差。

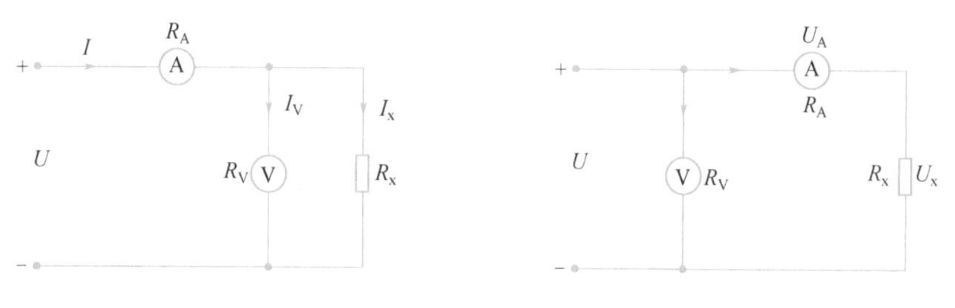

图 5-11 电流表外接测量电路　　图 5-12 电流表内接测量电路

(1)电流表内接电路。电流表的示值 I 是通过待测电阻 R_x 的电流 I_x，电压表的示值 U 是待测电阻 R_x 上的电压 U_x 与电流表上的电压 U_A 之和，电阻的测量值为

$$R = \frac{U}{I} = \frac{U_x + U_A}{I} = R_x + R_A \tag{5-14}$$

式中，R_A 为电流表内阻。电流表内阻引入的方法误差为

$$E_{内} = \frac{R - R_x}{R_x} = \frac{R_A}{R_x} \tag{5-15}$$

由式(5-15)看出，电流表内接电路适用于测量阻值较大的电阻。

(2)电流表外接电路。电流表的示值 I 是通过待测电阻 R_x 的电流 I_x 和通过电压表的电流 I_V 之和，电压表的示值 U 为电阻 R_x 两端电压 U_x，电阻的测量值为

$$R = \frac{U}{I} = \frac{U_x}{I_x + I_V} = \frac{R_x R_V}{R_x + R_V} \tag{5-16}$$

式中，R_V 为电压表的内阻。电压表内阻引入的方法误差为

$$E_{外} = \frac{R - R_x}{R_x} = \frac{-R_x}{R_x + R_V} \tag{5-17}$$

由式(5-17)看出，电流表外接电路适用于测量阻值较小的电阻。

(3)当 R_x 与 R_A 满足一定关系时，有

$$\frac{R_A}{R_x} = \frac{R_x}{R_x + R_V} \tag{5-18}$$

当 $R_A \ll R_V$，$R_x \ll R_V$ 时，由式(5-18)，得

$$R_x = \sqrt{R_A R_V} \tag{5-19}$$

也就是说，当 $R_x = \sqrt{R_A R_V}$ 时，两种电路的方法误差相等；当 $R_x > \sqrt{R_A R_V}$ 时，采用电流表内接测量电路方法误差小；当 $R_x < \sqrt{R_A R_V}$ 时，采用电流表外接测量电路方法误差小。

为了减少测量误差，根据理论分析，测量电路可以按下述方式选择。

A. 当 $R = \sqrt{R_A R_V}$ 时，选用电流表内接测量电路和电流表外接测量电路的测量误差相等。

B. 当 $R > \sqrt{R_A R_V}$ 时，选用电流表内接测量电路的测量误差小。

C. 当 $R < \sqrt{R_A R_V}$ 时，选用电流表外接测量电路的测量误差小。

3. 二极管的伏安特性曲线

二极管具有单向导电性，其伏安特曲线如图 5-10 所示，从其伏安特性曲线可知二极管是非线性元件。当二极管所加正向电压很小时，二极管的电阻很大，正向电流很小，当电压超过一定数值 U_0，该电压称为死区电压，二极管的电阻变得很小，电流增长很快。硅二极管的死区电压为 0.6 ~ 0.8 V，锗二极管的死区电压为 0.2 ~ 0.4 V。使用二极管时，要注意电流不能超过最大整流电流，否则会损坏二极管。

二极管加反向电压时，呈现的电阻很大，且反向电压在一定范围内，反向电流几乎不变（反向电流大，说明二极管单向导电性能差）。当反向电压增加到一定数值 U_R后，反向电流突然增大，对应电流突变这一点的电压 U_R，称为二极管的反向击穿电压。晶体管手册给出的最大反向工作电压通常是反向击穿电压的一半，使用二极管时，所加的反向电压不得超过此值。

五、实验内容

1. 用电流表内、外接法测电阻的阻值

（1）将伏安特性实验仪上节点 1 和 3 之间的可变电阻器设置为 200Ω，根据图 5-13 所示的连接电路接线图接好线路，选择好电压表和电流表的量程。

（2）设置电压为 10V，用电流表内接法和外接法各测一次，记下相应的电流，填入表 5-3。

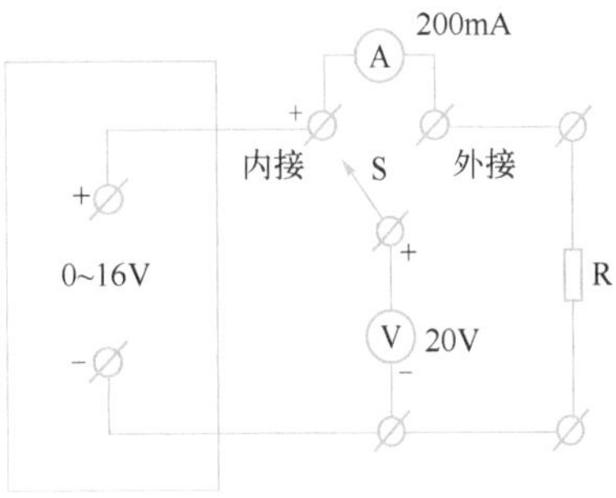

2. 测线性电阻的伏安特性曲线

（1）分别选择阻值为 1kΩ 和 10kΩ 的线性电阻，根据图 5-13 所示的连接电路接线图接好线路，选择并记录电压表和电流表量程分别填入表 5-4 和表 5-5。

（2）根据电阻的阻值和电流表及电压表的内阻，选择接入测量误差小的电路，接通电源。

（3）根据表 5-4 和表 5-5 中的电压，记下相应的电流并分别填入表 5-4 和表 5-5，测 10 组数据。

图 5-13　连接电路接线图

3. 二极管的正向伏安特性曲线

（1）二极管在正向导通时，呈现的电阻值较小，故采用误差小的电流表外接法。

（2）按图 5-14 所示的二极管正向特性测试电路图接好线路，节点 1 和 3 之间的可变电阻器设置为 700Ω，选择并记录电压表和电流表量程，填入表 5-6。

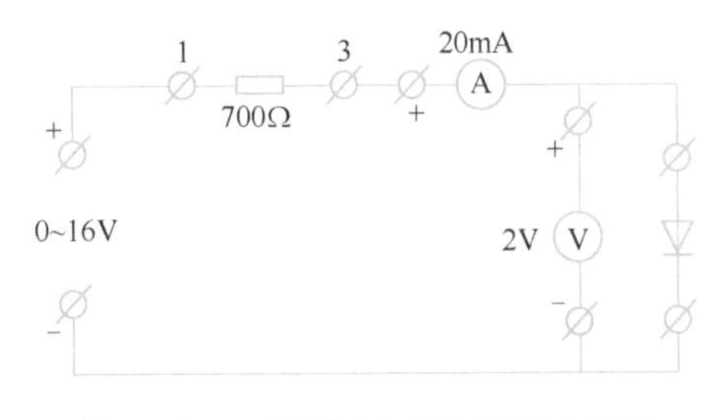

图 5-14　二极管正向特性测试电路图

（3）根据表5-6中的电压，记下相应的电流并填入表5-6，二极管正向电流不得超过20mA。

4. 二极管的反向伏安特性曲线

（1）二极管在反向导通时，呈现的电阻值较大，故采用误差小的电流表内接法。

（2）按图5-15所示的二极管反向特性测试电路图接好线路，节点1和3之间的可变电阻器设置为700 Ω，选择并记录电压表和电流表量程，填入表5-7。

（3）根据表5-7中的电压，记下相应的电流并填入表5-7，二极管反向电压不得超过7V。

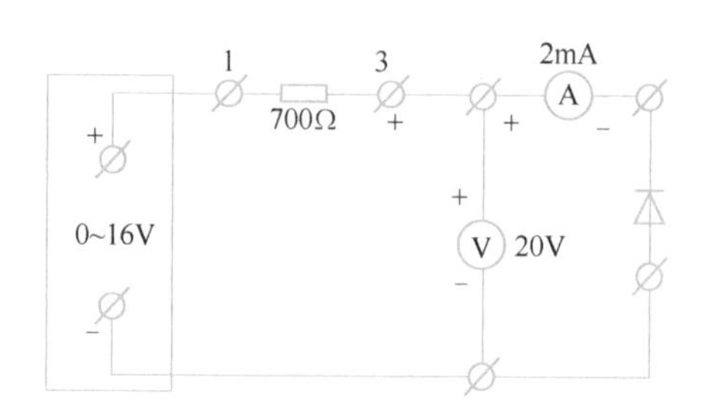

图5-15　二极管反向特性测试电路图

六、数据记录与处理

1. 数据记录

表5-3　伏安法测电阻数据记录表（线性电阻 $R=200\Omega$）

电表	电压表示值	电流表示值
电流表内接法		
电流表外接法		

表5-4　$R_1=1\text{k}\Omega$ 的伏安特性数据（电流表内阻______电流表量程______电压表内阻______电压表量程______）

U/V	1	2	3	4	5	6	7	8	9	10
I/mA										

表5-5　$R_2=10\text{k}\Omega$ 的伏安特性数据（电流表内阻______电流表量程______电压表内阻______电压表量程______）

U/V	1	2	3	4	5	6	7	8	9	10
I/mA										

表5-6　正向伏安曲线测试数据表（电流表量程______　电压表量程______）

U/V	0.1	0.4	0.45	0.5	0.55	0.6	0.63	0.65	0.67	0.69
I/mA										

表5-7　反向伏安曲线测试数据表（电流表量程______　电压表量程______）

U/V	1	2	3	4	5	6	7
I/μA							

2. 数据处理

（1）根据 $R=200\Omega$ 的测量数据计算并分析哪种电路接法误差较小。

$$E_{内}=\frac{R_A}{R_x}=\_\_\_\_\_\_=\_\_\_\_\_\_\%，E_{外}=\frac{-R_x}{R_x+R_V}=\_\_\_\_\_\_=\_\_\_\_\_\_\%。$$

(2)在坐标纸上分别做出电阻 $R_1=1\mathrm{k\Omega}$ 和 $R_2=10\mathrm{k\Omega}$ 的伏安特性曲线，利用伏安特性曲线计算 R_x。

(3)在同一坐标纸上做出二极管正向和反向的伏安特性曲线。

七、分析与思考

1. 为什么测二极管正向特性和反向特性的线路不一样?
2. 用作图法求电阻有什么优点?

实验二十八　直流电桥测电阻的阻值

Ⅰ单臂电桥

一、实验背景及应用

电桥电路是一种最基本的电路。利用电桥平衡原理构成的电测量仪器，不仅可以测电阻的阻值，还可以测电容的电容量、电感的电感量，并可通过这些物理量的测量来间接测量非电学量，如温度、压力等，因此电桥电路在自动化仪表和自动控制中有着广泛的应用。

电桥可分为直流电桥与交流电桥。直流电桥主要用来测量电阻值和与电阻值有关的物理量；交流电桥主要用来测量电容量、电感量等物理量。

直流电桥又分为单臂电桥和双臂电桥。电阻按照阻值大小可以分为高值电阻($>100\mathrm{k\Omega}$)、中值电阻($1\Omega\sim100\mathrm{k\Omega}$)和低值电阻($<1\Omega$)3 种。不同阻值的电阻，应采取不同的测量方法。单臂电桥又称惠斯通电桥，用于测量中值电阻的阻值；双臂电桥又称开尔文电桥，适合测量的电阻值范围为$10^{-5}\sim10\Omega$。

二、实验目的

1. 掌握单臂电桥的原理和特点。
2. 学会用单臂电桥测电阻的阻值。
3. 了解电桥的灵敏度。

三、实验仪器

实验仪器有数字式万用电表，QJ24 型直流电桥，待测电阻。QJ24 型直流电桥面板实物图如图 5-16 所示。

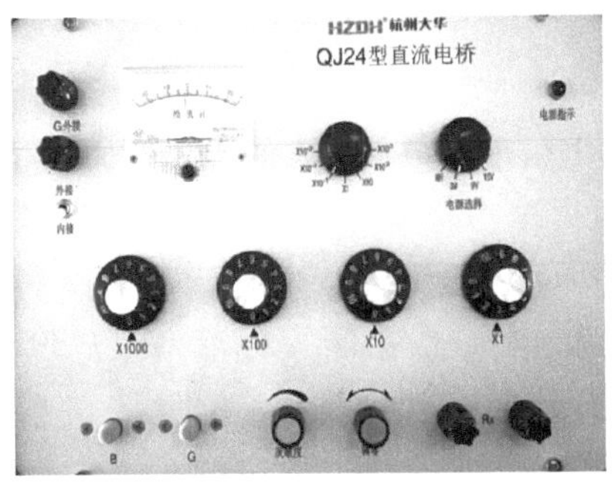

图 5-16　QJ24 型直流电桥面板实物图

四、实验原理

1. 单臂电桥的平衡条件

单臂电桥的原理图如图 5-17 所示。

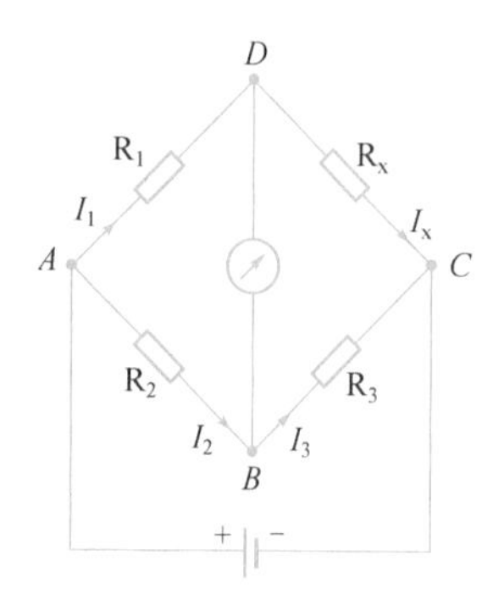

图 5-17 单臂电桥的原理图

待测电阻 R_x和 3 个电阻 R_1、R_2、R_3构成的 4 个支路称为电桥的 4 个桥臂。其中，R_1，R_2所在支路为比例臂（R_1/R_2称为比率）；R_3称为比较电阻，所在支路为比较臂；R_x为待测电阻。当在 A、C 两端加上直流电源时，B、D 之间即所谓的“桥”，“桥”上串联的检流计 G 作为平衡指示器，用来检测其所在支路有无电流流过，即比较“桥”两端的电位大小。测量时，调节比例臂和比较臂，使检流计指向刻度“0”，即 $I_{BD}=0$，这时称电桥达到了平衡。电桥平衡时，有

$$I_1R_1 = I_2R_2 \quad I_xR_x = I_3R_3$$

由于 $I_1=I_x$，$I_2=I_3$，因此可得

$$R_x = \frac{R_1}{R_2}R_3 \tag{5-20}$$

或写成

$$R_x = kR_3 \tag{5-21}$$

式(5-20)为单臂电桥的平衡条件。式(5-21)中，$k = R_1/R_2$为比率。根据比率和比较电阻的阻值，可算出待测电阻 R_x的阻值。

2. 电桥测量电阻阻值的不确定度

1）电桥灵敏度引起的不确定度 u_1

在实验中电桥是否平衡是依据检流计有无偏转来判定的，在此引入电桥的灵敏度 S 予以说明。电桥灵敏度定义为

$$S = \frac{\Delta n}{\Delta R_3/R_3} = \frac{\Delta n}{\Delta R_x/R_x} \tag{5-22}$$

式中，ΔR_3为电桥平衡后 R_3的微小改变量，Δn 为由于电桥偏离平衡位置而引起的检流计指针偏转的格数。显然，当比较臂的电阻变化单位阻值时，检流计指针偏转的格数越多，电桥的灵敏度越高，误差也就越小，测量的结果也就越准确。电桥灵敏度是测量电阻阻值的误差来源之一，通常认为指针可察觉的变化为 0.2 格。

当式(5-22)中的 Δn 为 0.2 格时，对应变化的 ΔR_x为

$$\Delta R_x = \frac{0.2R_{x测}}{S} = u_1 \tag{5-23}$$

该值为电桥灵敏度产生的电阻值误差，将该值定义为电桥灵敏度引起的不确定度 u_1。只要测出 S，就可以计算出 u_1。

2）电桥的仪器误差引入的不确定度 u_2

实验使用的是 QJ24 型直流电桥，根据国家标准 GB/T 3930—2008《测量电阻用直流电桥》，电桥的仪器误差为

$$\Delta_{仪} = \pm a\%\left(\frac{R_N}{10} + R_{x测}\right) \tag{5-24}$$

式中，a 为电桥的准确度等级；$R_{x测}$ 为待测电阻阻值的测量值；R_N 为基准值，即相应有效量程内 10 的最高整数幂，参见表 5-8。本实验中，$u_2 = \Delta_{仪}$，这样待测电阻 R_x 的阻值测量结果的总不确定度为

$$u(R_x) = \sqrt{u_1^2 + u_2^2} \tag{5-25}$$

如果灵敏度合适，即第一项可以忽略不计。本实验中采用 u_2 作为 R_x 测量结果的不确定度。结果表示为

$$R_x = R_{x测} \pm u(R_x) = R_{x测} \pm u_2 \tag{5-26}$$

表 5-8　QJ24 型电桥主要技术参量

倍率	测量范围/Ω	R_N/Ω	准确度等级	电源电压/V
×0.001	1 ~ 9.999	10	0.5	4.5
×0.01	10 ~ 99.99	10^2	0.2	
×0.1	100 ~ 999.9	10^3	0.1	
×1	1000 ~ 9999	10^4		
×10	10000 ~ 99990	10^5		
×100	100000 ~ 999900	10^6	0.2	9
×1000	1000000 ~ 9999000	10^7	0.5	15

五、实验内容

1. 用数字式万用电表测量待测电阻 R_{x1}，R_{x2}，R_{x3} 的阻值填入表 5-9。
2. 用 QJ24 型直流电桥测量待测电阻 R_{x1}，R_{x2}，R_{x3} 的阻值并填入表 5-10。

六、数据记录与处理

1. 数据记录

表 5-9　数字式万用电表测量待测电阻 R_{x1}，R_{x2}，R_{x3} 数据记录表

R_{x1}/Ω	R_{x2}/Ω	R_{x3}/Ω

表 5-10　QJ24 型直流电桥测量待测电阻 R_{x1}，R_{x2}，R_{x3} 数据记录表

电阻	倍率	准确度等级 a	基准值 R_N/Ω	R_3/Ω	R_x/Ω	$u_2 = a\%\left(\frac{R_N}{10} + R_{x测}\right)$
R_{x1}						
R_{x2}						
R_{x3}						

2. 数据处理

计算单臂电桥测量待测电阻 R_{x1}，R_{x2}，R_{x3} 的测量值和不确定度并写出结果表达式。

$R_x = R_{x测} \pm u(R_x) = R_{x测} \pm u_2 =$ ________ Ω。

七、分析与思考

1. 电桥采用什么方法测电阻？
2. 单臂电桥适合测量多大阻值的电阻？能读几位有效数字？

3. 当电桥达到平衡后，将检流计与电源互换位置，证明电桥仍是平衡的。

4. 分析下列因素是否会影响电桥测电阻的阻值。

(1)电源电压不太稳定。

(2)导线的阻值不能完全忽略。

(3)检流计没有调好零。

(4)检流计灵敏度不够。

Ⅱ 双臂电桥

一、实验背景及应用

惠斯通电桥测电阻的阻值时，忽略了电路中的接线电阻和接触电阻(两者统称为附加电阻)。一般附加电阻阻值的数量级为$10^{-5}\sim10^{-2}$。在测量中值电阻时，附加电阻是可以忽略不计的，但在测量低值电阻时就必须考虑附加电阻的影响。为了消除附加电阻的影响，科学家在惠斯通电桥的基础上设计出了双臂电桥，又叫开尔文电桥，适合测量的电阻值范围为$10^{-5}\sim10\Omega$。

二、实验目的

1. 了解四端接线法的意义及双臂电桥的结构。
2. 掌握双臂电桥测量低值电阻的方法。
3. 学习测量导体的电阻率。

三、实验仪器

实验仪器有QJ44型直流双臂电桥，米尺，螺旋测微器，金属丝等。QJ44型直流双臂电桥如图5-18所示。

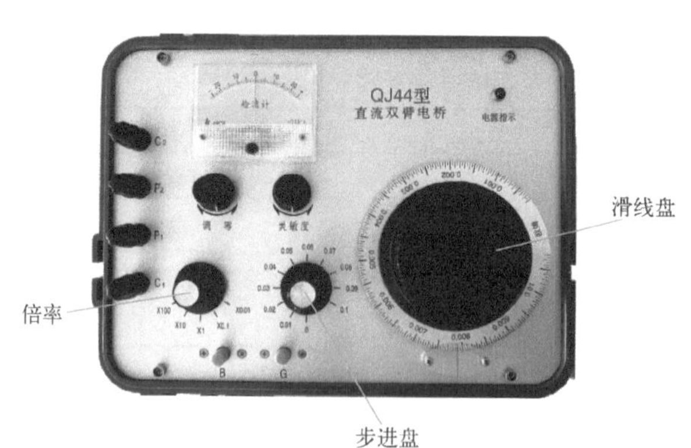

图5-18 QJ44型直流双臂电桥

四、实验原理

1. 四端接线法减小附加电阻的原理

用伏安法测量电阻阻值的原理，如图5-19所示。电流I先经A点流入被测电阻R_x，然后从B点流出。在A点和B点都存在附加电阻，设附加电阻的阻值分别为R_1'、R_2'、R_3'、R_4'，其等效电路如图5-20所示。

把接线方式改成图5-21所示的四端接线法，即把接线端A分开为C_1、P_1，接线端B分开为P_2、C_2，并且把测量电压接线端P_1、P_2放在电流的接线端C_1、C_2内侧。显然附加电阻R_1'、R_2'、R_3'、R_4'仍然存在，但是所处的位置不一样了，构成的等效电路如图5-22所示。

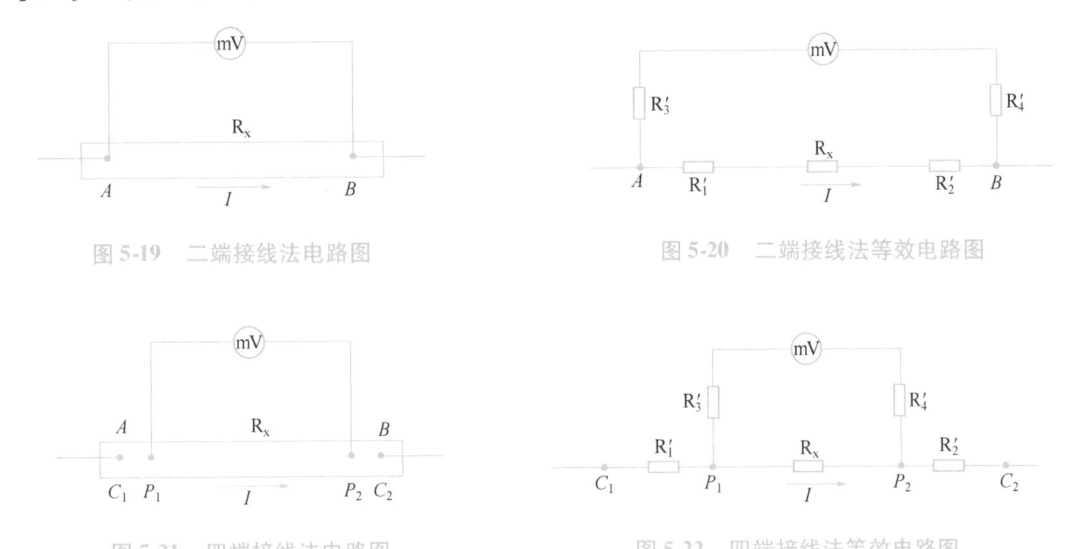

图5-19　二端接线法电路图

图5-20　二端接线法等效电路图

图5-21　四端接线法电路图

图5-22　四端接线法等效电路图

由于电压表内阻的阻值远远大于附加电阻的阻值，附加电阻R_3'、R_4'的作用可以忽略，所以电压表精确测量的是P_1、P_2之间的待测电阻R_x两端的电压，这样就避免了附加电阻R_1'和R_2'对待测电阻R_x测量的影响。这种测量低值电阻阻值或低值电阻两端电压的方法称为四端接线法，广泛应用于各种测量领域中。

需要指出的是，四端接线法并没有消除附加电阻，只是避免了它们对待测电阻的影响，把它们引到其他支路上去了，而在其他支路上，它们的影响往往可以忽略不计。

2. 双臂电桥(开尔文电桥)测量电阻阻值的原理

将四端接线法减小附加电阻的原理应用到单臂电桥中，并做适当改进就构成了双臂电桥，如图5-23所示。其特点如下。

(1)待测电阻R_x和标准比较电阻R_n都采用四端电阻接线法接入电路。

(2)电路中增加了R_3和R_4两个电阻，即多了一组桥臂。由于电路中有两个桥臂，所以称其为双臂电桥。

(3)桥臂电阻的阻值远大于待测电阻R_x的阻值和标准比较电阻R_n的阻值。

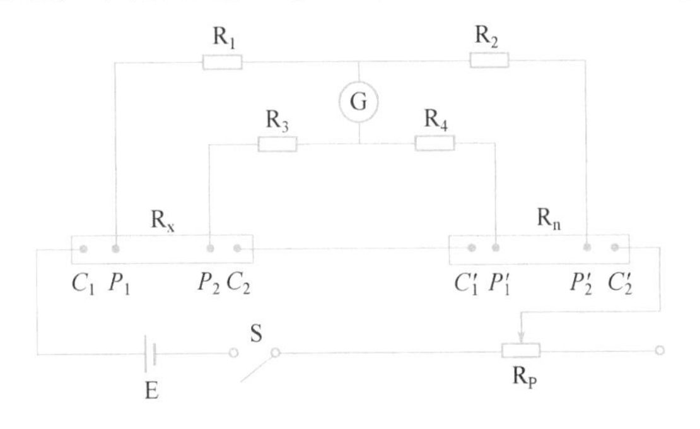

图5-23　双臂电桥电路图

在测量低值电阻时，待测电阻 R_x 和标准比较电阻 R_n 的阻值都很小，所以与待测电阻 R_x 相连接的 4 个接点 C_1、P_1、P_2、C_2 的附加电阻，以及与标准比较电阻 R_n 相连接的 4 个接点 C_1'、P_1'、P_2'、C_2' 的附加电阻必须考虑。设电路中接点 C_1、P_1、P_2、P_1'、P_2'、C_2' 处产生的附加电阻分别为 R_3'、R_4'、R_5' 和 R_6'，P_2、P_1' 之间的附加电阻为 R'，于是双臂电桥的等效电路图如图 5-24 所示。

由于待测电阻 R_x 和标准比较电阻 R_n 采用四端接线法，因此附加电阻 R_1'、R_6' 对测量回路无影响。为了使附加电阻 R_2'、R_3'、R_4' 和 R_5' 的影响可以忽略，在双臂电桥电路设计中，要求桥臂电阻 R_1、R_2、R_3 和 R_4 的阻值特别大，即 $R_1 \gg R_2'$、$R_2 \gg R_5'$、$R_3 \gg R_3'$、$R_4 \gg R_4'$；同时 P_2、P_1' 的连线采用粗导线，使得附加电阻 R' 很小，以满足 $I_3 \gg I_1$ 和 $I_3 \gg I_2$ 的条件，双臂电桥等效简化电路图如图 5-25 所示。

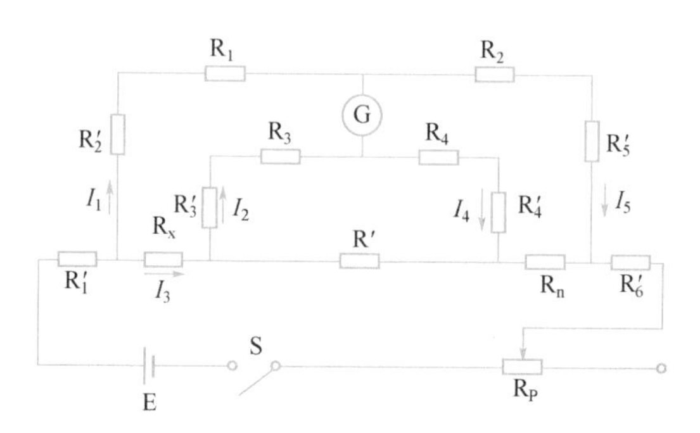

图 5-24 双臂电桥的等效电路图

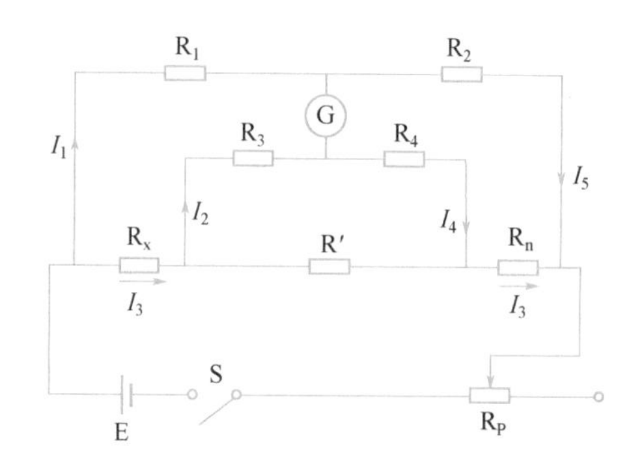

图 5-25 双臂电桥等效简化电路图

测量时，调节桥臂电阻 R_1，R_2，R_3，R_4 和标准比较电阻 R_n 使检流计指零，故有

$$\begin{cases} I_1R_1 = I_3R_x + I_2R_3 \\ I_1R_2 = I_3R_n + I_2R_4 \\ (I_3 - I_2)R' = I_2(R_3 + R_4) \end{cases} \tag{5-27}$$

解方程组得

$$R_x = \frac{R_1}{R_2}R_n + \frac{R'R_4}{R_3 + R_4 + R'}\left(\frac{R_1}{R_2} - \frac{R_3}{R_4}\right) \tag{5-28}$$

选择合适的桥臂电阻 R_1、R_2、R_3 和 R_4，令

$$\frac{R_1}{R_2} = \frac{R_3}{R_4} \tag{5-29}$$

则式(5-28)中的第二项为0，则有

$$R_x = \frac{R_1}{R_2}R_n \tag{5-30}$$

式(5-30)为双臂电桥的平衡条件。

可以看出，当电桥满足平衡条件时，就可以测出待测电阻R_x的阻值。并且待测电阻R_x的阻值仅由比率R_1/R_2和标准比较电阻R_n的阻值决定，标准比较电阻R_n的阻值为图5-18中步进盘的读数与滑线盘的读数之和。

3. 导体电阻率的测量

导体的电阻值与其材料的性质和几何形状有关。有一长度为L，截面积为S的圆柱形导体，其电阻值为

$$R = \rho\frac{L}{S} \tag{5-31}$$

式中，比例系数ρ为导体的电阻率。设圆柱导体的直径为d，则导体的电阻率为

$$\rho = R\frac{\pi d^2}{4L} \tag{5-32}$$

导体的电阻值R较小，先用双臂电桥测量，再测出导体的长度和直径，就可以计算出导体的电阻率。

其中，待测电阻阻值的不确定度为

$$u(R) = 量程_{max} \times a\% \tag{5-33}$$

式中，a为电桥的准确度等级，量程$_{max}$为该倍率下可测得的最大值，参见表5-11。

表5-11 QJ44型直流双臂电桥主要参量

倍率k	量程/Ω	标准比较电阻R_n/Ω	准确度等级a
$\times 10^{-2}$	$10^{-5} \sim 0.0011$	10^{-3}	1
$\times 10^{-1}$	$10^{-4} \sim 0.011$	10^{-2}	0.5
$\times 1$	$10^{-3} \sim 0.11$	10^{-1}	0.2
$\times 10$	$10^{-2} \sim 1.1$	1	
$\times 100$	$10^{-1} \sim 11$	10	

五、实验内容

1. 用QJ24型直流电桥粗测金属丝的电阻值

用QJ24型直流电桥测量金属丝的电阻值并填入表5-12。

2. 用QJ44型直流双臂电桥测量导体的电阻率

(1)将待测金属丝接成四端电阻，如图5-26所示，用双臂电桥测出P_1，P_2之间的电阻值R_x并填入表5-13。

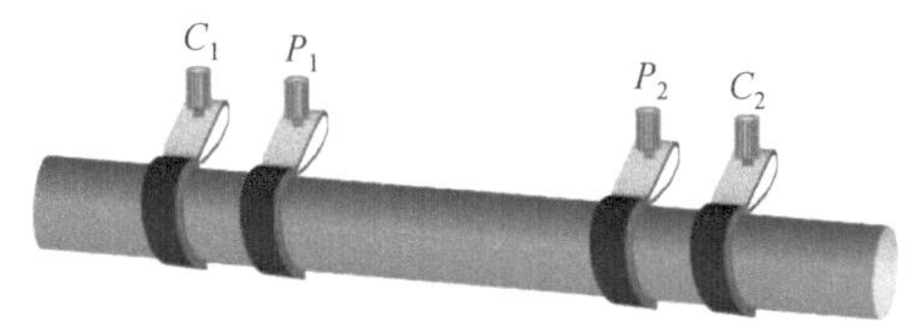

图5-26 四端电阻

(2)用螺旋测微器分别测量待测金属丝不同位置的直径 d 5 次，将数据填入表5-14。用米尺单次测量长度 L 并填入表5-13。

(3)计算金属丝的电阻值、电阻率和不确定度，并写出测量结果的表达式。

六、数据记录与处理

1. 数据记录

表5-12 单臂电桥测量金属丝的电阻值 R_x 数据记录表

金属丝	倍率	R_3/Ω	R_x/Ω
铜			
铁			

表5-13 双臂电桥测量金属丝的电阻值 R_x 数据记录表

金属丝	倍率	R_n/Ω	R_x/Ω	长度 L/mm
铜				
铁				

表5-14 测量金属丝直径数据记录表(螺旋测微器误差 $\Delta_{仪}$ = ________mm 零点读数 d_0 = ________mm)

测量次数	1	2	3	4	5	$\overline{d}$ /mm
铜丝直径 d /mm						
铁丝直径 d /mm						

2. 数据处理

(1)金属丝直径与长度。

$d = \overline{d} \pm u(d) = \overline{d} \pm \sqrt{u_A(d)^2 + u_B(d)^2} =$ ____________ mm。

$L = L_{测} \pm u(L) =$ ____________ mm。

(2)计算金属丝的电阻率与不确定度。

$\rho = R\dfrac{\pi \overline{d}^2}{4L} =$ ________ $\Omega \cdot m$，$\rho = \rho \pm u_\rho =$ ____________ $\Omega \cdot m$。

提示：不确定度的计算公式、仪器误差。

相对不确定度：$E_r = \dfrac{u(\rho)}{\rho} \times 100\% = \sqrt{\left[\dfrac{u(R)}{R}\right]^2 + \left[\dfrac{2u(d)}{\overline{d}}\right]^2 + \left[\dfrac{u(L)}{L}\right]^2} \times 100\%$ 。

不确定度：$u(\rho) = E \cdot \rho$。

仪器误差 $u(R)$ = 量程 max × a%，$\Delta_{d,仪} = 0.004$mm，$\Delta_{L,仪} = 0.5$mm。

七、分析与思考

1. 双臂电桥适合测多大阻值的电阻？
2. 双臂电桥与单臂电桥有哪些异同？

实验二十九 霍尔元件测磁场

一、实验背景及应用

1879 年，美国物理学家霍尔在研究载流导体在磁场中受力时发现了一种电磁效应，若在与电流垂直的方向上存在磁场，则在与电流和磁场都垂直的方向将建立一个电场，这种效应后来被称为霍尔效应。具有霍尔效应的元件称为霍尔元件。

人们用半导体材料制成霍尔元件，它具有对磁场敏感、结构简单、体积小、响应频率宽、输出电压变化大和使用寿命长等优点，因此，在测量、自动化、计算机和信息技术等领域得到广泛的应用。1959 年第一个商品化的霍尔元件问世。1960 年霍尔元件就成为近百种通用型的测量仪器，测量磁感应强度为 $10^{-7}\sim10$T 的恒磁场或高频磁场，使用方便，精度高，尤其适合小间隙空间的测量。利用霍尔效应可测量半导体材料的参数，如载流子浓度、电导率、迁移率、判别半导体材料的导电类型等，还可测量力、温度、位移、压力、角度、转速、加速度等非电学量。利用等离子体的霍尔效应制造磁流体发电机，今后可能是取代火力发电的一个发展方向。其基本原理就是利用等离子体的霍尔效应，即在横向磁场作用下使通过磁场的等离子体的正、负带电粒子分离后积聚于两个极板形成电源电动势。这种新型高效的发电方式是通过燃料燃烧放出的热量使气体变成等离子体流而转换成电能，无须像火力发电那样，先将燃料燃烧释放的热能转换为机械能推动发电机转动，再将机械能转换为电能，这样不仅提高了热能的利用率，还满足了环保的要求。目前，这方面已经有示范工程，发展前景广阔。

二、实验目的

1. 了解霍尔效应的现象及产生机理。
2. 学习用霍尔元件测磁场的原理和方法。
3. 学习利用霍尔元件测长直螺线管的磁感应强度和磁场分布。

三、实验仪器

实验仪器为 FD-ICH-C 新型螺线管磁场测量实验仪，如图 5-27 所示。

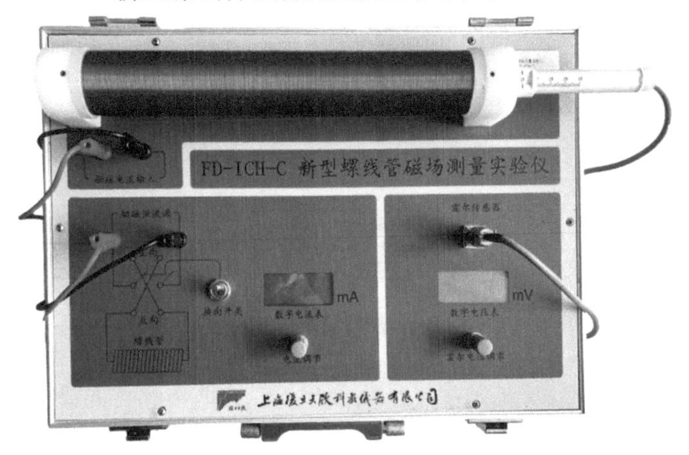

图 5-27 FD-ICH-C 新型螺线管磁场测量实验仪

四、实验原理

霍尔效应是运动的带电粒子在磁场中由于受到洛伦兹力的作用运动方向发生偏转，从而导致正负电荷分离形成附加横向电场的一种现象。如图5-28所示，在一霍尔元件中通入x方向的工作电流I_H，在y方向加一磁场B，载流子的运动方向在洛伦兹力的作用下发生改变，在与z方向垂直的两个横向面a、b上集聚等量异号电荷，从而形成附加横向电场，这种现象称为霍尔效应。产生的横向电场称为霍尔电场。当霍尔元件中的载流子受到的洛伦兹力F_m与电场力F_e相等时，a、b面上的电荷集聚达到动态平衡，此时有

$$qvB = qE_H \tag{5-34}$$

$$U_H = E_H c \tag{5-35}$$

式中，E_H为霍尔电场的电场强度，U_H为a、b面之间的霍尔电压，q为电荷电量，v为载流子的迁移速度，B为外加磁场的磁感应强度，c为霍尔元件的宽度。

若霍尔元件的厚度为d，载流子的浓度为n，则流过霍尔元件的工作电流I_H为

$$I_H = qnvcd \tag{5-36}$$

由式(5-34)～式(5-36)得

$$U_H = E_H c = \frac{1}{nq}\frac{I_H B}{d} = \frac{R_H}{d}I_H B \tag{5-37}$$

式中，$R_H = 1/nq$，称为霍尔系数，是由霍尔元件材料本身载流子迁移率决定的物理常数，是反映材料产生霍尔效应的能力的重要参数。$K_H = R_H/d$称为霍尔元件灵敏度，表示霍尔元件材料在单位工作电流和单位磁感应强度下产生的霍尔电压。因此式(5-37)可写为

$$U_H = K_H I_H B \tag{5-38}$$

根据式(5-37)，在已知霍尔元件灵敏度K_H的情况下，设定工作电流I_H，只要测出霍尔电压U_H，即可求出磁场的磁感应强度B的大小，即

$$B = \frac{U_H}{K_H I_H} \tag{5-39}$$

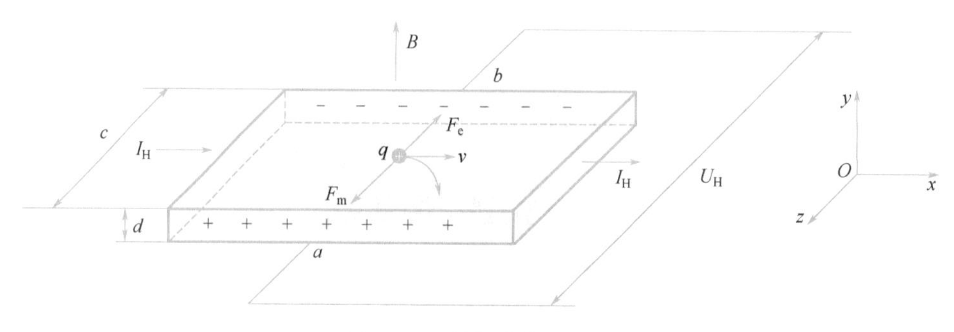

图5-28 霍尔效应原理图

当螺线管内有磁场且集成霍尔传感器的标准工作电流I_H=1A时，式(5-39)可以表示为

$$B = \frac{U_H}{K_H} \tag{5-40}$$

式中，U_H为霍尔电压，用仪器中的数字电压表测出；K_H为该传感器的灵敏度。

对于密绕的螺线管，可以近似看作一系列具有同轴线的圆形线圈的并排组合。因此，一个长直螺线管轴线上某点的磁感应强度，可以通过对轴线上的各圆形电流在该点产生的磁感

应强度积分求和得到。对于有限长的螺线管，中央区域附近可以看作匀强磁场，磁感应强度可以表示为

$$B_0 = \frac{\mu_0 N I_m}{\sqrt{L^2 + D^2}} \tag{5-41}$$

式中，μ_0为真空磁导率，N 为螺线管线圈的总匝数，I_m为通入线圈的励磁电流，L 为螺线管长度，D 为螺线管线圈的平均直径。

在本实验中 $L = 0.26\text{m}$，$D = 0.035\text{m}$，$N = 3000$ 匝，所以 $\sqrt{L^2 + D^2} \approx L$，因此式(5-41)可简化为

$$B_0 = \mu_0 n I_m \tag{5-42}$$

式中，$n = \frac{N}{L}$ 为螺线管单位长度的线圈匝数。

将式(5-42)代入式(5-38)得

$$U_H = K_H I_H \mu_0 n I_m \tag{5-43}$$

式(5-43)表明 U_H和 I_m是线性关系，因此

$$K_H = \frac{1}{\mu_0 n I_H} \cdot \frac{\Delta U_H}{\Delta I_m} \tag{5-44}$$

式中，μ_0，I_H已知，n 仪器上已给出，用作图法求出直线的斜率 $\Delta U_H / \Delta I_m$，代入式(5-44)即可计算出 K_H。

五、实验内容

1. 线路连接

如图 5-27 所示，左面励磁恒流源的输出端与螺线管线圈的电流输入端相接。

2. 霍尔元件标准工作状态

检查接线无误后接通电源，使仪器预热半小时。预热后将数字电流表调零，集成霍尔传感器放在螺线管的中间位置($X = 16.0\text{cm}$ 处)，调节“霍尔电压调零”旋钮使数字电压表显示为 0，这时霍尔元件便达到了标准工作状态。

3. 测量霍尔电压 U_H与螺线管的励磁电流 I_m

改变输入螺线管的励磁电流 I_m，使集成霍尔传感器处于螺线管的中央位置($X = 16.0\text{cm}$)，测量 $U_H - I_m$关系，I_m的范围为 0 ~ 500mA，每隔 50mA 测一次，记录数据。填入表 5-15。

4. 测量通电螺线管中的磁场分布

令螺线管通入恒定励磁电流 $I_m = 250\text{mA}$，改变 X(0 ~ 30.0cm)的位置，测量 U_H大小。改变换向开关后再测一次求平均值。填入表 5-16。

六、数据记录与处理

1. 数据记录

表 5-15　霍尔电压 U_H与螺线管的励磁电流 I_m数据记录表

I_m/mA	0	50	100	150	200	250	300	350	400
U_H/mV									

表 5-16 测量通电螺线管中的磁场分布数据记录表

X/cm	30.0	29.5	29.0	28.5	28.0	27.5	27.0	26.5
U_{H}/mV								
X/cm	26.0	25.0	24.0	23.0	22.0	21.0	20.0	19.0
U_{H}/mV								
X/cm	18.0	17.0	16.0	15.0	14.0	13.0	12.0	11.0
U_{H}/mV								
X/cm	10.0	9.0	8.0	7.0	6.0	5.0	4.5	4.0
U_{H}/mV								
X/cm	3.5	3.0	2.5	2.0	1.5	1.0	—	—
U_{H}/mV								

2. 数据处理

(1)求出直线的斜率 k。

$$k = \frac{\Delta U_{\mathrm{H}}}{\Delta I_{\mathrm{m}}}$$

(2)已知 $I_{\mathrm{H}} = 1\mathrm{A}$，求出集成霍尔传感器的灵敏度 $K_{\mathrm{H}} = \frac{1}{\mu_0 n I_{\mathrm{H}}} \cdot \frac{\Delta U_{\mathrm{H}}}{\Delta I_{\mathrm{m}}}$，单位：V/T。

螺线管参数：$L = 0.26\mathrm{m}$，$N = 3000$ 匝，$\mu_0 = 4\pi \times 10^{-7}\mathrm{H/m}$。

(3)利用式(5-40)和集成霍尔传感器的灵敏度 K_H 计算 B，并做出 B-X 分布图。

(4)计算 $\overline{B_0}$ 并在图上标出均匀区范围(包括位置与长度)。

(5)将实验结果 $\overline{B_0}$ 与理论值 $B_0 = \mu_0 n I_{\mathrm{m}}$ 比较，验证 $\frac{|B_0 - \overline{B_0}|}{B_0} \times 100\% < 1\%$ 是否成立。

七、分析与思考

1. 什么是霍尔效应？霍尔传感器在科研中有何用途？
2. 如何测量霍尔元件的灵敏度？

实验三十 示波器的原理与使用

一、实验背景及应用

示波器是利用示波管内的电子束在电场中偏转来反映电信号随时间变化的一种电子仪器，能够把肉眼无法观察到的电信号显示在荧光屏上，以便对电信号进行定性和定量的测量。示波器主要由示波管和电子线路组成，用途非常广泛，用它不仅可以观测电压、电流、周期、频率、相位等参量，配以不同的传感器，还可以测量各种非电学量，如温度、位移、速度、压力、光强、磁场等。

二、实验目的

1. 了解示波器的工作原理和使用方法。
2. 学会用示波器观察电信号波形，并测量正弦电信号的振幅和周期。
3. 学会用示波器观察李萨如图形，并测量正弦电信号的频率。

三、实验仪器

实验仪器有双踪示波器、信号发生器等，双踪示波器面板图如图 5-29 所示。

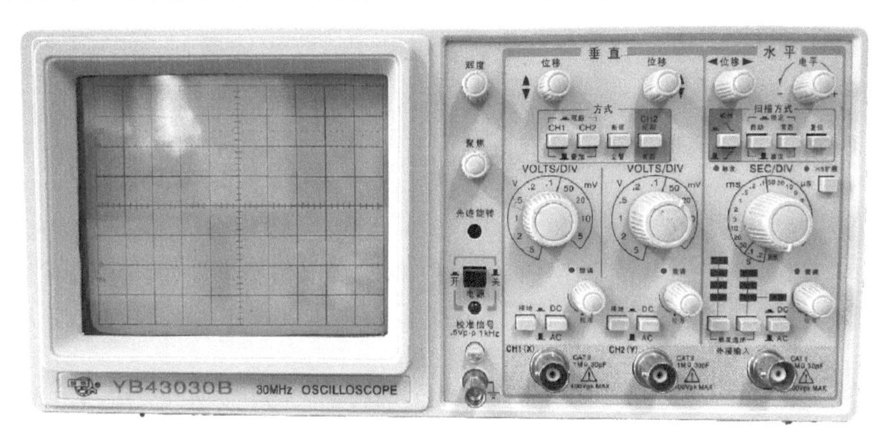

图 5-29 双踪示波器面板图

四、实验原理

双踪示波器虽然有各种不同的型号，但所有的示波器都由电源、示波管、锯齿波发生器、X 轴电压放大器（包括衰减器）和 Y 轴电压放大器（包括衰减器）组成。

1. 示波管的构造

示波管由电子枪、偏转板和荧光屏 3 部分组成，其中电子枪是示波管的核心部件，示波管的基本结构如图 5-30 所示。

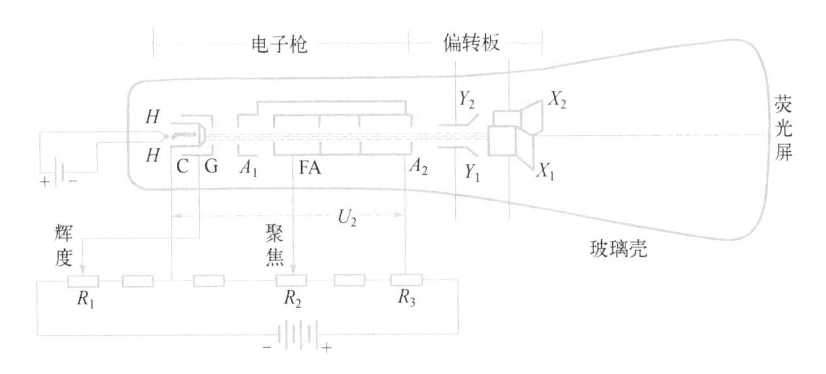

图 5-30 示波管的基本结构

电子枪由阴极C、控制栅极G、第一加速电极 A_1、聚焦电极FA和第二加速电极 A_2 等同轴金属圆筒（筒内膜片的中心有限制小孔）组成。当加热电流从钨丝 H-H 通过并在阴极C被加热后，筒端钡与锶的氧化物涂层内的自由电子获得较高的动能，从表面逸出。因为第一加速电极 A_1 具有很高的电压（如1500 V），C-G-A_1 之间形成强电场，故从阴极C逸出的电子在电场中被加速，穿过控制栅极G的限制小孔（直径约1mm），以高速度（数量级为 10^7）穿过第一加速电极 A_1、聚焦电极FA及第二加速电极 A_2 筒内的限制小孔，形成一束电子射线。电子最后打在荧光屏的荧光物质上，发出可见光，在荧光屏背面可以看见一个亮点。

电子射线中的电子从电子枪"枪口"（第二加速电极 A_2 的限制小孔）射出的速度 v_z，由下面的能量关系式决定：

$$\frac{1}{2}mv_z^2 = eU_2 \tag{5-45}$$

式中，U_2 为第二加速电极 A_2 与阴极C的电位差，e 为电子的电荷（绝对值），m 为电子的质量。因为电子从阴极C逸出时的能量近似为零，电子动能的增量等于它在加速电场中的电位能的减少量 eU_2。因而所有电子的最后射出的速度 v_z 是相同的，与电子在电子枪内所通过的电位起伏无关。

控制栅极G相对于阴极C为负电位（见图5-30中电路），两者相距很近（十分之几毫米），两者之间形成的电场对电子有排斥作用。当栅极G的负电位不很大（几十伏）时就足以把电子斥回，使电子束截止。用电位器 R_1 调节控制栅极G对阴极C的电压，可以控制电子枪射出电子的数目，从而改变荧亮屏上亮点的亮度。

所有电极都封装在高真空的玻璃壳内，各导线引接到管脚，以便和外电路相连。

偏转板由两对相互垂直的金属板X和Y组成，分别控制电子束在水平方向和竖直方向的偏转。若相互垂直的偏转板X和Y不加电压，从电子枪射出的电子束则垂直射到荧光屏中心，在荧光屏中心形成亮点；若在垂直方向的偏转板Y上加上周期性变化的电压，则电子束在偏转板中间因受到电场力的作用而上下偏转，在荧光屏上就可以看到一条竖直的亮线；同理，在水平方向的偏转板X上加上周期性变化的电压，也可以看到一条水平亮线；若两个偏转板都加上周期性变化的电压，则光点在两者的共同控制下，在荧光屏平面上做二维方向的运动。在示波器面板上设置有水平、垂直位移调节旋钮，分别控制和调节荧光屏上显示信号波形在 X、Y 轴方向的位置。

可以证明，亮点在荧光屏上偏转的距离与偏转板上所加的电压成正比，因而可将电压的测量转化为屏上亮点偏转距离的测量，这就是示波器测量电压的原理。

2. 示波器波形显示原理

（1）锯齿波发生器：锯齿波发生器是产生锯齿波电压的。若想显示波形，须在 X 轴偏转板上加一扫描电压 U_x，使电子束的亮点沿着水平方向拉开。这种扫描电压的特点是电压先随时间成正比线性增大，然后又突然回到最小，重复变化。这种波就是前面所说的锯齿波。由于荧光材料具有一定的余辉时间，若电压频率较大时，则在荧光屏上显示的是一条水平亮线，如图5-31所示。

在 Y 轴偏转板上加一交变的正弦波电压 U_y，若没有锯齿波电压，则荧光屏上的亮点在垂直方向做上下的往复运动，荧光屏上显示的是一条垂直的亮线，如图5-32所示。

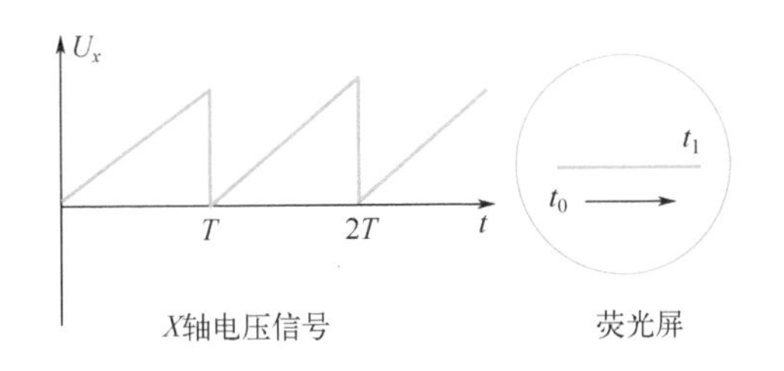

图 5-31 锯齿波波形

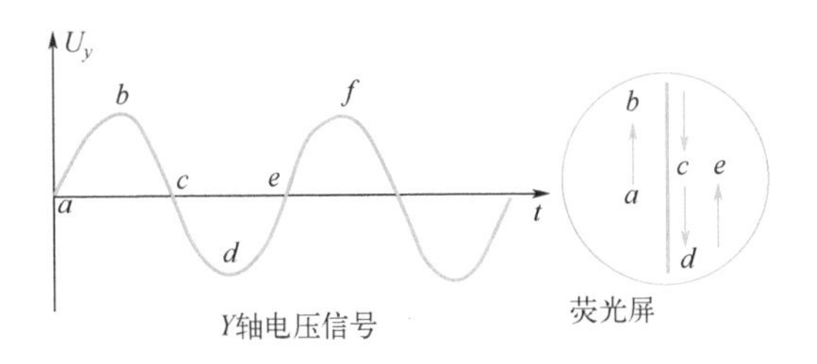

图 5-32 正弦波波形

现在，若我们在 Y 轴偏转板上加一交变的正弦波电压，同时在 X 轴偏转板上加一锯齿波电压，则荧光屏上的亮点将同时做相互垂直的两种位移，我们观察到的是亮点的合成位移，即正弦波图形，其合成原理如图 5-33 所示。

(2)同步与整步：当 $t=0$ 时，Y 轴和 X 轴偏转板上的电压都等于零，荧光屏上的亮点在零点；当 $t=1$ 时，Y 轴和 X 轴偏转板上都加有电压，Y 轴偏转板上的上板为正，X 轴偏转板的右板为正，荧光屏上的亮点向右上方移动，亮点在荧光屏上的位置为“1”，以下依次类推。随着 Y 轴电压的变化，亮点上下移动，因 X 轴所加电压随时间增加而增大，荧光屏上就形成了与 Y 轴偏转板上外加电压相同的波形，当亮点到达点“12”时，Y 轴电压变化一圈，X 轴电压立刻回到零，亮点也回到零。第二个周期又进行同样的移动。从图 5-33看出，只有 X、Y 轴偏转板上电压周期严格相同，荧光屏上才可显示出一个稳定的波形，这种关系称为同步。扫描使亮点在 X 轴上移动。如果正弦波电压和锯齿波电压的周期稍有不同，那么第二次扫描出的曲线将和第一次的曲线位置稍微错开，会在荧光屏上看见不稳定的图形或不断移动的图形，无法进行观察。所以要想显示稳定波形，必须满足锯齿波电压的周期 T_x 与正弦波电压的周期 T_y 成整数倍，即

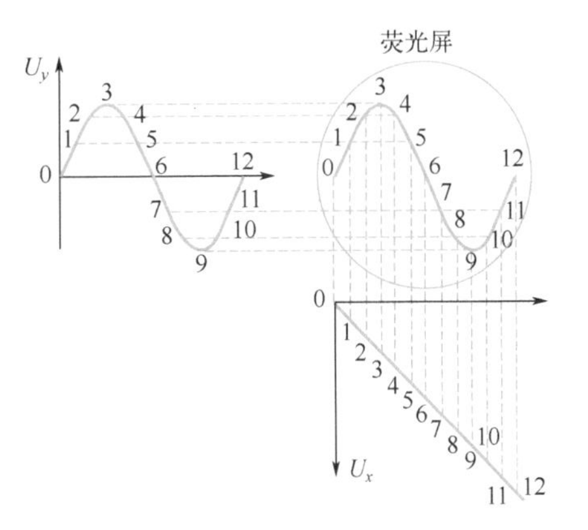

图 5-33 正弦波显示原理图

$$T_x = nT_y \tag{5-46}$$

合成后波形如图 5-34 所示。实际上，正弦波电压的周期 T_y 是由待测电压 U_y 决定的，锯齿波电压的周期 T_x 是由示波器内锯齿波发生器决定的，两者完全独立，互不相关，因此在技术上难以将两个独立产生的电压周期准确地调节成整数倍。解决的办法是把从 Y 轴输入的正弦波电压信号引出一部分送入锯齿波发生器，强迫锯齿波电压周期与 Y 轴正弦波电压信号周期成整数倍关系，实现同步，这一过程称为整步。现在的示波器都能够自动实现整步这一过程，

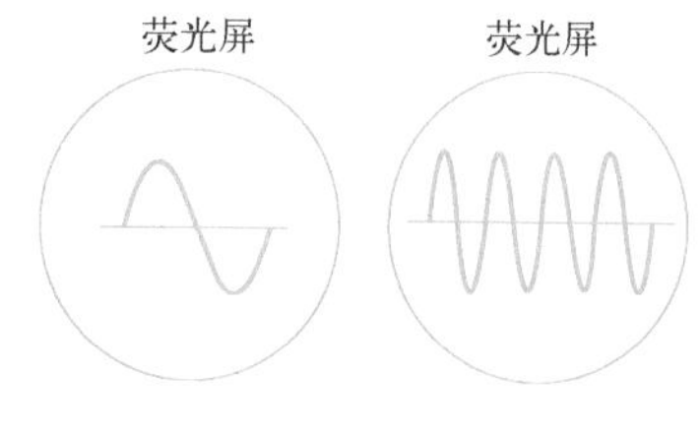

图 5-34　合成后波形

不需要手动调节。

本实验采用的是双踪示波器，有两个信号输入端“CH1（X）”和“CH2（Y）”，可以同时显示两路信号，其原理是利用了电子开关将两个待测的电压信号 CH1 和 CH2 周期性轮流作用在 Y 轴偏转板上。由于视觉后像，能在荧光屏上同时看到两个波形。

若把双踪示波器旋钮置于“X-Y”处，即断开锯齿波发生器。此时 CH1 信号和 CH2 信号就会分别作用于 X 轴偏转板和 Y 轴偏转板上，荧光屏就会显示 CH1 信号和 CH2 信号的合成图。如果 CH1 信号和 CH2 信号都为正弦波电压，且满足 CH1 信号的频率 f_x 与 CH2 信号的频率 f_y 的比为简单的整数比，那么荧光屏就会显示一个稳定的封闭图形，此图形叫作李萨如图形，如表 5-17 所示。

表 5-17　李萨如图形

f_y:f_x	1:1	1:2	1:3	2:3	3:2	3:4	2:1
李萨如图形							
N_x	1	1	1	2	3	3	2
N_y	1	2	3	3	2	4	1
f_y/Hz	100	100	100	100	100	100	100
f_x/Hz	100	200	300	150	$66\frac{2}{3}$	$133\frac{1}{3}$	50

李萨如图形可用来测量未知频率。f_x 和 f_y 分别为 CH1 信号的频率和 CH2 信号的频率，N_x 代表 X 轴方向的切线与图形相切的切点数，N_y 代表 Y 轴方向的切线与图形相切的切点数，则有

$$\frac{f_y}{f_x}=\frac{N_x}{N_y} \tag{5-47}$$

由式(5-47)可见，只要在荧光屏上数出李萨如图形与直线的切点数 N_x 和 N_y，若 f_x 为已知，则可求出 f_y。这就是利用李萨如图形测量频率的方法。

3. 信号放大器和衰减器

为了观察幅度不同的电压信号波形，示波器内设有衰减器和放大器。由于示波管本身的 X 轴和 Y 轴偏转板的灵敏度不高（0.1～1mV），当加在偏转板上的电压信号过小时，要先将小信号电压放大再加到偏转板上，为此要设置 X 轴和 Y 轴电压放大器。衰减器的作用是将过大的输入电压信号变小，以适应放大器的要求，否则放大器不能正常工作，致使输入的电压信号发生畸变，甚至损坏仪器。对一般示波器而言，X 轴和 Y 轴都设置有放大器和衰减器，以满足各种测量的需要。

五、实验内容

1. 熟悉双踪示波器上各旋钮的功能和用法（见附表 B-12）

1）初始设置

将仪器上主要旋钮置于表 5-18 所示位置。

表 5-18　示波器主要旋钮设置

面板	操作	面板	操作
聚焦	居中	方式-双踪	CH1 CH2 都按下
辉度	居中	SEC/DIV	ms 挡位
水平位移	居中	×5 扩展	弹出
竖直位移(2 个)	居中	扫描方式	锁定
AC/DC(2 个)	DC 按下	触发选择	CH1 与常态
断续/交替	弹出	CH2 反相/常态	弹出
极性/触发	弹出	复位	弹出
接地	弹出	微调	关闭

2)接通电源

将旋钮置于表 5-18 位置后，将"CH1""CH2"都按下，接通电源后指示灯亮，稍等片刻，仪器进入正常工作状态，屏幕上会出现两条水平亮线，再次调节"辉度"旋钮、"聚焦"旋钮及水平"位移"旋钮，使亮线亮度适中、清晰并位于示波器荧光屏中央。

3)校准仪器

双踪示波器"校准"端可以输出电压的峰峰值 $U_{P\text{-}P}=0.5\text{V}$，频率为 1kHz 的方波信号，该信号可作为标准信号校准双踪示波器。校准方法如下：

(1)将双踪示波器校准信号输入到双踪示波器的 CH1 通道，按下方式"CH1"，屏幕上显示稳定方波。

(2)测量方波信号电压的峰峰值 $U_{P\text{-}P}$的格数(1 格 =1DIV =1cm)，方波信号峰峰值的电压为

$$U_{P\text{-}P}=(\text{VOLTS/DIV})\times\text{峰峰值格数} \tag{5-48}$$

测出方波信号一个周期对应的水平方向格数，方波信号的周期 T 为

$$T=(\text{SEC/DIV})\times\text{周期格数} \tag{5-49}$$

方波信号频率 f 为

$$f=\frac{1}{T} \tag{5-50}$$

将测量方波信号的峰峰值 $U_{P\text{-}P}$和f，与示波器给出的标准值进行比较，根据测量结果用"微调"旋钮和" SEC/DIV "旋钮对双踪示波器进行校准。校准后，测量过程中各微调旋钮保持不动。

2. 观察并测量正弦波

(1)调节信号发生器，取频率分别为 100 Hz、500 Hz 和 1000 Hz 的正弦信号，从其输出端分别送入示波器的输入端"CH1(X)"或"CH2(Y)"。

(2)调节双踪示波器的相应旋钮，显示、观察正弦波波形。

(3)调节双踪示波器灵敏度选择旋钮" VOLTS/DIV "和扫描速率旋钮"SEC/DIV"，当屏幕上的正弦信号显示约 2 个周期，峰峰值在 4 DIV 附近时读数较为准确。将数据填入表 5-19。

例题　将 100Hz 的正弦信号从信号发生器的输出端送入双踪示波器的输入端"CH1(X)"或"CH2(Y)"，调节后的波形如图 5-35 所示。若此时旋钮" VOLTS/DIV "位于 0.5V 挡位，旋钮"SEC/DIV"位于 2ms 挡位，则此正弦信号电压的峰峰值、周期分别是多少？并计算频率是否与实际值相符。

解：U_{P-P} = (VOLTS/DIV) × 峰峰值格数 = 0.5 × 4.0 = 2V

T = (SEC/DIV) × 周期格数 = 2 × 5.0 = 10ms

$$f = \frac{1}{T} = \frac{1}{1 \times 10^{-2}} = 100\text{Hz}$$

由计算可知，此正弦信号电压的峰峰值为2V，周期为10ms，频率的计算值和实际值相符。

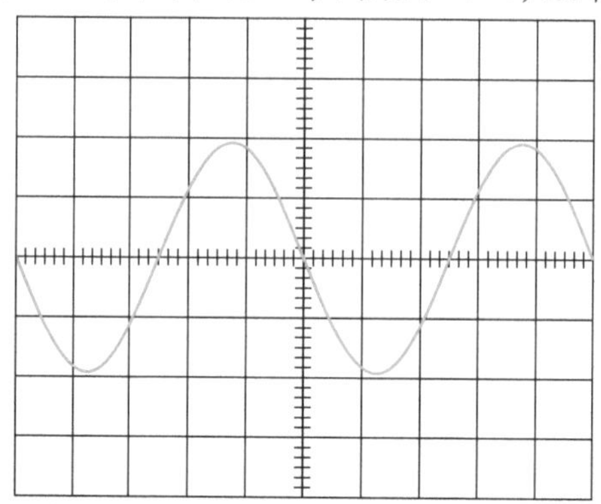

图 5-35　调节后的波形

3．利用李萨如图测定正弦信号的频率

（1）将已知频率正弦信号输入示波器的输入端“CH1（X）”，将未知频率正弦信号输入示波器的输入端“CH2（Y）”，将扫描速率旋钮“SEC/DIV”调至“X-Y”挡。

（2）调节已知信号和被测信号的频率，取f_y: f_x分别为2:1、1:1、1:3和2:3，使输入的两个正弦波合成李萨如图形。根据式（5-47），利用已知频率测出未知频率，并与信号源指示的频率相比较，将数据填入表5-20。

六、数据记录与处理

1．数据记录

表 5-19　测量正弦波电压的峰峰值数据记录表

频率/Hz	峰峰值格数	VOLTS/DIV	周期格数	SEC/DIV	U_{P-P}/V	T/ms
100						
500						
1000						

表 5-20　李萨如图形测定 f_x信号的频率数据记录表

f_y:f_x	2:1	1:1	1:2	1:3	2:3
f_y/Hz	100				
李萨如图形					
f_x实验值/Hz					
f_x理论值					

2. 数据处理

将李萨如图形在坐标纸上绘出。

七、分析与思考

1. 示波器显示稳定波形的条件是什么?
2. 什么是李萨如图? 形成的条件是什么?

实验三十一　基本传感器的设计和组装

一、实验背景及应用

传感器是一种检测装置，能感受到被测量的信息，并能将感受到的信息，按一定规律转换为电信号或其他所需的形式输出，以满足信息的传输、处理、存储、显示、记录和控制等要求。

传感器的特点包括微型化、数字化、智能化、多功能化、系统化、网络化。它是实现自动检测和自动控制的首要环节。传感器的存在和发展，让物体有了“触觉”、“味觉”和“嗅觉”等感官，让物体慢慢“活”了起来。通常根据其基本感知类型的不同分为热敏元件、光敏元件、气敏元件、力敏元件、磁敏元件、湿敏元件、声敏元件、放射线敏感元件、色敏元件和味敏元件 10 大类。

在基础学科的研究中，传感器更具有突出的地位。在新能源、新材料等领域出现了一些在极端条件下进行技术研究的需求，如超高温、超低温、超高压、超高真空、超强磁场、超弱磁场等条件。显然，在这些极端条件下要获取信息，没有相应的传感器是不可能的。许多基础科学研究的障碍就在于对象信息的获取困难，一些新机理和高灵敏度的检测传感器的出现，往往会使该领域实现突破。传感器早已渗透到工业生产、宇宙开发、海洋探测、环境保护、资源调查、医学诊断、生物工程甚至文物保护等领域。可以毫不夸张地说，从茫茫的太空到浩瀚的海洋，以至各种复杂的工程系统，几乎每一个现代化的项目，都离不开传感器。

二、实验目的

1. 了解基本传感器的设计和组装。
2. 掌握基本传感器的工作原理、基本特性和测试方法。

三、实验仪器

实验装置主要由 5 部分组成:传感器实验台、九孔板接口平台、频率振荡器 DH－WG2、直流恒压源和处理电路模块，如图 5-36 所示。

传感器实验台:装有双平行振动梁(包括应变片上下各两片、梁自由端的磁钢)、双平行梁测微头及支架、振动盘(装有磁钢，用于固定霍尔传感器的两个半圆磁钢、差动变压器的可动芯子、电容传感器的动片组、磁电传感器的可动芯子、压电传感器)。具体部位如图 5-37 所示。

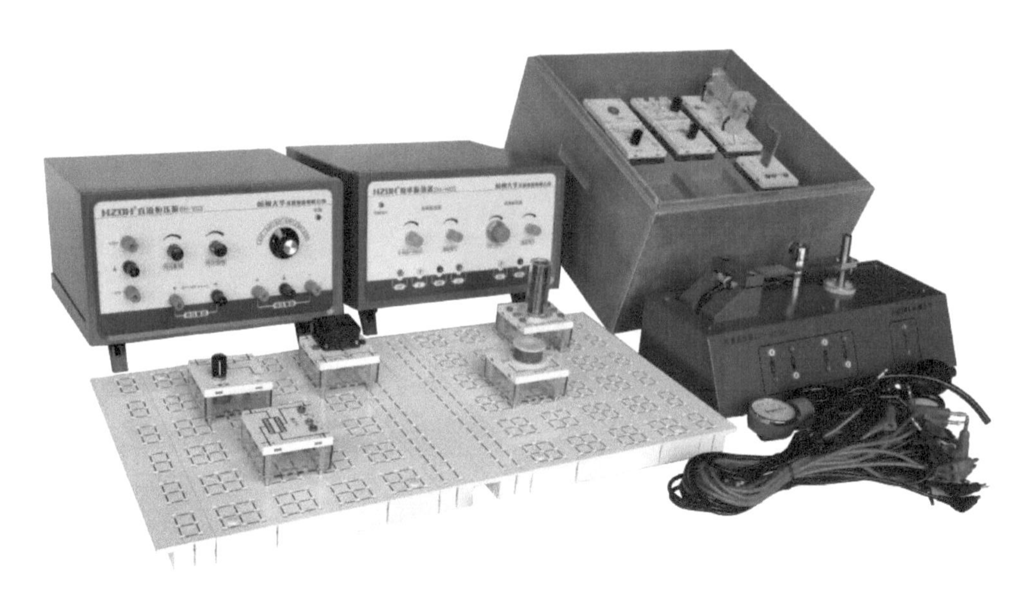

图 5-36 传感器的设计与组装实验装置

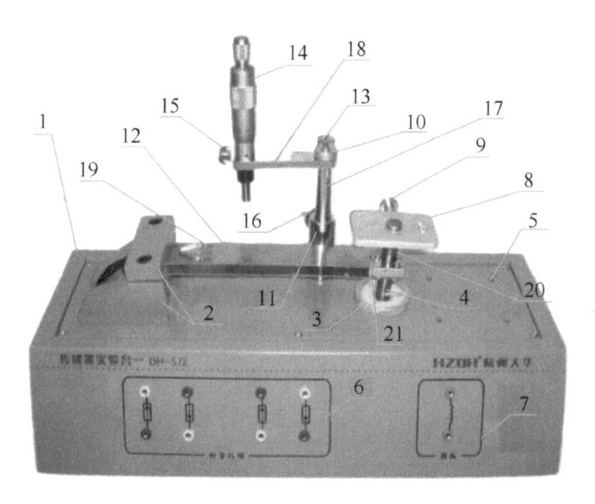

1—机箱；2—平行梁压块及座；3—激励线圈及螺母；4—磁棒；5—器件固定孔；6—应变片组信号输出端；7—激励信号输入端；8—振动盘；9—振动盘锁紧螺钉；10—垫圈；11—测微头座；12—双平行梁；13，16—支杆锁紧螺钉；14—测微头；15—连接板锁紧螺钉；17—支杆；18—连接板；19—应变片；20—磁棒锁紧螺钉（在隔块后面）；21—隔块及固定螺钉。

图 5-37 传感器实验台

九孔板接口平台：九孔板作为开放式和设计性实验的一个桥梁（平台）。

频率振荡器：包括音频振荡器和低频振荡器。

直流恒压源：提供实验时所必需的电源。

处理电路模块：电桥模块（提供元件和参考电路，由学生自行搭建）、差动放大器、电容放大器、电压放大器、移相器、相敏检波器、电荷放大器、低通滤波器、调零模块、增益模块、移相模块等。

处理电路模块中差动放大器与电压放大器接线示例如图 5-38 所示。

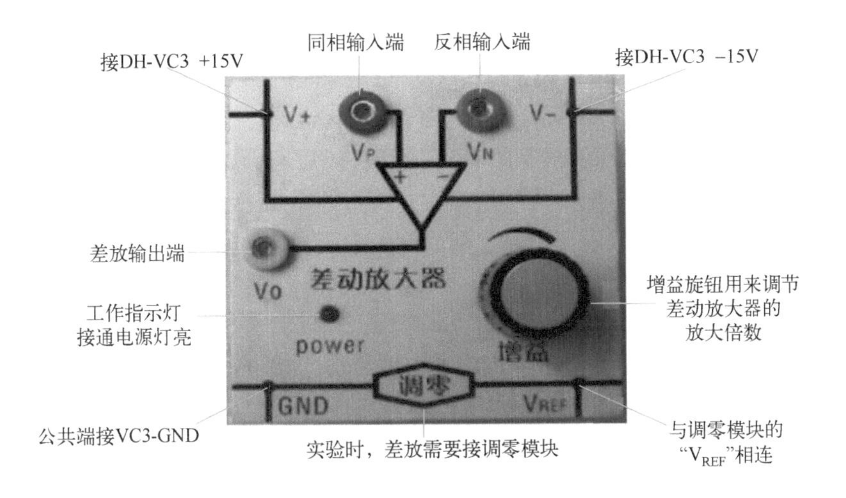

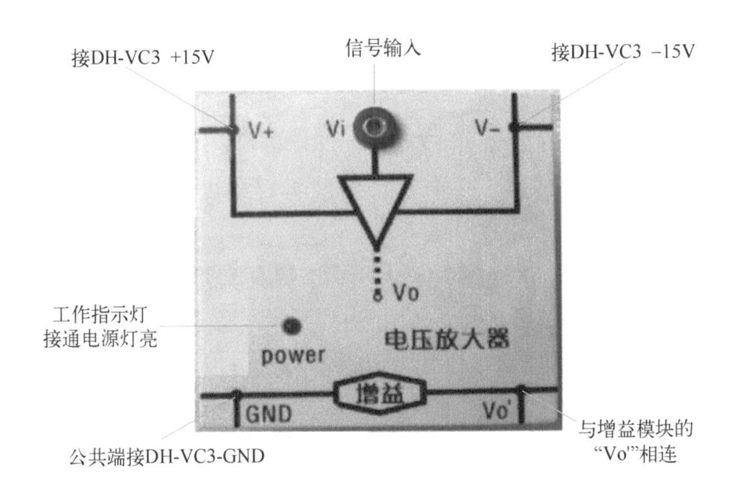

图 5-38　处理电路模块中差动放大器与电压放大器接线示例

说明：在盒子的 4 个角上（"V＋""V－""GND""V_{REF}"）均从下面的铜柱引出。

Ⅰ　金属箔式应变片性能——单臂电桥

一、实验目的

了解金属箔式应变片性能，即单臂电桥的工作原理和工作情况。

二、实验仪器

实验仪器有直流恒压源、电阻、差动放大器（含调零模块）、测微头及连接件、应变片、万用表、九孔板接口平台和传感器实验台。

三、实验内容

（1）了解所需模块、器件设备等，观察梁上的应变片，应变片为棕色衬底箔式结构小方薄片。上下二片梁的外表面各贴二片受力应变片。测微头在双平行梁后面的支座上，可以上、下、前、后、左、右调节。安装测微头时，应注意是否可以到达磁钢中心位置。

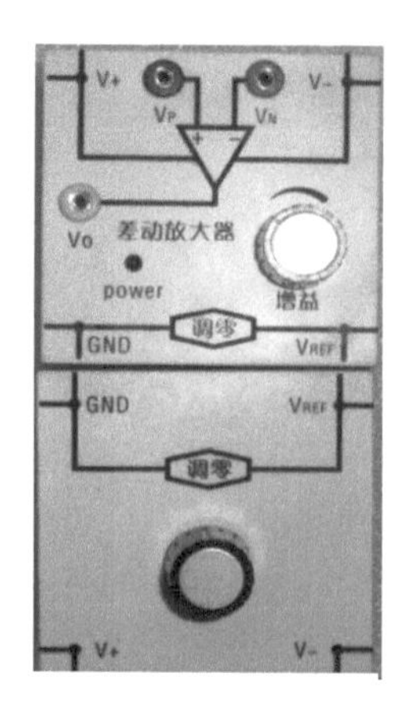

图 5-39 差动放大器调零

(2)差动放大器调零:如图 5 - 39 所示，将差动放大器插入九孔板，然后将“V +”接至直流恒压源的“ + 15V”，“V - ”接至“15V”，再用一根导线将差动放大器的输入端同相端“V_P(+)”和反相端“V_N(-)”短接，接着将万用表的正负极分别接入放大器输出端和接地端，并将万用表切换到直流毫伏档，然后开启直流恒压源，调节调零旋钮使万用表显示为零。调零结束后，关闭电源并将“V_P(+)”和“V_N(-)”短接线拆除，以便于进行后面的实验。

(4)根据图 5 - 40 所示，将 350Ω 的固定电阻 R_1、R_2、R_3 和应变片 R_X 插入九孔板组成电桥，并将电位器 W1 与电桥的相应位置连接，接着将直流恒压源打至“ ±4V”档并接入九孔板的相应位置，然后将放大器的输入端和电桥的相应位置连接起来，再将应变片 R_X 和实验台上应变片的对应输出端连接起来，连接的时候注意方向和导线的颜色。

(5)将万用表切换到直流毫伏档，开启直流恒压源，调节电桥平衡网络中的电位器 W1，使万用表显示为零;

(6)将测微头转动到 10mm 刻度附近，安装到双平等梁的自由端并使其与自由端磁钢吸合，然后将水平仪放置在双平衡梁上，缓慢旋转测微头直到水平仪的气泡移到中心为止，记下此时测微头上的刻度值。

(7)旋转放大器的增益旋钮，适当增大放大倍数，提高实验灵敏度。然后打开电源，微调电位器 W1 直到万用表读数为零，此时电桥恰好达到平衡状态。

(8)往下或往上旋动测微头，每次将测微头旋转一周，即使梁的自由端产生位移 $\Delta x = 0.5$mm，记下万用表的对应读数，填入表 5 - 21。

(9)实验完成后关闭电源。

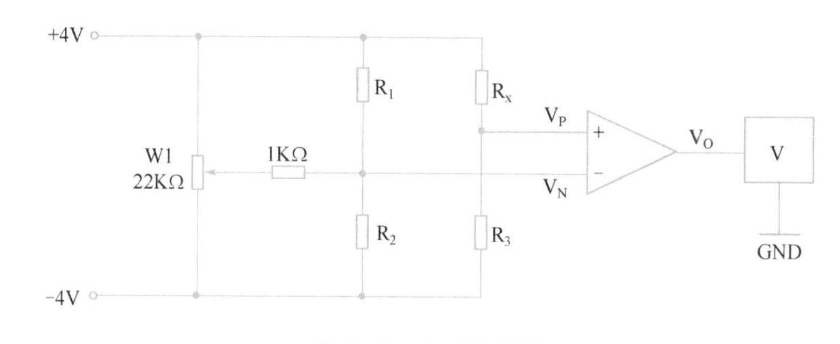

图 5-40 实验接线图

四、数据记录与处理

1. 数据记录

表 5-21 自由端位移与输出电压数据表

x/mm					
Δx/mm					
U/mV					

表 5-22 质量与输出电压数据表

W/g	20	40	60	80	100	120
U/mV						

2. 数据处理

(1)据表 5-21 的结果计算灵敏度 $S = \Delta U/\Delta x$(式中，Δx 为双平行振动梁的自由端位移变化，ΔU 为万用表显示电压的相应变化)。

(2)根据表 5-22 的结果计算系统灵敏度 $S = \Delta U/\Delta W$，并做出 U-W 关系曲线(式中，ΔU 为万用表电压变化，ΔW 为相应的质量变化)。

五、分析与思考

1. 本实验电路对直流恒压源和差动放大器有何要求？
2. 根据图 5-41，简要分析差动放大器的工作原理。

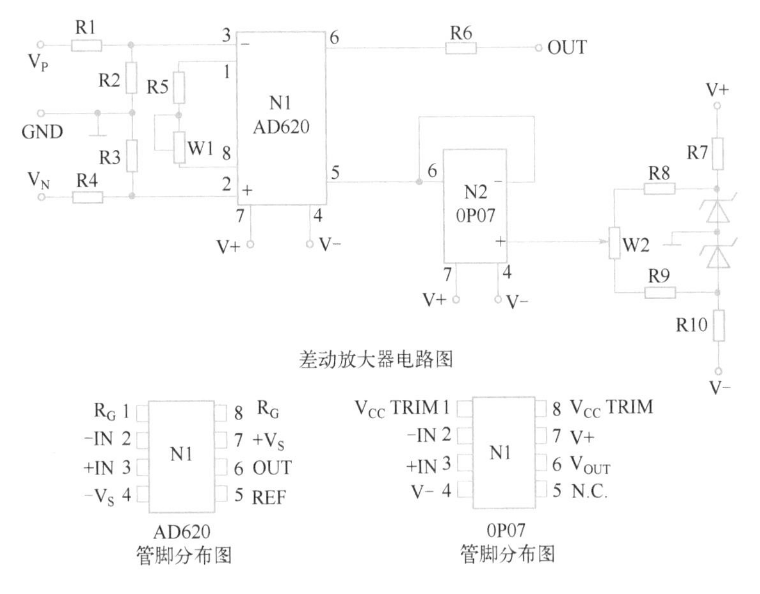

图 5-41 差动放大器工作原理图

Ⅱ 扩散硅压阻式压力传感器实验

一、实验目的

了解扩散硅压阻式压力传感器的工作原理和使用方法。

二、实验仪器

实验仪器有九孔板接口平台、直流恒压源、差动放大器、万用表、扩散硅压阻式传感器和压力表。

三、实验原理

扩散硅压阻式压力传感器是利用单晶硅的压阻效应制成的元件，也就是在单晶硅的基片上用扩散工艺(或离子注入或溅射工艺)制成一定形状的应变元件，当它受到压力作用时，应变元件的电阻发生变化，从而使输出电压变化。

四、实验内容

旋钮初始位置为直流恒压源“ ±4V”挡，万用表“2V”挡，差动放大气“增益”旋钮调至合适位置。

(1)先检查压力表指针是否处于零位，如果没有对准，那么可以通过工具校准或以某一个值为基准(如4kpa)，并记下该值。

(2)按照图5-42 接线，注意接线正确，否则易损坏元器件，差动放大器接成同相或反相均可。

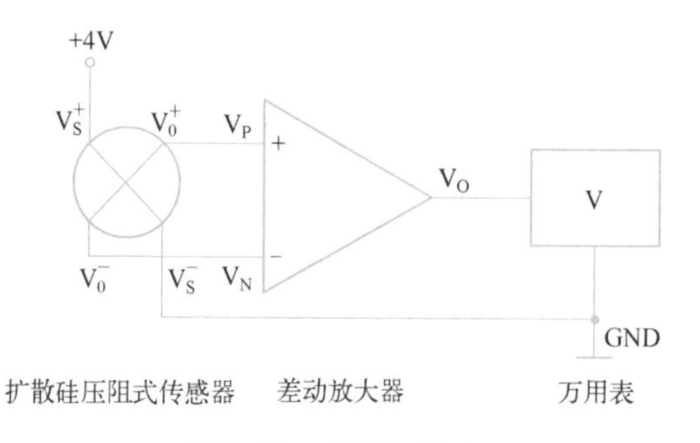

图5-42　实验接线图

(3)供压回路图如图5-43 所示。

(4)将加压皮囊上单向调节阀的锁紧螺丝拧松。

(5)打开直流恒压源，将差动放大器的“增益”旋钮拧至最大，并适当调节“调零”旋钮，使万用表指针尽可能指向零，记下此时万用表的示数。

(6)拧紧皮囊上单向调节阀的锁紧螺丝，轻按加压皮囊，注意不要用太大力，每隔一个压强差，记下万用表的示数，并将数据填入表5-23。

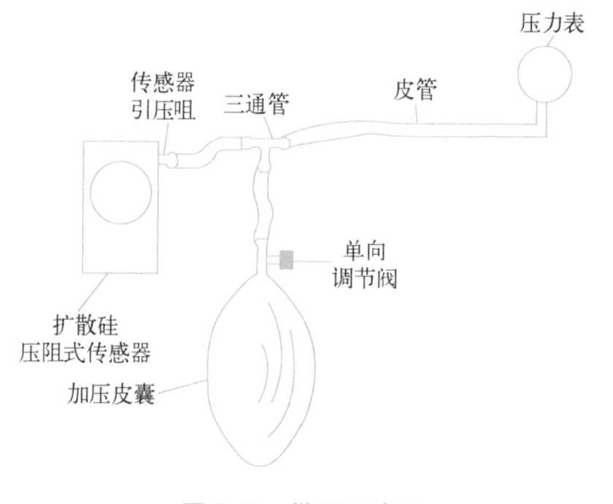

图5-43　供压回路图

(7)注意事项：

① 实验中如遇到压力不稳定的情况，应检查加压气体回路是否有漏气现象。加压皮囊上单向调节阀的锁紧螺丝是否拧紧。

② 如读数误差较大，应检查气管是否有折压现象，造成扩散硅压阻式传感器与压力表之间的供气压力不均匀。

③ 如觉得差动放大器增益效果不理想，可调整其“增益”旋钮，不过此时应重新调整零位，调好后在整个实验过程中不得改变其位置。

④ 实验完毕必须先关闭直流恒压源再拆去实验连接线(拆去实验连接线时要注意手要拿住连接线头部拉起，以免拉断实验连接线)。

五、数据记录与处理

1. 数据记录

表 5-23　压强与输出电压数据表

P/kpa						
U/V						

2. 数据处理

根据所得的结果计算扩散硅压阻式传感器的灵敏度 $S=\Delta U/\Delta P$，并做出 U-P 关系曲线，找出线性范围。

Ⅲ　光电传感器测转速实验

一、实验目的

了解光电传感器测转速的基本原理及运用。

二、实验仪器

实验仪器有光电式模块、直流恒压源、示波器、差动放大器、电压放大器、频率计和九孔板接口平台。

三、实验原理

光电传感器由红外发射二极管、红外接收管、放大器及波形整形器组成。红外发射二极管发射红外光先经电机转叶间隙，红外接收管接收到发射信号，再经放大，波形整形后输出方波，最后经转换测出红外光的频率。

四、实验内容

(1)先将差动放大器调零，按图 5-44 接线，频率计与示波器二选一即可。

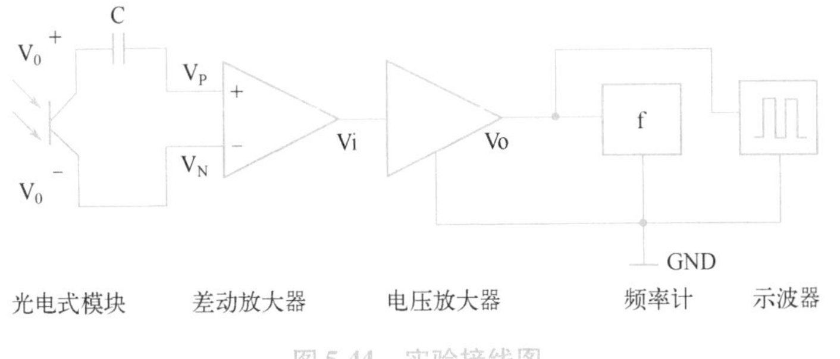

图 5-44　实验接线图

(2)光电式模块的“+”“-”端分别接至直流恒压源 0~12V 的“+”“-”端。

(3)“V_i+”“V_i-”分别接直流恒压源的“+6V”“GND”端，并与“±15V”处的“GND”相连。

(4)调节电压粗调旋钮使电机转动。

(5)根据测到的红外光频率及电机上反射面的数目算出此时的电机转速。

即 $N=60\times$频率计显示值$/6$(r/min)

(6)实验完毕，先关闭直流恒压源电源再拆去实验连接线。

实验三十二 毕奥-萨伐尔实验

一、实验背景及应用

很早以前，人们就对电磁现象有了一个初步认识，并且尝试着通过各种努力去了解其中的原理，直到1820年丹麦物理学家奥斯特提出了相关的假设，他猜测："如果电流能够产生磁效应的话，这种效应就不可能在电流的方向上发生，这种作用很可能是横向的"。基于这样的假设，奥斯特做了有关实验，并于1820年7月21日公布了电流的磁效应的研究成果，随后物理学家毕奥和萨伐尔根据奥斯特的发现提出了自己的想法，并通过两个相关的实验验证了他们有关电流的磁效应的假设，拉普拉斯通过毕奥和萨伐尔的结论，将电流载体转换为电流元，得出了毕奥-萨伐尔定律的数学表达式。这个定律为物理学发展奠定了重要的基础，也在现实生活中发挥了很大的作用。

载流导体的磁场分布是电磁学中的一个典型的问题，但因其值太小，在一般实验室难以定量测出。载流导体的磁感应强度与电流成正比，要想测出载流导体的磁感应强度必须增大电流，但这样会给实验带来危险，所以比较少用，往往采用定性的演示方式。本实验采用新型弱磁传感器，直接给出磁感应强度，并能消除地磁场的影响。用该方法测量不仅准确、稳定、速度快，还形象直观、安全可靠。

二、实验目的

1. 测定直导体和圆形导体环路激发的磁感应强度与导体电流的关系。
2. 测定直导体激发的磁感应强度与距导体轴线距离的关系。
3. 测定圆形导体环路激发的磁感应强度与环路半径及距环路圆心距离的关系。

三、实验仪器

图5-45所示为实验装置图，主要由毕-萨实验仪、电源(热机效率综合实验仪电源)、待测圆形导体、待测直导体、导轨及支架组成。

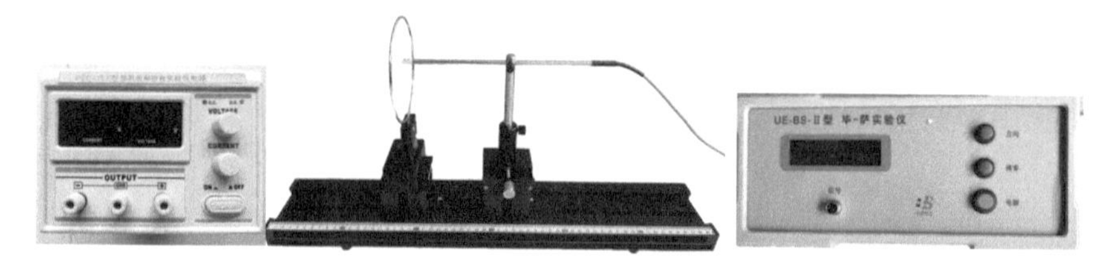

图5-45 实验装置图

四、实验原理

根据毕奥-萨伐尔定律，导体所载电流强度为 I 时，在空间 P 点处，由导体线元产生的磁

感应强度 B 为

$$\mathrm{d}\boldsymbol{B} = \frac{\mu_0}{4\pi} \cdot \frac{I}{r^2} \cdot \mathrm{d}\boldsymbol{l} \times \frac{\boldsymbol{r}}{r} \tag{5-51}$$

式中，$\mu_0 = 4\pi \cdot 10^{-7}$ 为真空磁导率，单位为 Wb/(A·m)，d$\boldsymbol{l}$ 表示线元矢量，$\boldsymbol{r}$ 表示线元到空间 P 点的方向矢量，如图 5-46 所示。

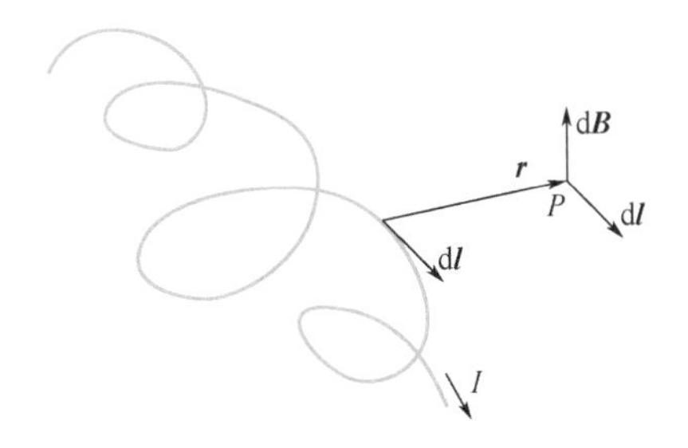

图 5-46　导体线元在空间 P 点所激发的磁感应强度

计算总磁感应强度通过积分运算实现。只有当导体具有确定的几何形状，才能得到相应的解析解。如一根无限长的导体，在距轴线距离为 r 的空间产生的磁场为

$$B = \frac{\mu_0}{4\pi} \cdot I \cdot \frac{2}{r} \tag{5-52}$$

其磁力线为同轴圆柱状分布如图 5-47 所示。

半径为 R 的圆形导体环路在沿圆环轴线距圆心 x 处产生的磁场为

$$B = \frac{\mu_0}{2} \cdot \frac{I \cdot R^2}{(R^2 + x^2)^{\frac{3}{2}}} \tag{5-53}$$

其磁力线平行于轴线，如图 5-48 所示。

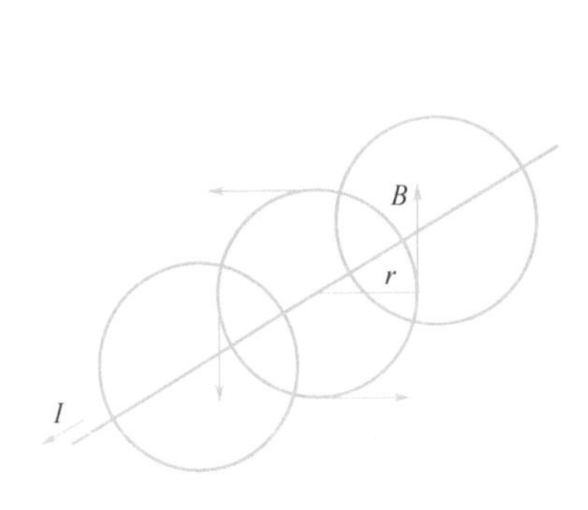

图 5-47　无限长导体激发的磁场

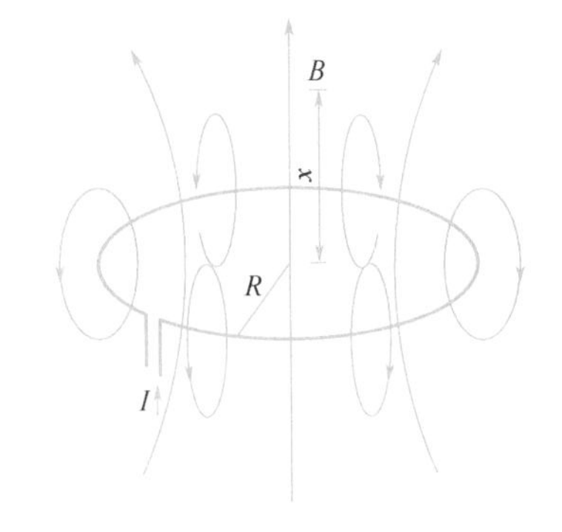

图 5-48　圆形导体环路激发的磁场

本实验中，上述导体产生的磁场将分别利用轴向及切向磁感应强度探测器进行测量。磁感应强度探测器非常薄，对于垂直其表面的磁感应强度分量响应非常灵敏。因此，不仅可以测量磁感应强度的大小，还可以测量磁感应强度的方向。

五、实验内容

1. 直导体激发的磁场

(1)将直导体插入支架上，接至电源。

(2)将磁感应强度探测器与毕-萨实验仪连接，方向切换为垂直方向，并通过“清零”按钮将毕-萨实验仪调零。

(3)将磁感应强度探测器与直导体中心对准。

(4)向探测器方向移动直导体，尽可能使其接近探测器，使探头距离直导体为 $l = 0$mm；

(5)从0开始，逐渐增加电流强度 I，每次增加1A，直至8A。逐次记录测量到的磁感应强度 B 并填入表5-24。

(6)电流保持 $I = 8$A 不变，逐步向右移动磁感应强度探测器，测量磁感应强度 B 与距离 r 的关系，记录相应数据并填入表5-24。

2. 圆形导体环路激发的磁场

(1)将直导体换为 $R = 40$mm 的圆形导体插入支架，圆形导体接至电源。

(2)将磁感应强度探测器与毕-萨实验仪连接，方向切换为水平方向，并通过“清零”按钮将毕-萨实验仪调零。

(3)调节磁感应强度探测器的位置至圆形导体圆心。

(4)从0开始，逐渐增加电流强度 I，每次增加1A，直至8A。逐次记录测量到的磁感应强度 B 并填入表5-25。

(5)电流保持 $I = 8$A 不变，逐步向右及向左移动磁感应强度探测器，测量磁感应强度 B 与坐标 x 的关系，记录相应数据并填入表5-25。

(6)将 $R = 40$mm 圆形导体替换为 $R = 20$mm 圆形导体及 $R = 60$mm 圆形导体。分别测量磁感应强度 B 与坐标 x 的关系并填入表5-25。

3. 给出地磁场的大小及方向确定自己的方位

4. 评估手机辐射的大小

六、数据记录与处理

1. 数据记录

表5-24 长直导体激发的磁感应强度 B

$l = 0$mm		$I = 8$A	
I/A	B/mT	r/mm	B/mT
0		5.2	
1		6.2	
2		7.2	
3		8.2	
4		10.2	
5		14.2	
6		17.2	
7		21.2	
8		26.2	
—	—	37.2	
		55.2	

表 5-25　圆形导体环路激发的磁感应强度 B

$R=40mm$, $x=0cm$		$I=8$ A			
I/A	B/mT	x/cm	$B(R=20mm)$/mT	$B(R=40mm)$/mT	$B(R=60mm)$/mT
0		-10			
		-7.5			
1		-5.0			
		-4.0			
2		-3.0			
		-2.5			
3		-2.0			
		-1.5			
4		-1.0			
		-0.5			
5		0.0			
		0.5			
6		1.0			
		1.5			
7		2.0			
		2.5			
8		3.0			
		4.0			
—	—	5.0			
		7.5			
		10.0			

2. 数据处理

(1)直导体激发的磁场：

由表 5-24 绘出直导体激发的磁场 B-I 关系曲线。

由表 5-24 绘出直导体激发的磁场 B-r 关系曲线和 $1/B$-r 关系曲线。

(2)圆形导体环路激发的磁场

由表 5-25 绘出圆形导体环路($r=40mm$)激发的磁场 B-I 关系曲线。

由表 5-25 绘出不同半径的圆形导体环路激发的磁场 B-x 关系曲线。

七、分析与思考

1. 直导体激发的磁场，磁感应强度 B 与电流强度 I 为什么成正比？
2. 圆形导体圆心处的磁感应强度 B 是多少？

实验三十三　静电场的描绘

一、实验背景及应用

人们在探求物质的运动规律和自然奥秘或解决工程技术问题时，经常会碰到一些特殊的情况，如受到被研究对象过分庞大或微小、非常危险或变化非常缓慢等限制，以致难以对研究对象进行直接测量，可以依据相似理论，人为地制造一个类同于被研究对象的物理现象或过程的模型，通过对模型的测量代替对实际对象的测量来研究变化规律，这种方法称为模拟法。只要模型和原型遵循相同的数学规律，即满足相似的数学方程和边界条件。就可以建立模型进行测量。

静电场是由电荷分布决定的。给出一定区域内的电荷及电介质的分布和边界条件求解静电场的分布，大多数情况下是求不出解析解的，因此要靠数值解法求出或用实验方法测出电场分布。直接测量静电场的电位分布通常是很困难的，因为将仪表（或其探测头）放入静电场，总会使被测场发生一定的变化。除静电式仪表外的大多数仪表不能用于静电场的直接测量，因为静电场中无电流流过，对这些仪表不起作用。所以要仿造一个与待测静电场分布完全一样的稳恒电流场，用稳恒电流场模拟静电场，描绘出与静电场对应的稳恒电流场的电位分布，从而确定静电场的电位分布。

如传热学中在一定边界条件下求热流矢量场的稳定导热问题，流体力学中不可压缩流体在一定边界条件下的速度场求解问题，它们都可以通过用稳恒电流场模拟的方法来解决。此外，先放大或缩小某些已知量，再测出与所求量成一定数学关系的未知量，进而算出所求量，也是模拟法的一种类型。如以小模型模拟大构件来测量应力分布，用的就是这种方法。

二、实验目的

1. 学习用模拟法研究静电场。
2. 加深对电场强度和电势概念的理解。
3. 描绘平行导线电极和同轴电缆电极的等位线和电场线。

三、实验仪器

实验仪器为静电场描绘实验仪，如图 5-49 所示。主要由实验主机、导电玻璃支架、探针支架和导电玻璃组成。

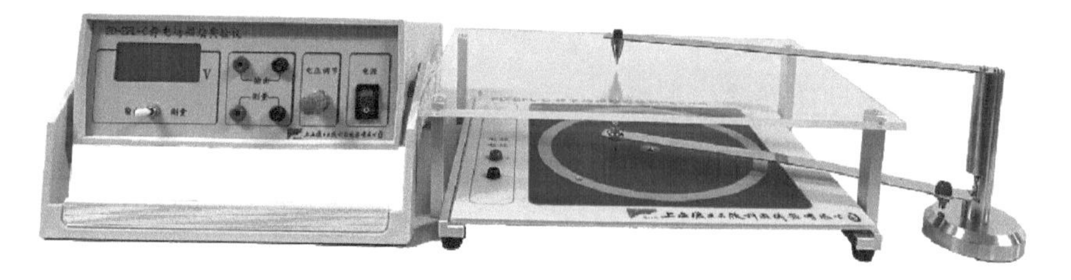

图 5-49　静电场描绘实验仪

四、实验原理

1. 用稳恒电流场来模拟静电场

为了克服直接测量静电场的困难，可以仿造一个与待测静电场分布完全一样的稳恒电流场，用容易直接测量的稳恒电流场去模拟静电场。

稳恒电流场和静电场是两种不同的场，但这两种场有相似的性质。它们都有源场(保守场)，都可以引入电位 U。对静电场和稳恒电流场来说，可以用两组对应的物理量来描述，其所遵循的物理规律如表 5-26 所示。

由表 5-26 可知，描述这两种场的物理规律的数学形式是相同的。根据电动力学的理论可以严格证明:具有相同边界条件的相同方程，解的形式也相同(最多相差一个常数)，这正是我们用稳恒电流场来模拟静电场的基础。

表 5-26　描述静电场和稳恒电流场的物理量

静电场	稳恒电流场
均匀电介质中两导体平板上各带电荷量 $\pm Q$	两电极间的均匀导电介质中流过电流 I
电位分布 U	电位分布 U
电场强度 E	电场强度 E
电介质的介电常数 ε	导电介质的电导率 σ
电位移矢量 $\boldsymbol{D}=\varepsilon E$	电流密度矢量 $\boldsymbol{J}=\sigma E$
介质内无自由电荷时 $\oint \boldsymbol{D}\cdot dS=0$ $\frac{\partial^2 U}{\partial x^2}+\frac{\partial^2 U}{\partial y^2}+\frac{\partial^2 U}{\partial z^2}=0$	导电介质内无电源时 $\oint \boldsymbol{J}\cdot dS=0$ $\frac{\partial^2 U}{\partial x^2}+\frac{\partial^2 U}{\partial y^2}+\frac{\partial^2 U}{\partial z^2}=0$

为了在实验中实现模拟，稳恒电流场和被模拟的静电场的边界条件应该相同或相似，这就要求在模拟实验中用形状和所放位置均相同的良导体来模拟产生静电场的带电导体，如图 5-50所示。

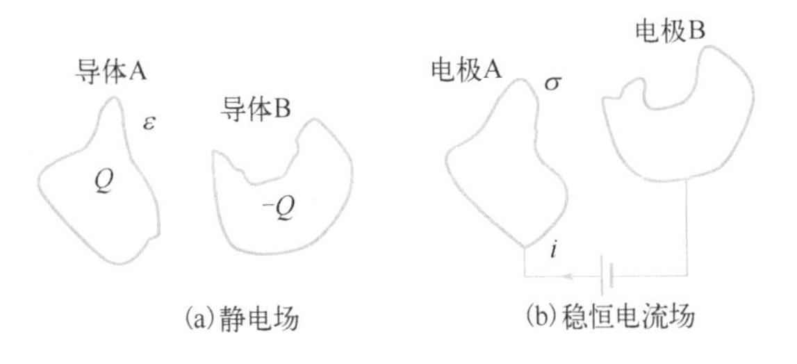

图 5-50　静电场和稳恒电流场的比较

因为静电场中带电导体上的电荷量是恒定的，所以相应的模拟稳恒电流场的两电极间的电压也应该是恒定的。用稳恒电流场中的导电介质(不良导体)来模拟静电场中的电介质，若模拟的是真空(空气)中的静电场，则稳恒电流场中的导电介质必须是均匀介质，即电导率必须处处相等。由于静电场中带电导体表面是等位面，导体表面附近的场强(或电力线)与表面垂直，这就要求稳恒电流场中的电极(良导体)表面也是等电位的，这只有在电极(良导体)的电导率远大于导电介质(不良导体)的电导率时才能保证，所以导电介质的电导率不宜过大。

2. 无限长带电同轴圆柱体导体

1)静电场分布

如图 5-51 所示，真空中有一无限长圆柱体 A 和无限长圆柱体壳 B 同轴放置(均为导体)，并带有等量异性电荷，其半径分别为 R_A，R_B。由静电学可知，在 A、B 间产生的静电场中，等位面是一系列的同轴圆柱面，电场线是一些沿径向分布的直线，方向指向电势降落的方向。图 5-51表示了在垂直于轴线的任一截面 S 内的圆形等位线与径向电场线的分布示意图。

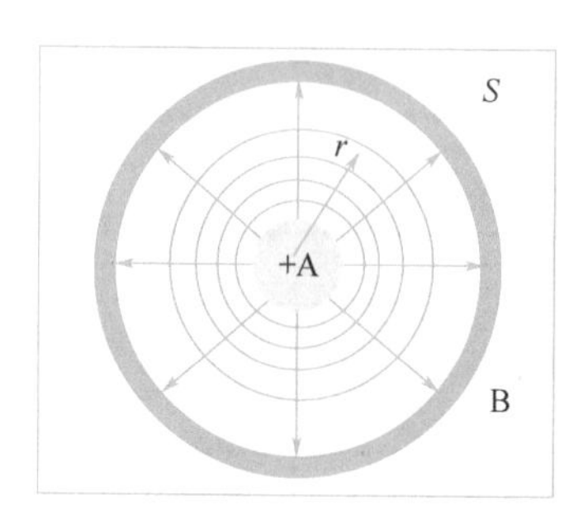

图 5-51　无限长带电同轴圆柱导体中间的等势线与电场线分布

设 A、B 柱面单位长度的带电量分别为 $+\lambda$ 和 $-\lambda$，由高斯定理可知，距离圆心为 r 处的电场强度为

$$E_r = \lambda/2\pi\varepsilon r \tag{5-54}$$

式中，ε 为两圆柱面之间电介质的介电常数，由此可得 r 与 B 之间的电势差为

$$U_r = \int_r^{R_B} E_r \mathrm{d}r = \frac{\lambda}{2\pi\varepsilon}\int_r^{R_B}\frac{1}{r}\mathrm{d}r = \frac{\lambda}{2\pi\varepsilon}\ln\frac{R_B}{r} \tag{5-55}$$

2)稳恒电流场分布

在无限长同轴圆柱体中间充以导电率很小的导电介质，且在内外圆柱间加电压 U_1，让外圆柱体接地，使其电位为零，此时通过导电介质的电流为稳恒电流。导电介质中的电流场即可作为上述静电场的模拟场，如图 5-52 所示。

由于无限长带电同轴圆柱体导体的电场线在垂直于圆柱体的平面内，模拟稳恒电流场的电流线也在同一平面内，且其分布与轴线的位置无关。因此，可以把三维空间的电场问题简化为二维平面问题，即只研究一个导电介质在一个平面上的电流线分布。

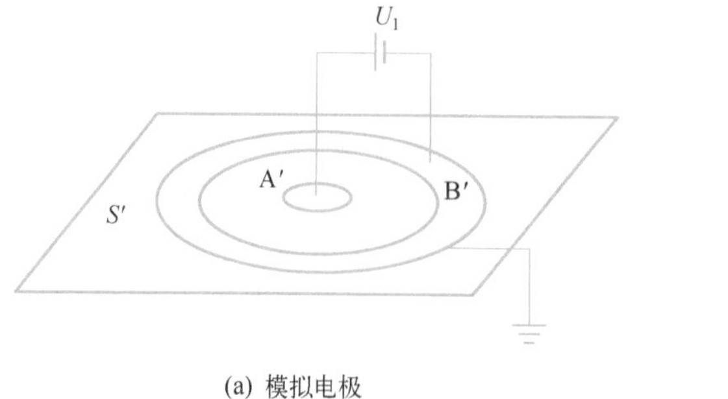

(a) 模拟电极　　(b) 电流线及等电位线分布

图 5-52　无限长同轴带电导体中间的静电场模拟

理论计算可以证明，电流场中面 S' 的电位分布 U'_r 与原真空中的静电场的电场线平面 S 的电位分布 U_r 是完全相同的，导电介质中的电场强度 E'_r 与原真空中的静电场的电场强度 E_r 也是完全相同的，即距离圆心为 r 处的电位为

$$U'_r = \int_r^{R_B} E_r \mathrm{d}r = \frac{\lambda}{2\pi\varepsilon}\int_r^{R_B}\frac{1}{r}\mathrm{d}r = \frac{\lambda}{2\pi\varepsilon}\ln\frac{R_B}{r} \tag{5-56}$$

由此可得，内外圆柱间所加电压 U_1 为

$$U_1 = \int_{R_A}^{R_B} E_r \mathrm{d}r = \frac{\lambda}{2\pi\varepsilon}\ln\frac{R_B}{R_A} \tag{5-57}$$

所以有

$$U'_r = U_1\frac{\ln\frac{R_B}{r}}{\ln\frac{R_B}{R_A}} \tag{5-58}$$

则 E'_r 为

$$E'_r = -\frac{\mathrm{d}U_r}{\mathrm{d}r} = \frac{U_1}{\ln\frac{R_B}{R_A}}\cdot\frac{1}{r} \tag{5-59}$$

由以上分析可见，可以根据稳恒电流场分布模拟静电场分布。

3. 模拟两根无限长带电直导线的静电场

设两圆柱体 A、B 的半径均为 R，中心轴线间距为 l，电极 A 的电位为 U_1，电极 B 接地，电荷均匀分布在圆柱体表面。

由于在与圆柱体垂直的各平面内的电场分布都相同，因此可任取一个平面研究，如图 5-53(a)所示。

设在两圆柱中心连线 AB 上任取一点 P，它到点 A、B 的距离分别为 r 和 $l-r$，则 P 点的电位为

$$\begin{aligned} U_r &= \int_r^{l-r} E\mathrm{d}r = \frac{\lambda}{2\pi\varepsilon}\int_r^{l-r}\left(\frac{1}{r}-\frac{1}{l-r}\right)\mathrm{d}r \\ &= \frac{\lambda}{2\pi\varepsilon}\ln\frac{(l-R)(l-r)}{Rr} \end{aligned} \tag{5-60}$$

当 $r=R$ 时有

$$U_1 = \frac{\lambda}{2\pi\varepsilon}\ln\left(\frac{l-R}{R}\right)^2$$

所以有

$$\frac{\lambda}{2\pi\varepsilon} = \frac{U_1}{2\ln\frac{l-R}{R}}$$

将式(5-60)代入，得

$$U_r = \frac{U_1}{2\ln\frac{l-R}{R}}\ln\frac{(l-R)(l-r)}{Rr} \tag{5-61}$$

无限长带电直导线的电场线及等位线分布如图 5-53(b)所示。

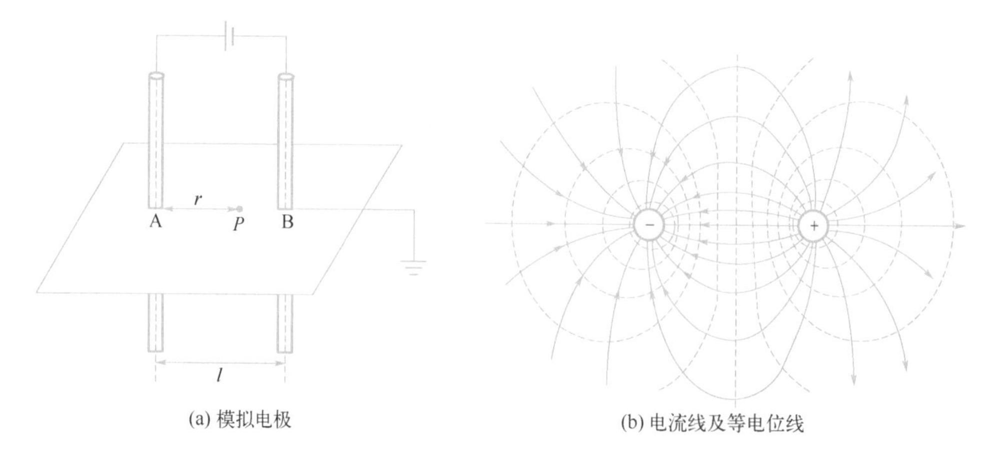

图 5-53 无限长带电直导线的静电场模拟

五、实验内容

1. 测绘同轴圆柱体间的等位线并画出电场线

（1）仪器连接：把待测导电玻璃平放于导电玻璃支架下层，实验主机直流电源的正负极“输出”端通过手枪插线分别与导电玻璃“电极电压”的正负极相连，实验主机“测量”端的正极与探针支架上的手枪插座相连，“测量”端的负极直接与“输出”端的负极相连使两者处于同一电位。插上电源线，打开电源开关。

（2）在导电玻璃支架上层的有机玻璃板上平铺一张 A4 大小的白纸或坐标纸。放置探针支架使下层探针与导电玻璃相接触，此时直流电压表立即显示接触点的电压值。测量电位分别为 2.0V，4.0V，6.0V，8.0V 和 10.0V 的等位点，每条等位线测 15 ~ 20 个实验点。

2. 测绘两根无限长带电直导线的电场分布

（1）仪器连接与以上步骤相同。选择合适电位值并标在坐标纸上，测量跟该点同电位的等位点，每条等位线不少于 10 个实验点。

（2）按作图要求画出电场分布。

六、数据记录与处理

1. 同轴圆柱体的静电场测量

（1）按作图要求画出电场分布图。

（2）测量每条等位线的半径，填入表 5-27 并计算。

表 5-27 同轴圆柱体的静电场测量（$R_A=7.5\text{mm}$ $R_B=75\text{mm}$ $U_1=12\text{V}$）

$U_{r,测}$/V	r/mm	$U_{r,计算}$/V	$E_r=\frac{\lvert U_{r,计算}-U_{r,测}\rvert}{U_{r,计算}}\times 100\%$
2.0			
4.0			
6.0			

续表

$U_{r,测}$/V	r/mm	$U_{r,计算}$/V	$E_r=\frac{\lvert U_{r,计算}-U_{r,测}\rvert}{U_{r,计算}}\times 100\%$
8.0			
10.0			

2. 测绘两根无限长带电直导线的电场

按作图要求画出电场分布图。

七、分析与思考

1. 为什么能用稳恒电流场模拟静电场？模拟的条件是什么？
2. 若将实验中使用的电源电压加倍或减半，测得的等位线和电场线形状是否变化？

第六章 近代物理实验

实验三十四 弗兰克-赫兹实验

一、实验背景及应用

1913 年，丹麦物理学家玻尔在卢瑟福原子核式结构模型的基础上，结合普朗克的量子理论，成功地解释了原子的稳定性和原子的线状光谱理论，并因此获得了 1922 年诺贝尔物理学奖。根据卢瑟福提出的原子模型，在玻尔提出原子理论后的第二年，即 1914 年，弗兰克和赫兹用实验的方法证明了原子内部量子化能级的存在，证明了原子发生跃迁时吸收和发射的能量是完全确定的、不连续的，完成了著名的弗兰克-赫兹实验，给玻尔的理论提供了直接的且是独立于光谱研究方法的实验证据，对原子理论的发展起到了重大作用，成为物理学发展史上的重要里程碑。因这一重大科学成就，弗兰克和赫兹获得了 1925 年诺贝尔物理学奖。

20 世纪初，在对原子光谱的研究中，确认了原子能级的存在。原子光谱中的每根谱线就是原子从某个较高能级跃迁时的辐射形成的。而弗兰克-赫兹实验用一种很直接的方法来研究证实原子能级的存在。弗兰克和赫兹用慢电子与稀薄气体的原子碰撞的方法，观察、研究碰撞前后电子速度的变化情况，发现原子与电子碰撞时能量总是以一定值交换，且用实验的方法测定了汞原子的第一激发电位，证明了原子内部量子化能级的存在。

弗兰克-赫兹实验至今仍是探索原子结构的重要手段之一，实验中用拒斥电压筛去小能量电子的方法已成为广泛应用的实验技术。通过这一实验，可以了解弗兰克和赫兹在研究原子内部能量状态时，将难于直接观测的电子与原子碰撞、能量交换及能量状态变化的微观过程用宏观量反映出来的科学方法。学习其巧妙的科学实验思想，培养学生的创造性思维和解决实际问题的能力。

二、实验目的

1. 了解电子与原子碰撞和能量交换过程的微观图像。
2. 测量氩原子的第一激发电位，证明原子能级的存在。

三、实验仪器

实验仪器由夫兰克-赫兹实验仪、弗兰克-赫兹管、示波器等组成，夫兰克-赫兹实验仪面板功能如图 6-1 所示。

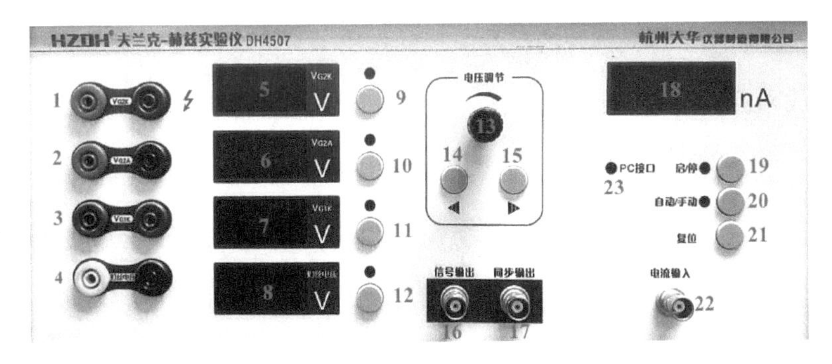

1— V_{G2K}电压输出；2— V_{G2A}电压输出；3— V_{G1K}电压输出；4—灯丝电压输出；5— V_{G2K}电压表；6— V_{G2A}电压表；7— V_{G1K}电压表；8— 灯丝电压表；9～12— 四路电压设置切换按钮；13— 调节电压；14、15— 移位键；16— 波形信号输出；17— 同步输出；18— 微电流表；19— 启停键；20— 自动/手动模式选择；21— 复位功能；22— 微电流输入接口；23— PC 接口指示。

图 6-1　夫兰克-赫兹实验仪面板功能

四、实验原理

如图 6-2 所示，在充氩气的弗兰克-赫兹管中，第一栅极 G_1与阴极 K 之间的电压 V_{G_1K}约为 1.5V，其作用是消除空间电荷对阴极 K 散射电子的影响。电子由热阴极出发，阴极 K 和第二栅极 G_2之间的加速电压 V_{G_2K}使电子加速。在阳极 A 和第二栅极 G_2之间加有反向拒斥电压 V_{G_2A}。弗兰克-赫兹管内空间电位分布如图 6-3 所示。当电子通过 KG_2空间进入 G_2A 空间时，只要能量足够（$\geq eV_{G_2A}$）克服反向拒斥电场，就能到达阳极 A 形成电流，可由微电流计检出。

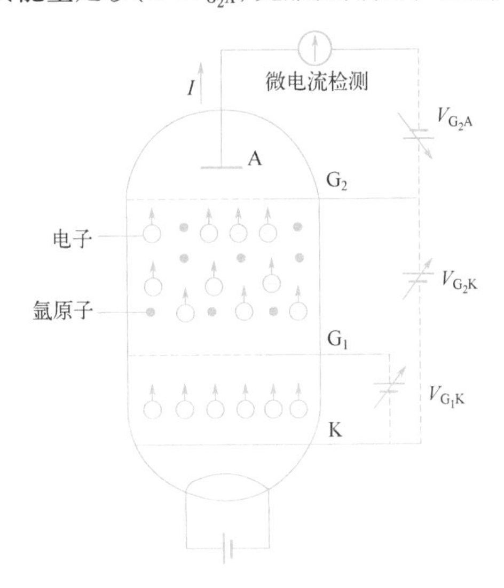

图 6-2　弗兰克-赫兹原理图

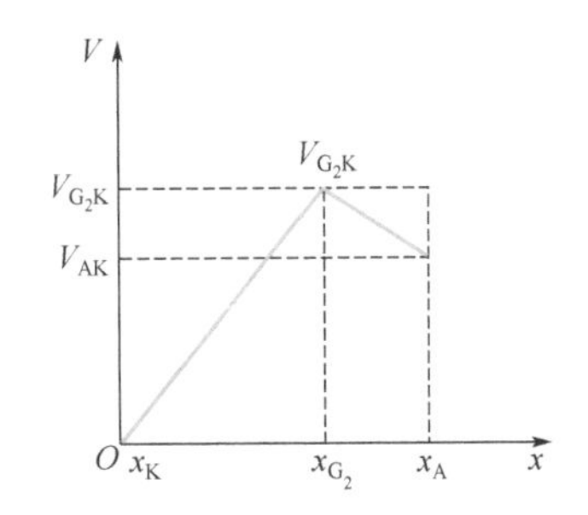

图 6-3　弗兰克-赫兹管内空间电位分布

若电子在 KG_2空间与氩原子碰撞，则会把全部或者大部分能量传递给氩原子，而电子的能量将急剧降低，以致通过第二栅极 G_2 时不足以克服反向拒斥电场，从而使达到阳极 A 的电子减少，导致通过微电流计的电流显著减小。

图 6-4 所示为 $I_A - V_{G_2K}$曲线，起始段 oa 的加速电压 V_{G_2K}较小，电子的动能较小，在运动过程中电子与氩原子的碰撞为弹性碰撞。碰撞后到达第二栅极 G_2的电子具有的动能为 $\frac{1}{2}mv^2$，

穿过第二栅极 G_2后，电子将受到反向拒斥电场的作用。只有动能 $\frac{1}{2}mv^2$ 大于 eV_{G_2A}的电子才能到达阳极 A 形成阳极电流 I_A，这样，阳极电流 I_A将随着加速电压 V_{G_2K}的增大而增大。

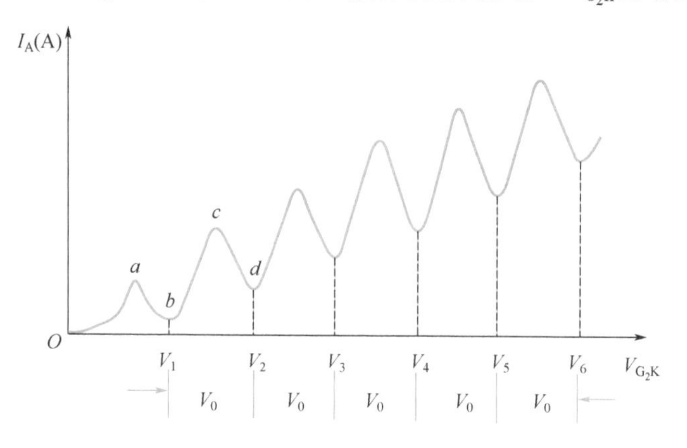

图 6-4 I_A-V_{G_2K} 曲线

如曲线 ab 段所示，当加速电压 V_{G_2K}达到氩原子的第一激发电位 $V_0=11.61$V(公认值)时，电子与氩原子在第二栅极 G_2 附近产生非弹性碰撞，电子把从加速电场中获得的全部能量传递给氩原子，使氩原子从较低能量的基态跃迁到第一激发态。而电子本身由于把全部能量传递给了氩原子，即使它能穿过第二栅极 G_2也不能克服反向拒斥电场，所以阳极电流 I_A将显著减小。随着加速电压 V_{G_2K}的继续增加，产生非弹性碰撞的电子越来越多，阳极电流 I_A将越来越小，直至 b 点为阳极电流 I_A的谷值。

如曲线 bc 段所示，继续增加加速电压 V_{G_2K}，电子在 G_2K 空间与氩原子碰撞后到达第二栅极 G_2时的能量足以克服反向拒斥电场而到达阳极 A 形成阳极电流 I_A，与曲线 oa 段相似。

如曲线 cd 段所示，直到 $V_{G_2K}=2V_0$时，电子在 G_2K 空间又会因第二次非弹性碰撞而失去能量。因此，又导致第二次阳极电流 I_A的下降，以此类推，阳极电流 I_A随着加速电压 V_{G_2K}的增加而周期性的变化，如图 6-4 所示。相邻两谷值(或峰值)对应的电压之差即氩原子的第一激发电位 V_0。

原子处于激发态是不稳定的。在实验中被慢电子轰击到第一激发态的氩原子要跳回基态，进行这种反跃迁时，就应该有 eV_0电子伏特的能量发射出来。反跃迁时，原子是以放出光量子的形式向外辐射能量。这种光的波长为

$$eV_0 = h\nu = h\frac{c}{\lambda} \tag{6-1}$$

$$\lambda = \frac{hc}{eV_0} \tag{6-2}$$

式中，普朗克常数 $h=6.63\times10^{-34}$ J·s，光在真空中的传播速度 $c=3.00\times10^{8}$m/s，电子电荷 $e=1.6\times10^{-19}$C，氩原子的第一激发电位 $V_0=11.61$V。

对于氩原子有

$$\lambda = \frac{6.63\times10^{-34}\times3.00\times10^{8}}{1.6\times10^{-19}\times11.61} \approx 107.1\text{nm}$$

若弗兰克-赫兹管中充以其他元素，则可以得到它们的第一激发电位，如表 6-1 所示。

表 6-1　几种元素的第一激发电位

元素	钠(Na)	钾(K)	锂(Li)	镁(Mg)	汞(Hg)	氦(He)	氩(Ar)
V_0/V	2.12	1.63	1.84	3.20	4.90	21.2	11.5
λ /nm	589.8	766.4	670.7	457.1	250.0	584.3	108.1

五、实验内容

1. 观察 I_A-V_{G_2K} 曲线(自动方式)

(1)将夫兰克-赫兹实验仪前面板上的4组电压输出(第二栅压“V_{G2K}”，拒斥电压“V_{G2A}”，第一栅压“V_{G1K}”，“灯丝电压”)与电子管测试架上的插座分别对应连接，将“电流输入”接口与电子管测试架上的微电流输出口相连。注意：仔细检查，避免接错损坏弗兰克－赫兹管。

(2)将夫兰克-赫兹实验仪前面板上“信号输出”接口与示波器CH1通道相连，“同步输出”接口与示波器触发端接口相连。

(3)开启电源，默认工作方式为手动模式，按下弗兰克－赫兹实验仪“自动/手动”模式按钮，选择自动模式，指示灯亮。

(4)将电压设置切换按钮选择为“灯丝电压”设定，调节“电压调节”旋钮，使之与出厂参考值一致，灯丝电压调整好后，中途不再变动。用同样的方式调节“V_{G1K}”“V_{G2A}”，使与出厂参考值一致。

(5)将电压设置切换选择为第二栅压“V_{G2K}”设定，调节“电压调节”使输出为零。

(6)预热仪器10～15分钟，待上述电压都稳定后，即可开始实验。

(7)按下夫兰克－赫兹实验仪“启/停”按钮，指示灯亮，自动测试开始，仪器将按默认的最小步进值(0.2V)输出 V_{G_2K} 并实时采集微电流，将采集的数据动态输出到示波器上，通过调整示波器的电压幅度、扫描时间和触发设置，使其能在屏幕上实时显示波形。

2. 测量 I_A-V_{G_2K} 曲线(手动方式)

(1)按下夫兰克－赫兹实验仪“自动/手动”模式按钮，选择手动模式。

(2)将电压设置切换选择为第二栅压“V_{G2K}”设定，调节“电压调节”旋钮，使第二栅压从0V到90V依次增加，每隔1V记录相应的电流并填入表6-2。一边调节，一边观察示波器上显示的波形曲线和实验仪面板上的电流示值，确定6个电流的峰谷值点并在表6-2中标注。

六、数据记录与处理

1. 数据记录

$V_{灯丝电压}$ = ________，V_{G_2A} = ________，V_{G_1K} = ________。

表 6-2　测量 I_A-V_{G_2K} 曲线数据记录表

V_{G_2K}/V										
I_A/A										
…										
V_{G_2K}/V										
I_A/A										

2. 数据处理

(1)利用测量所得数据，在坐标纸上画出 I_A-V_{G_2K}曲线。

(2)从 I_A-V_{G_2K}曲线上求出每两个相邻谷(或峰)所对应的 V_{G_2K}之差 ΔV_{G_2K}，即第一激发电位 V_0。由于阴极 K 和第二栅极 G_2之间存在接触电位差，所以结果 V_0应取平均值 $\overline{V}_0$。

$$\overline{V}_0 = \frac{1}{n}\sum_{i=1}^{n} \left| (V_{G_2K})_{i+1} - (V_{G_2K})_i \right|$$

(3)氩原子第一激发电位的公认值为 11.6V，将 $\overline{V}_0$ 与其比较并求出相对误差。

七、分析与思考

1. 为什么 I_A-V_{G_2K}曲线呈周期性变化？
2. 弗兰克-赫兹实验是如何证明原子能级存在的？

实验三十五　用光电效应法测普朗克常数

一、实验背景及应用

普朗克常数在近代物理学中有着重要的地位。它与微观世界普遍存在的波粒二象性和能量交换量子化的规律相联系。

1887 年赫兹通过实验发现紫外线照射在火花缝隙的电极上有助于放电，这个物理现象称为光电效应。1905 年，爱因斯坦根据普朗克的黑体辐射量子假说大胆提出了“光子”的概念，成功地解释了光电效应，建立了著名的爱因斯坦光电效应方程，使人们对光的本质的认识有了一个新的飞跃，推动了量子理论的发展。此后，密立根立即对光电效应开展全面详细的实验研究，证实爱因斯坦方程的正确性，并精确测出了普朗克常数。

利用光电效应可以制造多种光电器件，如光电倍增管、电视摄像管、光电管、电光度计等。

二、实验目的

1. 了解光的量子性及光电效应的基本概念。
2. 测定光电管的伏安特性曲线。
3. 验证爱因斯坦光电效应方程，测定普朗克常数。

三、实验仪器

光电效应实验仪由汞灯、电源、标尺、滤色片、光阑、光电管、普朗克常数实验仪(含光电管电源和微电流放大器)等组成，光电效应实验仪结构图如图 6-5 所示。普朗克常数实验仪面板如图 6-6 所示。

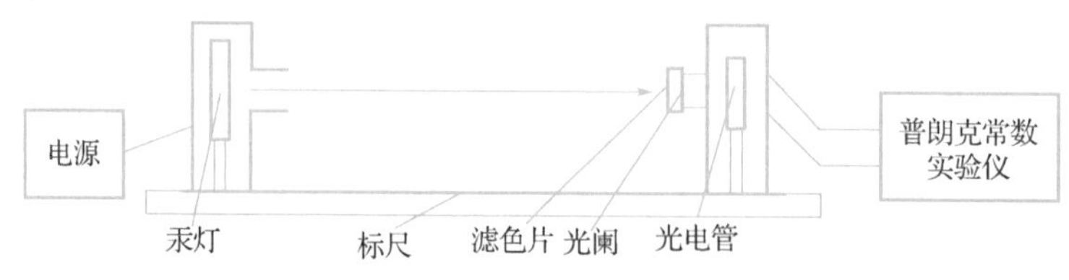

图 6-5　光电效应实验仪结构图

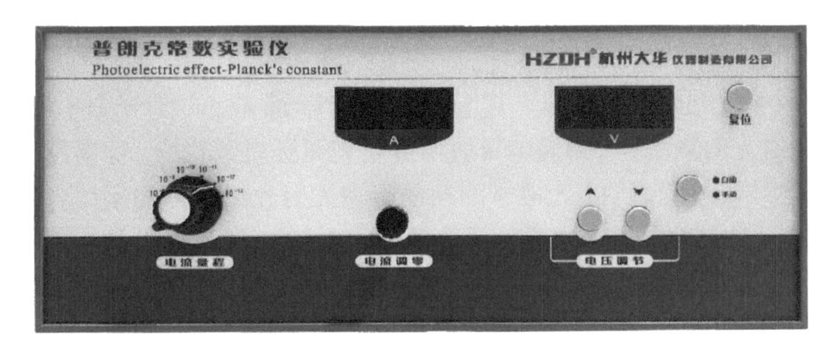

图 6-6　普朗克常数实验仪面板

四、实验原理

1. 光电效应

当一定频率的光照射在金属表面，就会有电子从金属表面逸出，这种现象称为光电效应。它的基本实验事实如下。

(1) 光电子发射率(光电流)与光强成正比，如图 6-7(a)和 6-7(b)所示。

(2) 光电效应存在一个阈频率(或称截止频率)，当入射光的频率低于某一阈值 ν_0 时，无论光的强度如何，都没有光电子产生，如图 6-7(c)所示。

(3) 光电子的初动能与光强无关，但与入射光的频率成正比。

(4) 光电效应是瞬时效应，一经光线照射，立刻产生光电子。

然而，用麦克斯韦的经典电磁理论无法对上述实验事实做出完整的解释。

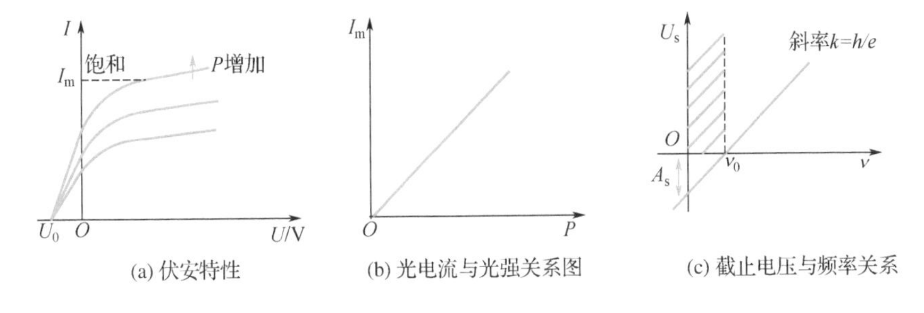

(a) 伏安特性　(b) 光电流与光强关系图　(c) 截止电压与频率关系

图 6-7　光电效应基本特性曲线

1905 年爱因斯坦提出了“光子”的假设，从而成功地解释了光电效应的各项基本规律，使人们对光的本质的认识有了新的飞跃。按照这个理论，光能并不像波动理论认为的那样连续分布在波阵面上，而是以光量子的形式一份份地向外传递，对于频率为 ν 的光波，每个光子的能量为

$$\varepsilon = h\nu \tag{6-3}$$

式中，$h = 6.626 \times 10^{-34}\,\text{J} \cdot \text{s}$，称为普朗克常数。

当频率为 ν 的光照射金属时，光子与电子碰撞，光子把全部能量传递给电子，电子(亦称光电子)获得能量，其中一部分用来克服金属表面对它的束缚，剩余的能量就成为逸出金属表面后光电子的动能。按照能量守恒定律，爱因斯坦预言逸出金属表面的光电子的最大初动能应为

$$\frac{1}{2}mv^2 = h\nu - A_s \tag{6-4}$$

这就是著名的爱因斯坦光电效应方程。式中，h 为普朗克常数，m 为光电子的质量，v 为光电子的速度，ν 为入射光的频率，A_s为光电子脱离金属表面必须做的功，称为逸出功。

爱因斯坦光电效应方程表明，光电子的初动能与入射光频率之间呈线性关系。当入射光的强度增加时，光子数目也增加，这说明了光强只影响光电子所形成的光电流的大小。若光子能量 $h\nu < A_s$ 时，则不能产生光电子，即存在一截止频率 $\nu_0(\nu_0 = A_s/h)$，只有入射光的频率 $\nu > \nu_0$ 时才能产生光电子。由此可见，爱因斯坦光电效应方程成功地解释了光电效应的规律。

2. 测普朗克常数

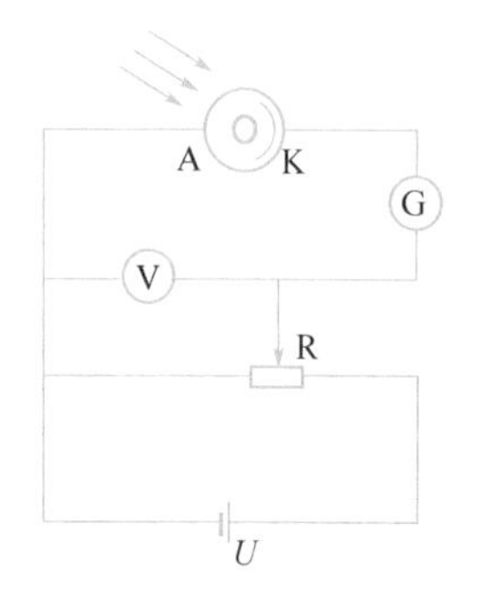

图 6-8 光电效应实验的原理图

物理学家密立根首次用实验方法测出了普朗克常数的数值。图 6-8 所示为光电效应实验的原理图，一束频率为 ν 单色光照射在真空电管的阴极 K 上，光电子将从阴极逸出。在阴极 K 和阳极 A 之间外加一个反向电压 U_{KA}，它对光电子起减速作用。随着反向电压 U_{KA} 的增大，到达阳极的光电子数目相应减少，光电流减小。当 $U_{KA} = U_0$ 时，光电流降为零，此时光电子的初动能全部用于克服反向电场的作用，即

$$eU_0 = \frac{1}{2}mv^2 \tag{6-5}$$

这时的反向电压 U_0为截止电压，入射光频率不同时，截止电压也不相同。

将式(6-5)代入式(6-4)得

$$U_0 = \frac{h}{e}(\nu - \nu_0) \tag{6-6}$$

式中，$\nu_0 = A_s/h$ 为一常数，其值与选取的材料有关。

由上式可见，产生光电效应的入射光频率 ν 与相应于该频率的截止电压 U_0呈线性关系，因此在实验中由直线的斜率：

$$K = \frac{h}{e} \tag{6-7}$$

求得普朗克常数为

$$h = eK \tag{6-8}$$

式中，$e = 1.602 \times 10^{-19}$C 为电子电荷量。

实际测量中还有一些因素会影响测量结果，如果不对这些因素造成的偏差进行合理处理，那么会给实验结果带来很大的误差。主要因素如下。

(1)暗电流。它是指光电管在没有光照射时，在反向电压作用下光电管中会有微弱的电流通过，这是由常温热电子发射、阴极与阳极之间绝缘电阻阻值不够大等原因造成的。光电管暗电流与外加电压基本呈线性关系。

(2)阳极发射电流。光电管的阳极使用逸出功较高的铂、钨等材料制成，在使用时由于沉积了阴极材料，因而遇见可见光照射也会发射光电子，对阴极发射的光电子起减速作用的电场对阳极发射的光电子就是加速电场，就会使光电管中形成反向饱和电流。仪器工作时虽要求避免光束直射阳极，但来自阴极的散射光是不可避免的，故会存在反向饱和电流。

(3)光电管的阴极采用逸出电位低的碱金属材料制成。这种材料在高真空的环境中也有

被氧化的趋势，因此，阴极表面的逸出电位不尽相同。随着反向电压的增加，光电流不是陡然截止的，而是在较快地降低后平缓地趋近零点，故需极高灵敏度的电流计才能检测到。

由于以上各种原因，光电管的伏安特性曲线如图6-9所示，图中虚线分别为理想阴极电流曲线，暗电流曲线，阳极发射电流曲线。实线为实测曲线，实测曲线上每一点的电流值实际上就是暗电流、阳极发射电流和阴极电流的叠加结果，所以实际伏安特性曲线并不与 U_{KA} 轴相切。

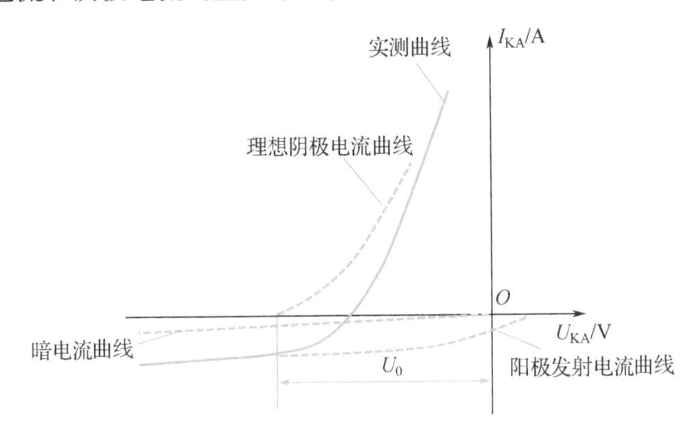

图6-9 光电管的伏安特性曲线

由于暗电流与阴极电流相比其值很小，因此可忽略其对截止电压的影响。阳极发射电流虽然在实际中影响较显著，但它服从一定的规律。

通过以上对这些因素的分析可知，合理设计光电管的结构及采用适当的数据处理方法可以减小或排除这些因素的干扰。确定截止电压值常采用以下两种方法。

(1)拐点法：光电管阳极发射电流虽然较大，但在结构设计上，若使阳极电流能较快地饱和，则伏安特性曲线在阴极电流进入饱和段后有明显的拐点。如图6-9所示，此拐点的电位差即截止电压 U_0。

(2)交点法：光电管阳极用逸出功较大的材料制作，制作过程中尽量避免阴极材料蒸发，实验前对光电管阳极通电，减少其上溅射的阴极材料，实验中避免入射光直接照射阳极，这样可大大减少它的发射电流。因此，实测曲线与 U_{KA} 轴交点的电位差近似等于截止电压 U_0。

本试验采用拐点法进行测量。

五、实验内容

1. 拐点法测绘光电管的伏安特性曲线

(1)连线与预热。把汞灯的遮光罩盖上，打开汞灯电源。调节光电管与汞灯距离约为40cm并保持不变。将光电管暗箱电压输入端与普朗克常数实验仪后面板电压输出端按照对应颜色连接起来。打开普朗克常数实验仪的电源，预热20~30分钟。

(2)将功能按键“手动”“自动”挡，置于“手动”挡。

(3)光电管暗箱光输入口放置有光阑与滤色片，其中光阑的可选直径为2mm~8mm，滤色片的可选波长为365.0nm~578.0nm。建议光阑直径选择4mm。

(4)电流调零。断开光电管暗箱微电流输出端与实验仪微电流输入端的连接，将“电流量程”选择开关置于 10^{-12} A 档位，旋转“电流调零”旋钮使电流指示为“000.0”。电流调零完毕后，再将光电管暗箱微电流输出端与实验仪微电流输入端连接起来。注意：使用每一个档位测量时，都要重新调零。

(5)由于本仪器特点，阳极反向电流、暗电流和杂散光产生的电流都很小，可以将电流为零时的电压 U_{KA} 作为截止电压 U_0。

选定光阑直径后，将滤色片转到 365.0nm 的位置。将“电流量程”选择开关置于 10^{-12}A 档位，在整个光电管的伏安特性测量不超量程的情况下，电流不需要换档。电压表的量程为(-4V～+30V)，按电压设置增加按钮“∧”或减小按钮“∨”；从-3V 开始调高电压，记录下电流从负值变化到零时候的电压 U_{KA}，再选择其它四个滤色片 405.0nm～577.0nm，重复以上步骤。将数据记录到表 6-3 中。

(6)用拐点法详细记录数据并画出普朗克常数曲线：“电流量程”选择开关置于 10^{-11}A 档位，重新调零。将滤色片转到 365.0nm 的位置，按电压设置增加按钮“∧”或减小按钮“∨”；从-3V 开始调高电压，选择合适的电压数值开始测量，在表 6-3 中的截止电压 U_0 附近多测几组数据，电压值的变化量自定，直至将电压调整到适当的大小，将电压值 U_{KA} 与对应的电流值 I_A，记录数据到表 6-4 中。每一组记录 10-15 个数据。再选择其他 4 个不同波长的滤色片 404.7nm、435.8nm、546.1nm、578.0nm 重复以上步骤。

2. 注意事项

(1)汞灯关闭后，不要立即开启电源。必须待灯丝冷却后才能开启。

(2)滤光片要保持清洁，禁止用手触摸其光学面。

(3)光电管不使用时要盖上遮光罩。

六、数据记录与处理

1. 数据记录

表 6-3 记录不同频率下的截止电压 U_0

波长/nm	365.0	404.7	435.8	546.1	578.0
频率/ $\times 10^{14}$ Hz	8.214	7.408	6.879	5.490	5.196
截止电压 U_0/V					

表 6-4 拐点法测绘光电管的伏安特性曲线数据记录表(光阑孔径=________mm)

365.0nm	U_{KA}/V							…
	$I_{KA}/\times 10^{-10}$A							…
404.7nm	U_{KA}/V							…
	$I_{KA}/\times 10^{-10}$A							…
435.8nm	U_{KA}/V							…
	$I_{KA}/\times 10^{-10}$A							…
546.1nm	U_{KA}/V							…
	$I_{KA}/\times 10^{-10}$A							…
578.0nm	U_{KA}/V							…
	$I_{KA}/\times 10^{-10}$A							…

2. 数据处理

(1)根据表 6-3 记录的数据，在坐标纸上做出 $U_0-\nu$ 图线，如图 6-10 所示，并且求出其斜率。由直线斜率求出普朗克常数 h，并与公认值 h_0 比较，求出相对误差。

标准值：$e=1.602\times10^{-19}$C，$h_0=6.626\times10^{-34}$JS

(2) 以光电流 I_{KA} 为纵坐标，反向电压 U_{KA} 为横坐标，在坐标纸上绘出不同频率下的 I_{KA}—U_{KA} 伏安曲线，如图 6-11 所示，从曲线中标出各频率入射光对应的截止电压 U_0。方法是利用直尺寻找水平或接近水平开始突变处的拐点，该拐点对应的电压即为与频率对应的截止电压 U_0。

3. 数据处理参考实例

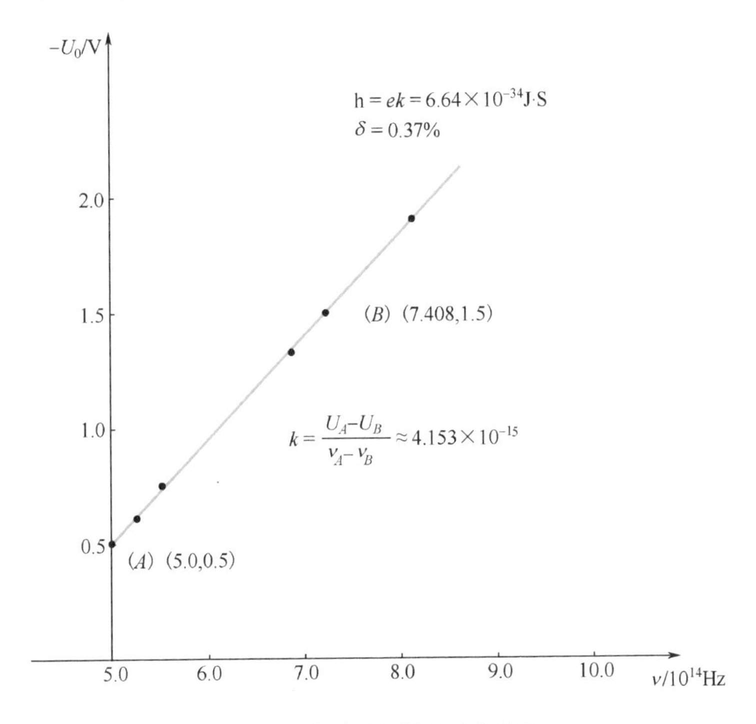

图 6-10 拐点法测普朗克常数图

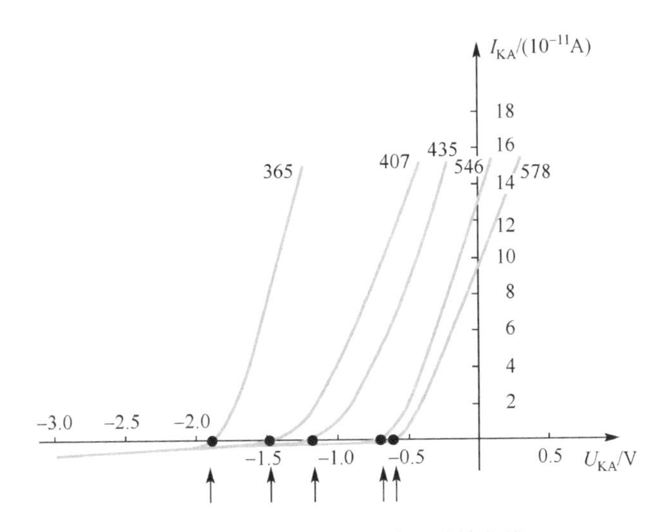

图 6-11 不同波长下的伏安特性曲线

七、分析与思考

1. 光电效应有哪些规律？
2. 改变光电管的光强对光电流与截止电压有何影响？

实验三十六　太阳能电池基本特性测定

一、实验背景及应用

太阳能电池(Solar Cell)，也称为光伏电池，是利用光伏效应将太阳辐射能直接转换为电能的器件。由这种器件先封装成太阳能电池组件，再按需要将一块以上的组件组合成一定功率的太阳能电池方阵，经与储能装置、测量控制装置及直流-交流变换装置等相配套，就构成太阳能电池发电系统，也称之为光伏发电系统。它具有不消耗常规能源、寿命长、维护简单、使用方便、功率大小可任意组合、无噪音、无污染等优点。世界上第一块实用型半导体太阳能电池是美国贝尔实验室于 1954 年研制的。经过人们多年的努力，太阳能电池的研究、开发与产业化已取得巨大进步。目前，太阳能电池已成为空间卫星的基本电源和地面无电、少电地区及某些特殊领域(通信设备、气象台站、航标灯等)的重要电源。随着太阳能电池制造成本的不断降低，太阳能光伏发电将逐步地部分替代常规发电。近年来，在美国和日本等发达国家，太阳能光伏发电已进入城市电网。从地球上化石燃料资源的渐趋耗竭和大量使用化石燃料必将使人类生态环境污染日趋严重的战略观点出发，世界各国特别是发达国家对于太阳能光伏发电技术十分重视，将其摆在可再生能源开发利用的首位。太阳能有望成为 21 世纪重要的新能源。有专家预言，在 21 世纪中叶，太阳能将占世界总发电量的 15% ～ 20%，成为人类的基础能源之一，在世界能源构成中占有一定地位。科学家预言，尽管化石燃料能源未来仍将占有相当大的比重，但其一统天下的局面将逐渐结束(地球上 2 亿年形成的化石燃料，大概只够人类使用 300 余年)，可再生的清洁能源有望撑起未来世界能源供给的半壁江山。

太阳能的研究和利用是 21 世纪新型能源开发的重点课题之一。目前硅太阳能电池的应用领域除了人造卫星和宇宙飞船，还应用于许多民用领域，如太阳能汽车、太阳能游艇、太阳能收音机、太阳能计算机、太阳能乡村电站等。太阳能是一种绿色能源，因此，世界各国十分重视对太阳能电池的研究和利用。

二、实验目的

1. 了解太阳能电池的基本结构和工作原理。
2. 在熟悉太阳能电池基本特性的基础上，学习并掌握太阳能电池基本特性参数的测试原理与方法。

三、实验仪器

实验仪器有光功率计、测试仪、两组光源、光电二极管板、样品架、导轨、两个样品、太阳能电池组件、蓄电池、直流 LED 灯、交流 LED 灯、直流风扇、负载组件、DC-DC 模块、逆变器。如图 6-12，图 6-13 所示。

1—光功率计；2—测试仪；3—光源；4—光电二极管板；5—样品架；
6—导轨；7—单晶硅样品；8—多晶硅样品。

图 6-12　太阳能电池特性实验部件

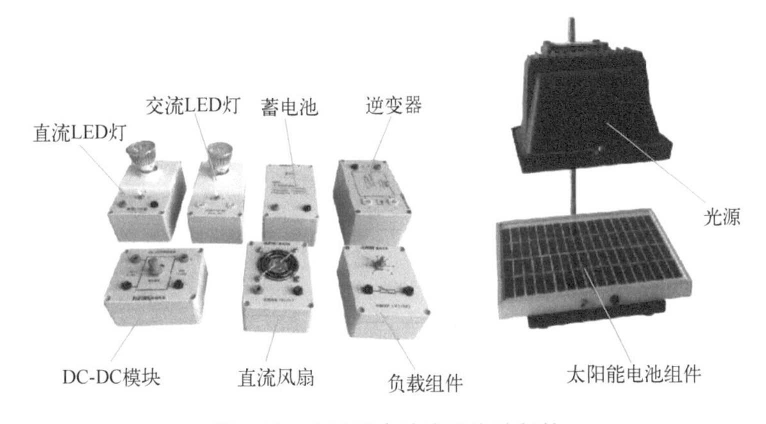

图 6-13　太阳能电池应用实验部件

四、实验原理

太阳能电池是利用半导体 PN 结受光照射时的光伏效应发电的。其基本结构就是一个大面积的平面 PN 结，PN 结内建电场如图 6-14 所示。在没有光照时，P 型半导体中有相当数量的空穴，几乎没有自由电子；N 型半导体中有相当数量的自由电子，几乎没有空穴。当两种半导体结合在一起形成 PN 结时，N 区的电子（带负电）向 P 区扩散，P 区的空穴（带正电）向 N 区扩散，就会在 PN 结附近形成空间电荷区与内建电场。在空间电荷区内，内建电场会使 P 区的空穴被来自 N 区的电子复合，N 区的电子被来自 P 区的空穴复合，使流过 PN 结的净电流为零，从而使该区内几乎没有能导电的载流子，因此，该区又称结区或耗尽区。

当光照射在距太阳能电池表面很近的 PN 结上时，部分电子被激发而产生 P-N 对。在结区激发的电子和空穴分别在内建电场的作用下被推向 N 区和 P 区。这导致在 N 区边界附近有电子积累，在 P 区边界附近有空穴积累，PN 结两端形成了电压，这一现象称为光伏效应。若此时将 PN 结两端接入外电路，就可以带上负载输出电流了。

一定的光照条件下，改变太阳能电池负载电阻的阻值，测量其输出电压与输出电流，即可得到输出伏安特性曲线，如图 6-15 中的实线所示。负载电阻阻值为零时测得的最大电流 I_{SC} 称为短路电流；负载电阻断开时测得的最大电压 U_{OC} 称为开路电压。

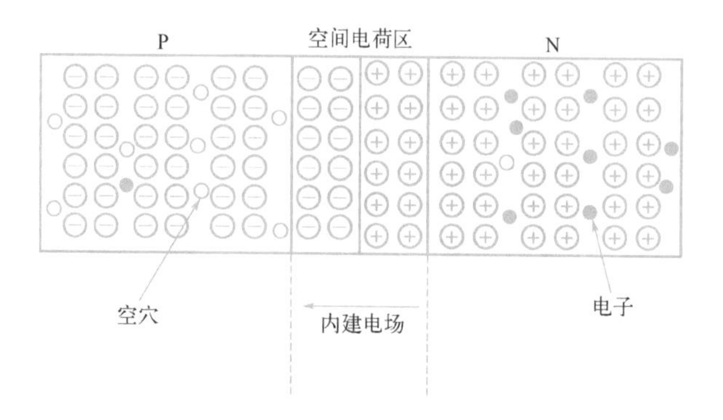

图 6-14 PN 结内建电场

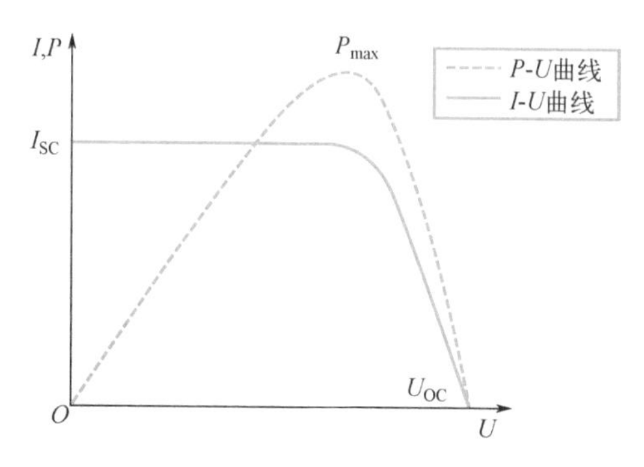

图 6-15 太阳能电池的输出伏安特性曲线

太阳能电池的输出功率为输出电压与输出电流的乘积。在同样的电池及光照条件下，当负载电阻阻值不一样时，输出的功率也是不一样的。若以输出电压为横坐标，以输出功率为纵坐标，则绘出的 P-U 曲线如图 6-15 中的虚线所示。

输出电压与输出电流的最大值乘积称为最大输出功率 P_{max}。填充因子 FF 定义为

$$FF = \frac{P_{max}}{I_{SC}U_{OC}} \tag{6-9}$$

填充因子是表征太阳电池性能优劣的重要参数，其值越大，电池的光电转换效率越高，一般的硅太阳能电池 FF 值为 0.75 ~ 0.80。

转换效率 η 定义为

$$\eta = \frac{P_{max}}{P_{in}} \times 100\% \tag{6-10}$$

式中，P_{in} 为入射到太阳能电池表面的光功率。理论分析及实验表明，在不同的光照条件下，短路电流随入射光功率线性增长，而开路电压在入射光功率增加时只略微增加，不同光照下的 I-U 曲线如图 6-16 所示。

硅太阳能电池分为单晶硅太阳能电池、多晶硅太阳能电池和非晶硅太阳能电池。单晶硅太阳能电池的转换效率最高，技术也最成熟。多晶硅薄膜太阳能电池与单晶硅太阳能电池相比价格较低。非晶硅薄膜太阳能电池的特点是成本低、质量轻、便于大规模生产，有极大的潜力。因此，解决非晶硅薄膜太阳能电池的稳定性及提高其转换效率无疑是太阳能电池的主要发展方向之一。

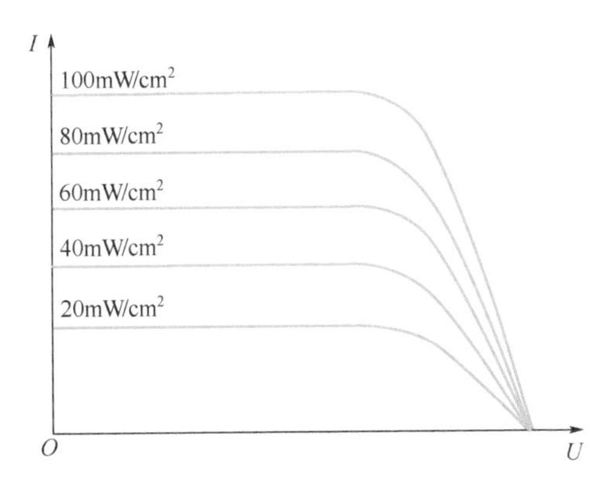

图 6-16　不同光照下的 I-U 曲线

五、实验内容

1. 全暗条件下太阳能电池的伏安特性

在全暗的条件下(关闭光源，用遮光罩罩住太阳能电池板)测量流过太阳能电池的电流 I 和太阳能电池上的电压 U，暗环境太阳能电池伏安特性测试电路如图 6-17 所示。

调节电压从 0V 每次增加 0.5V 至 3.0V，将待测太阳能电池板的测量结果记录到表 6-5 中。

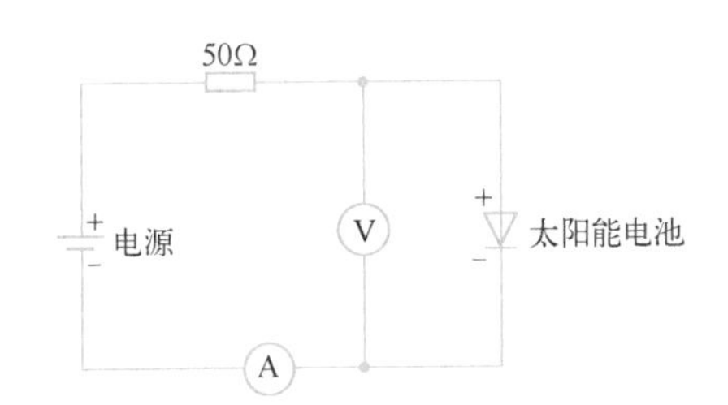

图 6-17　暗环境太阳能电池伏安特性测试电路

2. 测量不同光强下太阳能电池的开路电压 U_{OC} 和短路电流 I_{SC}

1)标定不同位置的光强

将光源放置到导轨某端，固定样品架在光源附近某处，将光电二极管板放置在样品架上并正对光源，用专用连接线连接光电二极管与光功率计，开启光源，移动样品架滑块，改变光电二极管板到光源的距离 L，同时读取光功率计的数据 J。J 为单位面积的光功率。光功率越大，光强越大。将读出的数据填入表 6-6。

2)测量开路电压 U_{OC} 和短路电流 I_{SC}

取下光电二极管板，换上待测太阳能电池板，按图 6-18 进行接线，并将光源移动到表 6-6 所示不同距离的各个位置，测量不同光强下太阳能电池样品的开路电压 U_{OC} 和短路电流 I_{SC}，将数据记录到表 6-7 中。

3. 太阳能电池的输出特性测量实验

保持光源到太阳能电池板的距离为 20cm 左右，按图 6-19 所示的电路接线，测量太阳能电池的输出特性，测量电池在不同阻值的负载电阻下输出电流 I 和输出电压 U，记录到表 6-8中。

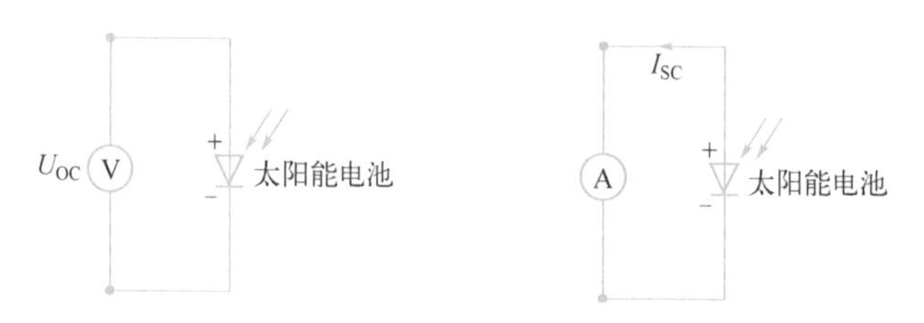

图 6-18 太阳能电池板开路电压和短路电流测试

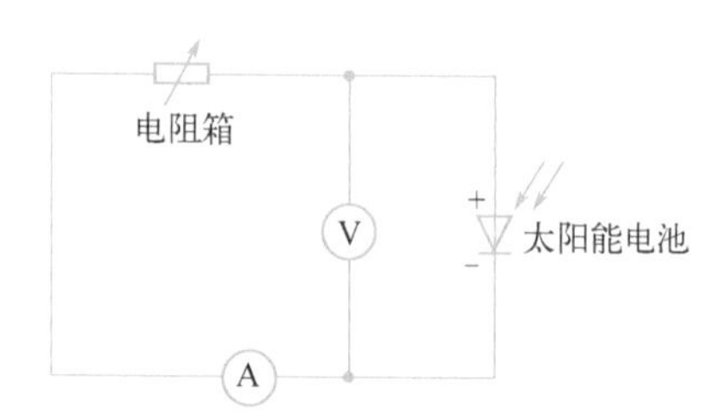

图 6-19 太阳能电池输出特性测量电路

六、数据记录与处理

1. 全暗条件下太阳能电池伏安特性

表 6-5 全暗条件下太阳能电池伏安特性测试数据(电压表量程：20V 电流表量程：2mA)

U/V	0	0.5	1	1.5	2	2.2	2.4	2.6	2.8	3
I/μA										

利用测得的 U-I 关系数据，画出单晶硅太阳能电池的 U-I 曲线。

2. 测量不同光强下太阳能电池的开路输出电压 U_{OC} 和短路电流 I_{SC}

表 6-6 光强标定数据记录表

L/cm	10	15	20	25	30	35	40	45	50	55
J/(W/m^2)										

表 6-7 不同光强下 U_{OC} 和 I_{SC} 数据记录表

J/(W/m^2)											
U_{OC}/V											
I_{SC}/mA											

做出单晶硅太阳能电池的 U_{OC}-J 曲线图和 I_{SC}-J 曲线图，求 I_{SC} 和与 J 之间近似函数关系。

表 6-8 太阳能电池输出特性数据

R/Ω	I/mA	U/V	$P=I\times U$/mW	R/Ω	I/mA	U/V	$P=I\times U$/mW
9999				3999			
8999				2999			
7999				1999			
6999				999			
5999				899			
4999				799			

续表

R/Ω	I/mA	U/V	$P=I\times U$/mW	R/Ω	I/mA	U/V	$P=I\times U$/mW
699				49			
599				39			
499				29			
399				19			
299				9			
199				7			
99				5			
89				3			
79				2			
69				1			
59				—			

(1)做出在一定光照下，太阳能电池 I-U 的关系图和 P-U 关系图。

(2)根据以上两图求太阳能电池的参数。

开路电压 U_{OC} = __________ V，短路电流 I_{SC} = __________mA。

P_{max} = __________mW，匹配负载电阻阻值 R = __________Ω。

填充因子 $FF=\dfrac{P_{max}}{I_{SC}U_{OC}}$ = __________ 。

七、分析与思考

1. 什么是光伏效应？
2. 如何求太阳能电池的最大输出功率？

附录A

国际单位制

我国的法定计量单位包括：

1. 国际单位制的基本单位（见附表 A-1）。
2. 国际单位制的辅助单位（见附表 A-2）。
3. 国际单位制中具有专门名称的导出单位（见附表 A-3）。
4. 国家选定的非国际单位制单位（见附表 A-4）。

附表 A-1　国际单位制的基本单位

量的名称	单位名称	单位符号
长度	米	m
质量	千克（公斤）	kg
时间	秒	s
电流	安[培]	A
热力学温度	开[尔文]	K
物质的量	摩[尔]	mol
发光强度	坎[德拉]	cd

附表 A-2　国际单位制的辅助单位

量的名称	单位名称	单位符号
平面角	弧度	rad
立体角	球面度	sr

附表 A-3　国际单位制中具有专门名称的导出单位

量的名称	单位名称	单位符号	其他表达式
频率	赫[兹]	Hz	/s
力；重力	牛[顿]	N	kg · m/s
压强	帕[斯卡]	Pa	N/m^2
能量；功；热	焦[耳]	J	N · m
功率；辐射能量	瓦[特]	W	J/s
电荷量	库[仑]	C	A · s
电位；电动势；电压	伏[特]	V	W/A
电容	法[拉]	F	C/V
电阻	欧[姆]	Ω	V/A

续表

量的名称	单位名称	单位符号	其他表达式
电导	西[门子]	S	A/V
磁通量	韦[伯]	Wb	V · s
磁通量密度;磁感应强度	特[斯拉]	T	Wb/m^2
电感	亨[利]	H	Wb/A
摄氏温度	摄氏度	℃	
光通量	流[明]	lm	cd · sr
光照度	勒[克斯]	lx	Lm/m^2
放射性活度	贝可[勒尔]	Bq	/s
吸收剂量	戈[瑞]	Gy	J/kg
剂量当量	希[沃特]	Sv	J/kg

附表 A-4 国家选定的非国际单位制单位

量的名称	单位名称	单位符号	换算关系和说明
时间	分	min	1min = 60 s
	[小]时	h	1 h = 60min = 3600 s
	日[天]	d	1 d = 24 h = 86400 s
平面角	[角]秒	″	$1'' = (\pi/ 64800)$ rad
	[角]分	′	$1' = 60'' = (\pi/ 10800)$ rad
	度	°	$1° = 60' = (\pi/ 180)$ rad
旋转速度	转角分	r/min	1 r/min = (1/60)/s
速度	节	kn	1kn = 1nmile/h = (1852/3600) m/s
长度	海里	nmile	1nmile = 1852m (只适用于航行)
质量	吨	t	$1\ t = 10^3$ kg
	原子质量单位	u	$1\ u = 1.6605402 \times 10^{-27}$ kg
体积	升	L(l)	$1\ L = 1\ dm^3 = 10^{-3} m^3$
能	电子伏	eV	$1\ eV \approx 1.60217733 \times 10^{-19}$ J
级差	分贝	dB	
线密度	特[克斯]	tex	1 tex = 1g/km

附录B 常用物理数据

附表 B-1　常用物理常数

名称	符号	数值	单位符号
真空中的光速	c	2.99792458×10^{8}	m/s
基本电荷	e	$1.60217733(49) \times 10^{-19}$	C
电子的静止质量	m_e	$9.1093897(54) \times 10^{-31}$	kg
中子质量	m_a	$1.6749286(10) \times 10^{-27}$	kg
质子质量	m_n	$1.6726231(10) \times 10^{-27}$	kg
原子质量单位	u	$1.6605402(10) \times 10^{-27}$	kg
普朗克常数	h	$6.6260755(40) \times 10^{-34}$	J · s
阿伏加德罗常数	N_A	$6.0221367(36) \times 10^{-23}$	/mol
摩尔气体常数	R	8.314510(70)	J/(mol · K)
玻尔兹曼常数	k	$1.380658(12) \times 10^{-23}$	J/K
万有引力常数	G	$6.67259(85) \times 10^{-11}$	$N \cdot m^2/kg$
法拉第常数	F	$9.6485309(29) \times 10^{4}$	C/mol
热功当量	J	4.186	J/Cal
里德伯常数	R	$1.097371534(13) \times 10^{7}$	/m
洛喜密脱常数	n	2.686754×10^{25}	个/m
库仑常数	k	8.987551×10^{9}	$N \cdot m^2/C^2$
电子荷质比	e / m_e	$1.75881962(3) \times 10^{11}$	C/kg^2
标准大气压	P_0	1.01325×10^{5}	Pa
冰点绝对温度	T_0	273.15	K
标准状态下声音在空气中的速度	$v_{声}$	331.46	m/s
标准状态下干燥空气的密度	$\rho_{空气}$	1.293	kg/m^3
标准状态下水银密度	$\rho_{水银}$	13595.04	kg/m^3
标准状态下理想气体的摩尔体积	V_m	$22.41310(19) \times 10^{-3}$	m^3/mol
真空介电常数(电容率)	ε_0	$8.854187817 \times 10^{-12}$	F/m
真空的磁导率	μ_0	$12.566370614 \times 10^{-7}$	H/m
钠光谱中黄线波长	D	589.3×10^{-9}	m
15℃,101325 Pa 镉光谱红线波长	λ_{cd}	643.84699×10^{-9}	m

附表 B-2　在标准大气下不同温度的水的密度

温度 t/℃	密度 ρ/(kg/m³)	温度 t/℃	密度 ρ/(kg/m³)	温度 t/℃	密度 ρ/(kg/m³)
0	999.841	17	998.774	34	994.371
1	999.900	18	998.595	35	994.031
2	999.941	19	998.405	36	993.680
3	999.965	20	998.203	37	993.330
4	999.973	21	997.992	38	992.960
5	999.965	22	997.770	39	992.590
6	999.941	23	997.538	40	992.210
7	999.902	24	997.296	41	991.830
8	999.849	25	997.044	42	991.440
9	999.781	26	996.783	50	988.040
10	999.700	27	996.512	60	983.210
11	999.605	28	996.232	70	977.780
12	999.498	29	995.944	80	971.800
13	999.377	30	995.646	90	965.310
14	999.244	31	995.340	100	958.350
15	999.099	32	995.025	—	—
16	998.943	33	994.702	—	—

附表 B-3　在海平面上不同纬度处的重力加速度

纬度 φ/度	g/(m/s²)	纬度 φ/度	g/(m/s²)
0	9.78049	50	9.81079
5	9.78088	55	9.81515
10	9.78024	60	9.81924
15	9.78394	65	9.82294
20	9.78652	70	9.82614
25	9.78969	75	9.82873
30	9.79338	80	9.83065
35	9.79746	85	9.83182
40	9.80180	90	9.83221
45	9.80629	—	—

注：表中所列数值是根据公式 $g = 9.78049(1 + 0.005288\sin^2\varphi - 0.000006\ \sin^2\varphi)$ 算出的，其中 φ 为纬度。

附表 B-4　在 20℃时某些金属的弹性模量(杨氏模量)

金属	杨氏模量 E	
	GPa	Pa(N/m²)
铝	70.00 ~ 71.00	$7.000\times10^{10} \sim 7.100\times10^{10}$
钨	415.0	4.150×10^{11}
铁	190.0 ~ 210.0	$1.900\times10^{11} \sim 2.100\times10^{11}$

续表

金属	杨氏模量 E	
	GPa	Pa(N/m^2)
铜	15.00～30.0	$1.050\times10^{11}\sim1.300\times10^{11}$
金	79.0	7.900×10^{10}
银	70.0～82.0	$7.000\times10^{10}\sim8.200\times10^{10}$
锌	800.0	8.00×10^{10}
镍	205.0	2.050×10^{11}
铬	240.0～250.0	$2.400\times10^{11}\sim2.500\times10^{11}$
合金钢	210.0～220.0	$2.100\times10^{11}\sim2.200\times10^{11}$
碳钢	200.0～210.0	$2.000\times10^{11}\sim2.100\times10^{11}$
康铜	163.0	1.630×10^{11}

注：杨氏模量的值跟材料的结构、化学成分及其加工制造方法有关，因此在某些情况下，E 的值可能与表中所列的平均值不同。

表 B-5　在 20℃时与空气接触的液体的表面张力系数

液体	$\sigma/(\times10^{-3}$N/m)	液体	$\sigma/(\times10^{-3}$N/m)
航空汽油(在 10℃时)	21	甘油	63
石油	30	水银	513
煤油	24	甲醇	22.6
松节油	28.8	甲醇(在 0℃时)	24.5
水	72.75	乙醇	22.0
肥皂溶液	40	乙醇(在 60℃时)	18.4
弗利昂 -12	9.0	乙醇(在 0℃时)	24.1
蓖麻油	36.4	—	—

附表 B-6　在不同温度下与空气接触的水的表面张力系数

温度/℃	$\sigma/(\times10^{-3}$N/m)	温度/℃	$\sigma/(\times10^{-3}$N/m)	温度/℃	$\sigma/(\times10^{-3}$N/m)
0	75.62	16	73.34	30	71.15
5	74.90	17	73.20	40	69.55
6	74.76	18	73.05	50	67.90
8	74.48	19	72.89	60	66.17
10	74.20	20	72.75	70	64.41
11	74.07	21	72.60	80	62.60
12	73.92	22	72.44	90	60.74
13	73.78	23	72.28	100	58.84
14	73.64	24	72.12	—	—
15	73.48	25	71.96	—	—

附表 B-7　液体的黏度

液体	温度/℃	η/(μPa·s)	液体	温度/℃	η/(μPa·s)
汽油	0	1788	甘油	-20	134×10^{6}
	18	530		0	121×10^{5}
甲醇	0	817		20	1499×10^{3}
	20	584		100	12945
乙醇	-20	2780	蜂蜜	20	650×10^{4}
	0	1780		80	100×10^{3}
	20	1190	鱼肝油	20	45600
乙醚	0	296		80	4600
	20	243	水银	-20	1855
变压器油	20	19800		0	1685
蓖麻油	10	242×10^{4}		20	1554
葵花子油	20	50000		100	1224

附表 B-8　某些金属和合金的电阻率及其温度系数

金属或合金	电阻率/(μΩ·m)	温度系数/℃$^{-1}$	金属或合金	电阻率/(μΩ·m)	温度系数/℃$^{-1}$
铝	0.028	42×10^{-4}	锌	0.059	42×10^{-4}
铜	0.0172	43×10^{-4}	锡	0.12	44×10^{-4}
银	0.016	40×10^{-4}	水银	0.958	10×10^{-4}
金	0.024	40×10^{-4}	武德合金	0.52	37×10^{-4}
铁	0.098	60×10^{-4}	钢 (0.10%~0.15%碳)	0.10~0.14	6×10^{-3}
铅	0.205	37×10^{-4}	康铜	0.47~0.51	$(-0.04\sim+0.01)\times10^{-3}$
铂	0.105	39×10^{-4}	铜锰镍合金	0.34~1.00	$(-0.03\sim+0.02)\times10^{-3}$
钨	0.055	48×10^{-4}	镍铬合金	0.98~1.10	$(0.03\sim0.4)\times10^{-3}$

注：电阻率跟金属中的杂质有关，因此表中列出的只是20℃时电阻率的平均值。

表 B-9　标准化热电偶的特性

名称	国标	分度号	测曙范围/℃	100℃时的电动势/mV
铂铑 10-铂	GB/T 3772—1998	S	0~1600	0.645
铂铑 30-铂铑 6	GB/T 2902—1998	B	0~1800	0.033
铂铑 13-铂	GB/T 1598—2010	R	0~1600	0.647
镍铬-镍硅	GB/T 2614—2010	K	-200~1300	4.095
镍铬-康铜	GB/T4993—2010	E	-200~900	5.268
铜-康铜	GB/T 2903—2015	T	-200~350	4.277
铁-铜	GB/T 4994—2015	J	-40~750	6.317

附表 B-10　在常温下某些物质相对于空气的光的折射率

物质	波长		
	H_α线 (656.3nm)	D线 (589.3nm)	H_β线 (486.1nm)
水(18℃)	1.3341	1.3332	1.3373
乙醇(18℃)	1.3609	1.3625	1.3665
二硫化碳(18℃)	1.6199	1.6291	1.6541
冕玻璃(轻)	1.5127	1.5153	1.5214
冕玻璃(重)	1.6126	1.6152	1.6213
燧石玻璃(轻)	1.6038	1.6085	1.6200
燧石玻璃(重)	1.7434	1.7515	1.7723
方解石(寻常光)	1.6545	1.6585	1.6679
方解石(非常光)	1.4846	1.4864	1.4908
水晶(寻常光)	1.5418	1.5442	1.5496
水晶(非常光)	1.5509	1.5533	1.5589

附表 B-11　常光源的谱线波长表(单位：nm)

一、H(氢)
656.28 红
486.13 绿蓝
434.05 蓝
410.17 蓝紫
397.01 蓝紫

二、He(氦)
706.52 红
667.82 红
587.56(D_3)黄
501.57 绿
492.19 绿蓝
471.31 蓝
447.15 蓝
402.62 蓝紫
388.87 蓝紫

三、Ne(氖)
650.65 红
640.23 橙
638.30 橙
626.25 橙
621.73 橙
614.31 橙
588.19 黄
588.25 黄

四、Na(钠)
589.592(D_1)黄
588.995(D_2)黄

五、Hg(汞)
623.44 橙
579.07 黄
576.96 黄
546.07 绿
491.60 绿蓝
435.83 蓝
407.78 蓝紫
404.66 蓝紫

六、He-Ne 激光
632.8 橙

附表 B-12　示波器面板说明

控制件名称	控制件作用
电源开关(POWER)	按入此开关，仪器电源接通，指示灯亮
辉度	光迹亮度调节，顺时针旋转光迹增亮
聚焦	用以调节示波管电子束的焦点，使显示的光点成为细而清晰的圆点
光迹旋转	调节光迹与水平线平行
校准信号	此端口输出幅度为 0.5V，频率为 1kHz 的方波信号，用以校准 Y 轴偏转系数和扫描时间系数
耦合方式(AC GND DC)	AC：交流，DC：直流，GND ：接地
CH1(X)CH2(Y)	信号输入口
灵敏度选择(VOLTS/DIV)	从 2mV/div ~ 10V/div 分 12 个挡级调整，可根据被测信号的电压幅度选择合适的挡级
微调	校准示波器

续表

控制件名称	控制件作用
垂直位移/水平位移	用以调节 CH1，CH2 光迹在垂直和水平方向的位置
垂直方式	选择垂直系统的工作方式。 CH1：只显示 CH1 通道的信号。 CH2：只显示 CH2 通道的信号。 交替：用于同时观察两路信号，此时两路信号交替显示。 断续：两路信号断续工作，适合于在扫描速率较慢时同时观察两路信号。 叠加：用于显示两路信号相加的结果，若 CH2 反相开关被按入时，则两信号相减。 CH2 反相：此按键未按入时，CH2 的信号为常态显示， 按入此键时，CH2 的信号被反相
极性	用以选择被测信号在上升沿或下降沿触发扫描
电平	使波形稳定
扫描方式	选择产生扫描的方式。 自动(AUTO)：当无触发信号输入时，屏幕上显示扫描光迹，一旦有触发信号输入，电路自动转换为触发扫描状态，调节电平可使波形稳定地显示在屏幕上，此方式适合观察频率在 50Hz 以上的信号。 常态(NORM)：无信号输入时，屏幕上无光迹显示，有信号输入时，且触发电平旋钮在合适位置上，电路被触发扫描，当被测信号频率低于 50Hz 时，必须选择该方式。 锁定：同时按下自动和常态，仪器工作在锁定状态后，无须调节电平即可使波形稳定地显示在屏幕上。 单次：用于产生单次扫描，进入单次状态后，按动复位键，电路工作在单次扫描方式，扫描电路处于等待状态，当触发信号输入时，扫描只产生一次，下次扫描需再次按动复位键
触发指示	该指示灯具有两种功能指示，当仪器工作在非单次扫描方式时，该灯亮表示扫描电路工作在被触发状态，当仪器工作在单次扫描方式时，该灯亮表示扫描电路在准备状态，此时若有信号输入将产生一次扫描，则指示灯随之熄灭
扫描扩展指示	在按入“×5 扩展”或“交替扩展”后指示灯亮。按入后扫描速度扩展 5 倍
×5 扩展	按入后扫描速度扩展 5 倍
触发选择	用于选择不同的触发源。 CH1：在双踪显示时，触发信号来自 CH1 通道。 CH2：在双踪显示时，触发信号来自 CH2 通道。 交替：在双踪交替显示时，触发信号交替来自两个通道。 Y 通道，此方式用于同时观察两路不相关的信号。 外接：触发信号来自外接输入端口。 常态：用于一般常规信号的测量。 TV-V：用于观察电视场信号。 TV-H：用于观察电视行信号。 电源：用于与市电信号同步